Peter Benchley

Der weiße Hai

Roman

ein Ullstein Buch

Für Wendy

Die Figuren dieses Romans sind erfunden; jede Ähnlichkeit mit lebenden oder toten Personen wäre Zufall.

Erster Teil

1

Der große Fisch bewegte sich, von kurzen Schlägen seines halbmondförmigen Schwanzes angetrieben, still durch die nächtliche See. Sein Maul war gerade weit genug geöffnet, um das Wasser über die Kiemen rauschen zu lassen. Sonst kaum eine Bewegung: eine gelegentliche Korrektur des offenbar ziellosen Kurses durch leichtes Heben oder Senken der Brustflosse – wie ein Vogel durch die Neigung eines Flügels und durch Heben des anderen die Flugrichtung ändert. Die Augen waren blind in der Dunkelheit, und die anderen Sinne übermittelten dem kleinen, primitiven Gehirn nichts Außergewöhnliches. Der Fisch hätte schlafen können, wäre die Bewegung nicht von zahllosen Millionen Jahren instinktiver Stetigkeit eingegeben worden: Da ihm die Schwimmblase, wie andere Fische sie haben, und die sich hin und her bewegenden Hautlappen, um sauerstoffhaltiges Wasser durch seine Kiemen zu stoßen, fehlten, überlebte er nur durch Bewegung. Wenn er einmal anhielt, mußte er auf den Grund sinken und an Sauerstoffmangel verenden.

Das Land schien fast so dunkel wie das Wasser, denn die Nacht war mondlos. Alles, was das Meer von der Küste trennte, war ein langer, gerader Strand – so weiß, daß er schimmerte. Aus einem Haus hinter den mit Gras gefleckten Dünen warfen Lichter einen gelben Schein auf den Sand.

Die Tür des Hauses öffnete sich, und ein Mann und eine Frau traten auf die hölzerne Veranda hinaus. Einen Augenblick blieben sie stehen und blickten auf die See, dann umarmten sie sich rasch und sprangen die paar Stufen in den Sand hinunter. Der Mann war betrunken, er stolperte auf der untersten Stufe. Die Frau nahm ihn lachend an der Hand, und gemeinsam rannten sie zum Strand.

»Zuerst schwimmen«, sagte die Frau, »damit du einen klaren Kopf bekommst.«

»Der Kopf ist unwichtig«, entgegnete der Mann. Kichernd fiel er rückwärts auf den Sand, zog die Frau mit sich herunter. Sie fummelten an ihren Kleidern herum, umschlangen sich und warfen sich mit drängender Gier auf dem kalten Sand hin und her.

Danach legte der Mann sich zurück und schloß die Augen. Die Frau sah ihn lächelnd an: »Wie wär's jetzt mit einem kühlen Bad?« fragte sie.

»Geh du nur, ich warte auf dich.«

Die Frau stand auf und lief bis zum Rand, wo die sanfte Brandung ihr über die Knöchel spülte. Das Wasser war kälter als die Nachtluft, denn es war erst Mitte Juni. Die Frau rief zurück: »Willst du wirklich nicht mitkommen?« Von dem schlafenden Mann kam keine Antwort.

Sie trat ein paar Schritte zurück und rannte dann ins Wasser. Zuerst machte sie ausholende, graziöse Schritte, dann aber schlug eine kleine Welle gegen ihr Knie. Sie schwankte, faßte wieder festen Fuß und warf sich über die nächste taillenhohe Welle. Das Wasser reichte ihr nur bis zu den Hüften, deshalb blieb sie stehen, strich sich das Haar aus den Augen und ging weiter, bis das Wasser ihre Schultern bedeckte. Da schwamm sie los – mit den ruckartigen, den Kopf über Wasser haltenden Bewegungen einer Ungeübten.

Hundert Meter von der Küste entfernt spürte der Fisch eine Veränderung im Rhythmus des Wassers. Er sah die Frau nicht, roch sie auch noch nicht. Seinen Leib entlang lief eine Reihe dünner Kanäle, die mit Schleim gefüllt und mit Nervenenden übersät waren, und diese Nerven nahmen Schwingungen wahr und signalisierten sie dem Hirn. Der Fisch drehte auf die Küste zu.

Die Frau schwamm weiter vom Strand weg, hielt dann und wann an, um ihre Position an den Lichtern des Hauses auszumachen. Die Strömung war träge, so daß sie sich nicht allzuweit vom Strand entfernt hatte. Aber sie wurde müde, ruhte sich einen Augenblick wassertretend aus und machte sich dann auf den Weg zur Küste zurück.

Die Schwingungen waren jetzt stärker, und der Fisch erkannte Beute. Die Bewegungen seines Schwanzes wurden schneller und trieben den Riesenleib mit einer Geschwindigkeit vorwärts, die die winzigen phosphoreszierenden Tiere im Wasser aufwühlte, sie zum Glühen brachte und einen Funkenumhang über den Fisch zog.

Der Fisch rückte dicht an die Frau heran und preschte vier Meter seitlich und zwei Meter unter der Oberfläche vorbei. Die Frau spürte nur eine Druckwelle, die sie im Wasser emporzuheben und wieder nach unten fallen zu lassen schien. Sie hörte auf zu schwimmen und hielt den Atem an. Da sie nichts weiter spürte, nahm sie ihre ruckartigen Schwimmstöße wieder auf.

Jetzt roch der Fisch sie, und die Schwingungen, nun unregelmäßig und heftig, signalisierten Gefahr. Der Fisch begann dicht an der Oberfläche zu kreisen. Seine Seitenflosse peitschte das Wasser, und sein hin und her schlagender Schwanz durchschnitt die glasige Oberfläche mit einem zischenden Geräusch. Zitternde Bewegungen durchliefen seinen Leib.

Zum ersten Mal hatte die Frau Angst, obgleich sie nicht wußte, weshalb. Adrenalin schoß ihr durch den Körper, erzeugte eine prickelnde Hitze und trieb sie an, schneller zu schwimmen. Sie schätzte, fünfzig Meter von der Küste entfernt zu sein. Sie konnte die Linie weißen Schaumes sehen, wo sich die Wellen am Strand brachen. Sie sah die Lichter im Haus, und einen tröstlichen Augenblick lang glaubte sie, jemanden an einem der Fenster vorbeigehen zu sehen.

Der Fisch war etwa zwölf Meter seitlich von der Frau entfernt, als er plötzlich nach links drehte, ganz unter die Oberfläche tauchte und mit zwei schnellen Schlägen seines Schwanzes über ihr war.

Zuerst glaubte die Frau, sie habe sich das Bein an einer Klippe oder einem Stück Treibholz aufgerissen. Anfänglich war kein Schmerz, nur ein heftiger Ruck am rechten Bein zu spüren. Sie langte hinunter, um ihren Fuß zu berühren, trat Wasser mit dem linken Bein, um den Kopf oben zu behalten, und suchte mit der linken Hand in der Schwärze. Sie konnte ihren Fuß nicht finden. Sie griff weiter nach oben, und ein Anfall von Übelkeit und Schwindel überwältigte sie. Ihre tastenden Finger hatten zersplitterte Knochen und zerfetztes Fleisch gefunden. Sie wußte, daß der warme, pulsierende Erguß über ihre Finger in dem kalten Wasser ihr eigenes Blut war.

Schmerz und Panik überfielen sie gleichzeitig. Die Frau warf den Kopf zurück und stieß einen gutturalen Schreckensschrei aus.

Der Fisch hatte abgedreht. Er schluckte das Glied der Frau, ohne zu kauen. Knochen und Fleisch gingen durch den riesigen Schlund in einer einzigen Zuckung hinunter. Jetzt kehrte der Fisch wieder um, fand sein Ziel auf dem Blutstrom, der sich aus der Oberschenkelarterie der Frau ergoß, ein Signalfeuer, so klar und zuverlässig wie ein Leuchtturm in einer wolkenlosen Nacht.

Diesmal griff der Fisch von unten an. Er stieß mit aufgerissenem Maul unter der Frau empor. Der große, kegelförmige Kopf traf sie wie eine Lokomotive, stieß sie nach oben, über die Wasseroberfläche hinaus. Die Kiefer schlossen sich um ihren Torso, zermalmten Knochen und Fleisch und Organe zu einem Brei. Der Fisch klatschte, den Körper der Frau im Maul, mit donnerndem Getöse ins Wasser, wirbelte Schaum und Blut und Phosphoreszenz in einer bunten Dusche auf.

Unter der Oberfläche schüttelte der Fisch den Kopf hin und her, seine dreieckigen, gezackten Zähne sägten sich durch die wenigen Sehnen, die noch widerstanden. Der Leichnam fiel auseinander. Der Fisch schluckte, drehte sich dann, um weiterzufressen. Sein Hirn zeigte immer noch die Signale einer nahen Beute an. Das Wasser war mit Blut und Fleischfetzen durchsetzt, und der Fisch konnte Signal von Substanz nicht unterscheiden. Er schoß durch die sich auflösende Wolke von Blut vor und zurück, öffnete und schloß sein Maul, nach einem Bissen aufs Geratewohl schnappend. Doch inzwischen hatten sich die meisten Stücke der Leiche verstreut. Einige sanken langsam, landeten auf dem sandigen Grund, wo sie sich träge in der Strömung bewegten. Ein paar trieben unter der Oberfläche davon, glitten in der Wellenbewegung dahin, die in der Brandung endete.

Der Mann erwachte fröstelnd in der Morgenkälte. Sein Mund war klebrig und trocken, und sein Aufstoßen beim Erwachen schmeckte nach Bourbon und Mais. Die Sonne war noch nicht aufgegangen, aber eine rosafarbene Linie am östlichen Horizont zeigte ihm an, daß der Tagesanbruch nahe bevorstand. Noch hingen die Sterne blaß am sich aufhellenden Himmel. Der Mann stand auf und zog sich an. Er ärgerte sich, daß die Frau ihn nicht geweckt hatte, als sie ins Haus zurückging, und fand es sonderbar, daß sie ihre Kleider am Strand hatte liegenlassen. Er las sie auf und ging zum Haus zurück.

Auf Zehenspitzen überquerte er die Veranda und öffnete vorsichtig die Gittertür, erinnerte sich, daß sie quietschte, wenn sie aufgerissen wurde. Das Wohnzimmer war dunkel und leer, halbvolle Gläser, Aschenbecher und schmutzige Teller standen unordentlich herum. Er ging durch das Wohnzimmer, dann durch die Diele und an zwei geschlossenen Türen vorbei. Die Tür des Zimmers, das er mit der Frau teilte, stand offen, und eine Nachttischlampe brannte. Beide Betten waren gemacht. Er warf die Kleider der Frau auf eines der Betten, ging dann ins Wohnzimmer zurück und machte Licht. Beide Couches waren leer.

Es gab noch zwei Schlafzimmer im Haus. Die Besitzer schliefen in dem einen. Zwei weitere Gäste hatten das andere inne. So leise wie möglich öffnete der Mann die Tür des ersten Schlafzimmers. Es standen zwei Betten da, in jedem lag offensichtlich nur eine Person. Er schloß die Tür und ging zum nächsten Zimmer. Gastgeber und Gastgeberin schliefen auf den entgegengesetzten Seiten eines riesigen Doppelbettes. Der Mann schloß die Tür und ging in sein Zimmer zurück, um seine Uhr zu suchen. Es war fast fünf.

Er setzte sich auf das eine Bett und starrte das Kleiderbündel auf dem anderen an. Er war sicher, daß die Frau nicht im Haus war. Es waren keine weiteren Gäste zum Dinner dagewesen. Sofern sie also nicht jemandem am Strand begegnet war, während er schlief, hätte sie mit niemandem weggehen können. Und selbst wenn sie's getan hätte, dachte er, hätte sie sich doch wahrscheinlich etwas angezogen.

Erst dann erlaubte er seinen Gedanken, die Möglichkeit eines Unfalls in Betracht zu ziehen. Sehr schnell wurde aus der Möglichkeit Gewißheit. Er ging ins Schlafzimmer des Gastgebers zurück, zögerte einen Augenblick neben dem Bett und legte dem Schlafenden dann die Hand leicht auf die Schulter.

»Jack«, sagte er, dessen Schulter tätschelnd. »He, Jack.«

Der Mann seufzte und schlug die Augen auf. »Was?«

»Ich bin's, Tom. Tut mir schrecklich leid, daß ich dich wecken muß. Aber ich glaube, es ist etwas passiert.«

»Was ist passiert?«

»Hast du Chrissie gesehen?«

»Was meinst du damit, ob ich Chrissie gesehen habe? Sie ist doch bei dir.«

»Eben nicht. Ich finde sie nirgends.«

Jack setzte sich auf und knipste das Licht an. Seine Frau bewegte sich und zog sich das Überschlaglaken über den Kopf. Jack sah auf die Uhr. »Jesus. Es ist fünf Uhr morgens. Und du kannst deine Freundin nicht finden.«

»Ich weiß«, sagte Tom. »Entschuldige. Erinnerst du dich, wann du sie zum letzten Mal sahst?«

»Klar erinnere ich mich. Sie sagte, ihr ginget schwimmen, und ihr tratet beide auf die Veranda hinaus. Wann sahst *du* sie zum letzten Mal?«

»Am Strand. Dann bin ich eingeschlafen. Willst du sagen, sie kam nicht zurück?«

»Nicht, daß ich wüßte. Zumindest nicht, ehe wir zu Bett gingen, und das war um eins herum.«

»Ich fand ihre Kleider.«

»Wo? Am Strand?«

»Ja.«

»Hast du im Wohnzimmer nachgesehen?«

Tom nickte. »Und im Zimmer der Henkels.«

»Im Zimmer der Henkels!«

Tom wurde rot. »Ich kenne sie noch nicht sehr lange. Vielleicht ist sie ein bißchen pervers. Vielleicht sind's die Henkels auch. Natürlich will ich damit keinen Verdacht aussprechen. Ich wollte bloß im ganzen Haus nachsehen, ehe ich dich weckte.«

»Was glaubst du also?«

»Ich fange langsam an zu glauben, daß sie einen Unfall hatte«, sagte Tom. »Vielleicht ist sie ertrunken.«

Jack sah ihn einen Augenblick an und blickte dann wieder auf seine Uhr. »Ich weiß nicht, wann die Polizei in dieser Stadt ihren Dienst antritt«, sagte er, »aber wir könnten ja mal versuchen, es herauszufinden.«

2

Polizist Len Hendricks saß an seinem Schreibtisch in der Polizeiwache von Amity und las einen Krimi mit dem Titel *Deadly, I'm Yours*. Als das Telefon läutete, sollte gerade die Heldin, ein Mädchen namens Whistling Dixie, von einem Motorradklub vergewaltigt werden. Hendricks ließ das Telefon klingeln, bis Miss Dixie den ersten ihrer Angreifer mit einem Linoleummesser kastrierte, das sie im Haar verborgen hatte.

Er hob den Hörer. »Polizeiwache Amity, Polizist Hendricks«, sagte er. »Was kann ich für Sie tun?«

»Hier ist Jack Foote, Old Mill Road. Ich möchte eine Vermißte melden. Oder ich glaube wenigstens, daß sie vermißt ist.«

»Wiederholen Sie bitte, Sir!« Hendricks hatte in Vietnam als Funker gedient und liebte die militärische Ausdrucksweise.

»Eine Dame, die bei mir zu Gast ist, ging heute morgen etwa um ein Uhr schwimmen«, sagte Foote. »Sie ist bis jetzt nicht zurückgekehrt. Ihr Freund fand ihre Kleider am Strand.«

Hendricks machte sich Notizen auf einem Block. »Wie heißt die Dame?«

»Christine Watkins.«

»Alter?«

»Weiß ich nicht. Augenblick. Ungefähr fünfundzwanzig. Ihr Freund sagt, das stimme etwa.«

»Größe und Gewicht?«

»Moment.« Pause. »Wir glauben, etwa 170, zwischen 60 und 65.«

»Haar- und Augenfarbe?«

»Hören Sie mal, wozu brauchen Sie denn das alles? Wenn die Frau ertrunken ist, ist sie wahrscheinlich die einzige – zumindest heute nacht, stimmt's? Sie haben im Durchschnitt doch nicht mehr als einen Ertrunkenen pro Nacht, nicht wahr?«

»Woher wissen Sie, daß sie ertrunken ist, Mr. Foote? Vielleicht hat sie bloß einen Spaziergang gemacht.«

»Splitternackt um ein Uhr morgens? Sind irgendwelche Meldungen über eine nackt herumlaufende Frau bei Ihnen eingegangen?«

Hendricks genoß mit Behagen die Gelegenheit, unausstehlich kühl zu sein. »Nein, Mr. Foote, noch nicht. Aber wenn die Sommersaison mal anfängt, weiß man nie, was auf einen zukommt. Letzten August veranstaltete eine Bande von Verrückten einen Ball beim Klub draußen – einen Nacktball. Haar- und Augenfarbe?«

»Ihr Haar ist ... äh, aschblond, schätz' ich. Sandfarben. Ich weiß nicht, was für Farbe ihre Augen haben. Ich muß ihren Freund fragen. Nein, er weiß es auch nicht. Sagen wir hellbraun.«

»Okay, Mr. Foote. Wir werden an die Arbeit gehen. Sobald wir etwas herausfinden, setzen wir uns mit Ihnen in Verbindung.«

Hendricks legte auf und sah auf seine Armbanduhr. Es war 5.10 Uhr. Der Chef würde nicht vor einer Stunde aufstehen, und Hendricks war nicht scharf darauf, ihn wegen etwas so Unbestimmtem wie einer Vermißtenmeldung zu wecken. Wer konnte wissen – wahrscheinlich war das Weibsstück mit einem Kerl, dem sie am Strand begegnet war, in die Büsche gesprungen. Andererseits, wenn sie irgendwo an Land gespült wurde, wollte der Chef die Sache bestimmt erledigt haben, ehe die Leiche von einem Kinderfräulein mit ein paar Gören gefunden und zum öffentlichen Ärgernis wurde.

Scharfsinn, das brauche er, sagte der Chef ihm dauernd; das mache einen guten Polizisten aus. Und die Denkarbeit und Herausforderung im Polizeidienst hatte bei Hendricks' Entscheidung mit eine Rolle gespielt, nach seiner Rückkehr aus Vietnam in die Polizei von Amity einzutreten. Die Bezahlung war anständig: Anfangsgehalt $ 9000, nach fünfzehn Dienstjahren $ 15 000, plus zusätzliche Sozialleistungen. Der Polizeidienst bot Sicherheit, geregelte Arbeitsstunden, und er machte auch Spaß – nicht bloß widerspenstige Jungs verdreschen oder Betrunkene festnehmen, sondern Einbrüche aufklären, gelegentliche Sexualtäter schnappen (im vorigen Sommer hatte ein schwarzer Gärtner sieben reiche Frauen vergewaltigt, und keine einzige war bereit, vor Gericht gegen ihn auszusagen), und der Polizeidienst gab – auf einer etwas höheren Ebene – Gelegenheit, ein geachtetes, aktives Mitglied des Gemeinwesens zu werden. Und ein Amity-Polizist zu sein, war nicht sehr gefährlich, bestimmt nicht mit dem Dienst in einem Großstadtrevier vergleichbar. Der letzte dienstlich bedingte Tod eines Amity-Polizisten hatte sich 1957 ereignet, als ein Beamter versucht hatte, einen betrunkenen Fahrer auf dem Montauk Highway anzuhalten, und dabei von der Straße gegen eine Mauer geschleudert worden war.

Hendricks war überzeugt, daß er, sobald er von dieser gottverlassenen Mitternacht-bis-acht-Schicht loskäme, seine Arbeit genießen würde. Zunächst jedoch war sie langweilig. Er wußte ganz genau, warum er die Spätschicht hatte. Chef Brody zähmte seine jungen Männer gerne langsam, ließ sie die Grundlagen der Polizeiarbeit entwickeln – Sinn und Verstand, gesunde Urteilskraft, Toleranz und Höflichkeit –, und das zu einer Tageszeit, in der sie nicht zu sehr in Anspruch genommen würden.

Die hektischste Schicht war von acht Uhr morgens bis vier Uhr nachmittags, und sie erforderte Erfahrung und Diplomatie. Sechs Männer arbeiteten in dieser Schicht. Einer regelte den Sommerverkehr an der Kreuzung der Main und Water Street. Zwei patrouillierten in Funkwagen. Einer bediente die Telefone in der Zentrale. Einer erledigte die Schreibarbeit. Und der Chef machte die Öffentlichkeitsarbeit – kümmerte sich um die Damen, die sich beklagten, sie könnten nicht schlafen wegen des Lärms aus dem Randy Bear oder dem Saxon, den beiden Schnapsbuden der Stadt; um die Hausbesitzer, die sich beschwerten, daß Landstreicher die Strände mit Abfällen verunreinigten oder die Ruhe störten; und um die Ferien machenden Bankiers und Makler und Rechtsanwälte, die hereinkamen, um über ihre verschiedenen Pläne zur Erhaltung von Amity als gute alte und exklusive Sommerkolonie zu sprechen.

Vier bis Mitternacht war die Trouble-Schicht, in der die jungen Hengste aus den Hamptons in den Randy Bear strömten und in ein Handgemenge verwickelt wurden oder sich einfach so betranken, daß sie zu einer Bedrohung der Straßen wurden; in der, sehr selten, ein paar Räuber von Queens in den dunklen Seitenstraßen lauerten und Passanten überfielen, und in der sich etwa zweimal pro Monat im Sommer, nachdem sich genügend Beweise angesammelt hatten, die Polizei genötigt sah, eine Spielhölle in einer der großen Strandvillen auffliegen zu lassen. Sechs Mann gehörten zur Vier-bis-Mitternacht-Schicht, die sechs Größen in der Polizeitruppe, alle zwischen dreißig und fünfzig Jahre alt.

Mitternacht bis acht war gewöhnlich ruhig. Neun Monate des Jahres war der Friede praktisch gewährleistet. Das größte Ereignis des letzten Winters war ein Unwetter gewesen, das alle Alarmanlagen, die die Polizeistation mit achtundvierzig der größten und luxuriösesten Villen von Amity verband, außer Betrieb gesetzt hatte. Normalerweise war die Mitternacht-bis-acht-Schicht von drei Beamten besetzt. Einer von ihnen jedoch, ein junger Mann namens Dick Angelo, nahm jetzt seinen zweiwöchigen Urlaub, ehe die Saison in vollem Gang war. Der andere war ein dreißigjähriger ehemaliger Kriegsteilnehmer namens Henry Kimble, der die Mitternacht-bis-acht-Schicht gewählt hatte, weil er dadurch seinen Schlaf nachholen konnte – tagsüber war er Barkeeper im Saxon. Hendricks versuchte, Kimble über Funk zu wecken – und ihm zu sagen, er solle über den Strand beim Old Mill Road schlendern –, aber er wußte, daß der Versuch aussichtslos war. Wie üblich schlief Kimble tief in einem hinter der Apotheke von Amity geparkten Funkwagen. Worauf Hendricks den Hörer abhob und Chef Brodys Privatnummer wählte.

Brody schlief, befand sich in dem vagen Zustand vor dem Erwachen, in dem die Träume schnell wechseln und es Augenblicke eines verschwommenen Halbbewußtseins gibt. Das erste Läuten seines Apparates wurde von einem Traum absorbiert – einem Wunschbild, er sei wieder auf der höheren Schule und fummele an einem Mädchen im Treppenhaus herum. Das zweite Läuten zerriß das Bild. Er drehte sich herum und hob den Hörer ab.

»Yeah?«

»Chef, hier ist Hendricks. Tut mir leid, daß ich Sie so früh stören muß, aber –«

»Wie spät ist es?«

»Fünf Uhr zwanzig.«

»Na, Leonard, dann muß es sich aber um etwas Wichtiges handeln.«

»Ich glaube, wir haben einen Treiber auf dem Hals, Chef.«

»Einen Treiber? Was, um Himmels willen, ist ein Treiber?«

Es war ein Wort, das Hendricks aus seiner nächtlichen Lektüre hatte. »Ein Ertrunkener«, sagte er verlegen. Er berichtete Brody von Footes Anruf. »Ich wußte nicht, ob Sie der Sache nachgehen wollen, ehe die Leute zum Strand kommen. Es sieht so aus, als ob es ein schöner Tag werden würde.«

Brody stieß einen übertriebenen Seufzer aus. »Wo ist Kimble?« fragte er und fügte dann schnell hinzu: »Ach, lassen wir's. War 'ne dumme Frage. Eines Tages werde ich sein Funkgerät so einstellen lassen, daß er es nicht abschalten kann.«

Hendricks wartete einen Augenblick und bemerkte dann: »Wie gesagt, Chef, es tut mir leid, daß ich Sie störe . . .«

»Yeah, ich weiß, Leonard. Es war richtig, anzurufen. Da ich nun mal wach bin, kann ich auch aufstehen. Ich werde mich rasieren und duschen und eine Tasse Kaffee trinken und werde mir auf dem Weg in die Stadt das Ufer vor Old Mill und Scotch genauer ansehen, bloß um sicherzugehen, daß Ihr ›Treiber‹ nicht jemandes Strand verunziert. Wenn dann die Tagesschicht antritt, gehe ich hinaus und rede mit Foote und dem Freund des Mädchens. Wiedersehen.«

Brody legte auf und reckte sich. Er sah seine Frau neben sich im Doppelbett an. Sie hatte sich gerührt, als das Telefon klingelte, sobald sie aber festgestellt hatte, daß es sich um keinen Notruf handelte, war sie wieder in Schlaf gefallen.

Ellen Brody war sechsunddreißig, fünf Jahre jünger als ihr Mann, und die Tatsache, daß sie kaum wie dreißig aussah, war für Brody eine Quelle des Stolzes wie des Ärgers: des Stolzes, weil die Feststellung, daß sie gut und jung aussah und mit ihm verheiratet war, auf ihn abfärbte: danach mußte er ein Mann von ausgezeichnetem Geschmack und wirklicher Anziehungskraft sein; des Ärgers, weil sie ihr gutes Aussehen trotz der Strapazen dreier Geburten hatte erhalten können, wohingegen Brody, der mit 1,82 m und 90 Kilo kaum als dick bezeichnet werden konnte, sich allmählich Sorgen um seinen Blutdruck und seinen Bauch machte. Im Sommer ertappte Brody sich manchmal dabei, wie er mit träger Lust einem der jungen, langbeinigen Mädchen nachstarrte, die mit BH-losen, hüpfenden Brüsten unter dünnstem Baumwolljersey in der Stadt herumstolzierten. Aber er konnte das erregende Gefühl nie so richtig genießen, weil er sich immer fragte, ob Ellen dieselbe Erregung spürte, wenn sie die braungebrannten, schlanken jungen Männer ansah, die die langbeinigen Mädchen so vollkommen ergänzten. Und sobald ihm dieser Gedanke kam, wurde ihm noch unbehaglicher, denn er erinnerte ihn daran, daß er über vierzig war und mehr als die Hälfte seines Lebens schon hinter sich hatte.

Die Sommer waren schlimm für Ellen Brody, denn im Sommer wurde sie von Gedanken gequält, die sie nicht denken wollte – Gedanken an verpaßte Gelegenheiten und an ein Leben, das hätte sein können. Sie sah Menschen, mit denen sie aufgewachsen war: Schulkameradinnen, die jetzt mit Bankiers und Börsenmarklern verheiratet waren, den Sommer in Amity und den Winter in New York verbrachten, graziöse Frauen, die mit gleicher Ungezwungenheit Tennis spielten, wie sie angeregte Konversation machten, Frauen, die (Ellen war davon überzeugt) sich, wenn sie unter sich waren, über Ellen Shepherd lustig machten, die einen Polizisten geheiratet hatte, wohl weil er sie im Rücksitz seines Fords, Modell 1948, geschwängert hatte, was übrigens nicht der Fall gewesen war.

Ellen war einundzwanzig gewesen, als sie Brody kennenlernte. Sie hatte gerade ihr drittes Studienjahr in Wellesley hinter sich und verbrachte den Sommer mit ihren Eltern in Amity – wie die vergangenen elf Sommer, seit die Werbeagentur ihres Vaters ihn von Los Angeles nach New York versetzt hatte. Obgleich Ellen Shepherd, anders als einige ihrer Freundinnen, kaum aufs Heiraten versessen war, nahm sie doch an, daß sie in ein oder zwei Jahren nach Abgang vom College jemanden ihres eigenen sozialen und finanziellen Standes heiraten würde. Der Gedanke beunruhigte sie weder, noch entzückte er sie. Sie genoß den bescheidenen Wohlstand, den ihr Vater sich erarbeitet hatte, und sie wußte, daß auch ihre Mutter sich daran erfreute. Aber sie war nicht begierig, ein Leben zu führen, das eine Wiederholung der Lebensweise ihrer Eltern war. Sie war mit den kleinen sozialen Problemen vertraut, und sie langweilten sie. Sie hielt sich für ein einfaches Mädchen, stolz darauf, daß sie im Jahrbuch der Klasse von 1953 in Miss Porters Schule als Gewissenhafteste bezeichnet worden war.

Ihre erste Berührung mit Brody war beruflicher Art. Sie wurde verhaftet – oder vielmehr ihr Begleiter. Es war spät nachts, und sie wurde von einem total betrunkenen jungen Mann nach Hause gebracht, der es darauf anlegte, sehr schnell durch sehr enge Straßen zu fahren. Der Wagen wurde von einem Polizisten angehalten, der Ellen durch seine Jugend, sein gutes Aussehen und seine Höflichkeit beeindruckte. Nachdem er eine Vorladung ausgestellt hatte, beschlagnahmte er die Wagenschlüssel von Ellens Begleiter und fuhr sie beide nach Hause. Am nächsten Vormittag ging Ellen einkaufen und fand sich plötzlich vor dem Polizeirevier. Aus Jux trat sie ein und erkundigte sich nach dem Namen des jungen Beamten, der gestern etwa um Mitternacht Dienst gehabt hatte. Dann ging sie heim und schrieb Brody ein Dankesbriefchen für seine Freundlichkeit, und außerdem schrieb sie an den Polizeichef und empfahl den jungen Martin Brody. Brody rief sie an und bedankte sich für ihr Dankschreiben.

Als er sie an seinem freien Abend zum Dinner und ins Kino einlud, nahm sie aus Neugier an. Sie hatte kaum je mit einem Polizisten gesprochen, ganz zu schweigen davon, daß sie mit einem ausgegangen wäre. Brody war nervös, aber Ellen schien so echt an ihm und seiner Arbeit interessiert, daß er schließlich ruhiger wurde und sich wohlzufühlen begann. Ellen fand ihn reizend: stark, einfach, liebenswürdig – aufrichtig. Seit sechs Jahren war er bei der Polizei. Er sagte, es sei sein Ehrgeiz, Polizeichef von Amity zu werden, Söhne zu haben, die er im Herbst zum Entenschießen mitnehmen könne, genügend Geld zu sparen, um alle zwei oder drei Jahre richtig Ferien machen zu können.

Im November jenes Jahres heirateten sie. An sich hatten Ellens Eltern gewollt, daß sie ihr Studium abschließe, und Brody war bereit gewesen, bis zum nächsten Sommer zu warten, aber

Ellen konnte sich nicht vorstellen, daß ein weiteres Jahr auf dem College einen Unterschied für das Leben bedeuten könnte, das sie sich gewählt hatte.

Es gab einige peinliche Augenblicke in den ersten paar Jahren. Ellens Freundinnen luden sie zum Dinner oder Lunch oder zum Baden ein, und sie nahmen auch an, aber Brody fühlte sich unbehaglich und kam sich von oben herab behandelt vor. Wenn sie mit Brodys Freunden zusammen waren, schien Ellens Herkunft keine gute Stimmung aufkommen zu lassen. Die Menschen benahmen sich, als fürchteten sie, einen *Fauxpas* zu begehen. Allmählich jedoch, wenn die Freundschaften sich entwickelten, schwand das Gefühl der Peinlichkeit. Aber Ellens alte Freundinnen sahen sie nie wieder. Obgleich die Beseitigung des »Sommergäste«-Brandmals ihr die Sympathien der das ganze Jahr in Amity Wohnenden eintrug, kostete es sie viel Angenehmes und Vertrautes aus den ersten einundzwanzig Jahren ihres Lebens. Es war, als wäre sie in ein anderes Land gezogen.

Bis vor etwa vier Jahren hatte die Entfremdung sie nicht gestört. Sie hatte zu viel zu tun und war zu glücklich, ihre Kinder aufzuziehen, um in Gedanken längst vergangenen Möglichkeiten nachzuhängen. Doch als ihr letztes Kind schulpflichtig wurde, ließ sie sich treiben und brütete über Erinnerungen, wie ihre Mutter gelebt hatte, nachdem die Kinder aus dem Haus gegangen waren: Einkaufsausflüge (machten Spaß, weil genug Geld da war, alles außer den ganz unerschwinglichen Dingen zu kaufen), ausgedehnte Lunches mit Freundinnen, Tennis, Cocktailparties, Wochenendreisen. Was früher einmal hohl und langweilig erschienen war, tauchte jetzt in der Erinnerung als Paradies auf.

Zuerst versuchte sie, alte Verbindungen mit Freundinnen wiederaufzunehmen, die sie zehn Jahre lang nicht gesehen hatte; aber jegliche Gemeinsamkeit von Interessen und Erfahrungen war dahin. Ellen redete angeregt über die Gemeinde, über die städtische Politik, über ihren Job als freiwillige Pflegerin im Southampton-Hospital – alles Themen, wovon ihre alten Freundinnen, von denen viele seit mehr als dreißig Jahren jeden Sommer nach Amity gekommen waren, wenig wußten und für die sie sich noch weniger interessierten. Die redeten von der New Yorker Politik, von Kunstgalerien und Malern und Schriftstellern, die sie kannten. Die meisten Unterhaltungen endeten mit undeutlichen Erinnerungen und Vermutungen, wo andere alte

Freundinnen heute wohl wären. Und stets gab es heilige Versprechen, sich gegenseitig zu besuchen und wieder zusammenzukommen.

Dann und wann versuchte sie, mit Sommergästen, die sie vorher nicht gekannt hatte, Freundschaft zu schließen, aber die Verbindungen waren forciert und kurz. Sie hätten andauern können, wenn Ellen wegen ihres Heimes, des Berufes ihres Mannes und seiner schlechten Bezahlung weniger befangen gewesen wäre. Sie gab ihren neuen Bekanntschaften deutlich zu verstehen, daß sie ihr Leben in Amity auf einer gänzlich anderen Ebene begonnen hatte. Sie war sich klar, was sie damit tat, und haßte sich deswegen, weil sie ihren Mann wirklich liebte, ihre Kinder anbetete und – den größten Teil des Jahres – mit ihrem Los ganz zufrieden war.

Inzwischen hatte sie die Vorstöße in die Sommergesellschaft nahezu aufgegeben, aber Verstimmungen und Sehnsucht blieben. Sie war unglücklich, und den größten Teil ihres Unglücks ließ sie an ihrem Mann aus, was beiden klar war, womit aber nur er sich abfinden konnte. Sie wäre gern die drei Monate jedes Jahres in eine Art Scheintod gefallen.

Brody wälzte sich zu Ellen herum, stützte sich auf einen Ellbogen und den Kopf auf die Hand. Mit der anderen Hand schnippte er eine Haarsträhne weg, die Ellen an der Nase kitzelte, so daß sie zuckte. Er hatte noch eine Erektion vom letzten Traum und überlegte sich, ob er Ellen nicht wecken sollte. Er wußte, daß sie lange brauchte, um aufzuwachen, und daß ihre frühmorgendlichen Stimmungen eher mürrisch als romantisch waren. Trotzdem, es würde Spaß machen. Sex wurde im Brody-Haushalt in letzter Zeit klein geschrieben. Wie immer, wenn Ellen in ihrer Sommerlaune war.

In diesem Augenblick klappte Ellens Mund herunter, und sie begann zu schnarchen. Brody wandte sich so schnell ab, als ob ihm jemand eiskaltes Wasser über die Lenden gegossen hätte. Er stand auf und ging ins Badezimmer.

Es war fast 6.30 Uhr, als Brody in die Old Mill Road einbog. Die Sonne war aufgegangen. Sie hatte ihr Dämmerungsrot verloren und nahm jetzt eine Färbung von orange bis hellgelb an. Der Himmel war wolkenlos.

Theoretisch gab es ein Wegerecht zwischen jedem Haus, um

den öffentlichen Zugang zum Strand zu ermöglichen, der nur bis zur niedrigsten Hochwassermarke in Privatbesitz sein durfte. Aber die Wegerechtlücken zwischen den meisten Häusern waren mit Garagen oder Ligusterhecken ausgefüllt. Von der Straße aus konnte man den Strand nicht erkennen. Alles, was Brody sehen konnte, war der Kamm der Dünen. Also mußte er ungefähr alle hundert Meter anhalten und eine Auffahrt bis zu einem Punkt hinaufgehen, von dem aus er den Strand überblicken konnte.

Keine Spur von einer Leiche. Alles, was er auf der langgestreckten, weißen Fläche sah, waren Treibholz, ein oder zwei Konservenbüchsen und ein meterbreiter Gürtel Seetang, von der südlichen Brise angespült. Es gab praktisch keine Brandung; wenn also eine Leiche auf der Oberfläche trieb, wäre sie sichtbar gewesen. Wenn da draußen ein »Treiber« ist, dachte Brody, dann treibt er unter der Oberfläche, und ich werde ihn nie sehen, bis er angeschwemmt wird.

Bis sieben Uhr hatte Brody den ganzen Strand vor Old Mill und Scotch Road abgesucht. Das einzige, was er gefunden hatte und was ihm kaum seltsam vorkam, war ein Pappteller mit drei orangefarbenen Muschelschalen – ein Zeichen, daß Strand-Picknicks diese Saison mehr denn je in Mode kommen würden.

Er fuhr über die Scotch Road zurück, bog stadteinwärts in die Bayberry Lane ein und kam um 7.10 Uhr im Polizeirevier an.

Hendricks beendete gerade seinen Papierkram, als Brody hereintrat, und schien enttäuscht, daß Brody keine Wasserleiche hinter sich herzog. »Kein Glück gehabt, Chef?« fragte er.

»Das kommt darauf an, was Sie Glück nennen, Leonard. Wenn Sie meinen, ob ich eine Leiche gefunden habe und, wenn nicht, ob das schade sei, dann lautete die Antwort auf beide Fragen: Nein. Ist Kimble schon da?«

»Nein.«

»Na, hoffentlich schläft er nicht mehr. Es würde verdammt komisch aussehen, wenn er in einem Polizeiwagen herumschnarchte, während die Leute gerade anfangen, ihre Einkäufe zu erledigen.«

»Gegen acht wird er hier sein«, sagte Hendricks. »Ist er immer.«

Brody schenkte sich eine Tasse Kaffee ein, ging in sein Büro und sah flüchtig die Morgenzeitungen durch – die Frühausgabe der New Yorker *Daily News* und das Lokalblatt, den *Amity*

Leader, das im Winter wöchentlich und im Sommer täglich erschien.

Kimble kam kurz vor acht, sah – durchaus angemessen – so aus, als hätte er in seiner Uniform geschlafen, und trank eine Tasse Kaffee mit Hendricks, während sie auf Ablösung durch die Tagesschicht warteten. Hendricks' Ersatzmann kam pünktlich um acht, und Hendricks zog seine lederne Fliegerjacke an und machte sich fertig, als Brody aus seinem Büro heraustrat.

»Ich fahre jetzt zu Foote hinaus, Leonard«, sagte Brody. »Wollen Sie mitkommen? Sie brauchen nicht, aber ich dachte, Sie werden vielleicht Ihren ›Treiber‹-Fall weiter verfolgen wollen.« Brody lächelte.

»Klar, will ich«, sagte Hendricks. »Ich habe heute sonst nichts zu tun, kann also den ganzen Nachmittag schlafen.«

Sie fuhren in Brodys Wagen. Als sie in Footes Fahrweg einbogen, sagte Hendricks: »Wetten, daß sie alle schlafen? Letzten Sommer, erinnere ich mich, rief eine Frau um ein Uhr morgens an und fragte, ob ich so früh wie möglich hinauskommen könne, weil sie glaubte, ein Teil ihres Schmuckes sei verschwunden. Ich bot ihr an, gleich zu kommen, aber sie sagte nein, sie gehe jetzt schlafen. Auf jeden Fall klingelte ich am anderen Morgen um zehn bei ihr, und sie warf mich hinaus. ›So früh hab' ich auch wieder nicht gemeint‹, sagte sie.«

»Wir werden sehen«, sagte Brody. »Wenn sie sich wirklich um diese Frau ängstigen, dann sind sie wach.«

Die Tür öffnete sich, fast ehe Brody richtig geklopft hatte. »Wir haben Sie erwartet«, sagte ein junger Mann. »Ich heiße Tom Cassidy. Haben Sie sie gefunden?«

»Ich bin Polizeichef Brody. Das ist der Beamte Hendricks. Nein, Mr. Cassidy, wir haben sie nicht gefunden. Dürfen wir eintreten?«

»Aber ja. Tut mir leid. Kommen Sie ins Wohnzimmer. Ich hole die Footes.«

Brody brauchte keine fünf Minuten, um alles zu erfahren, was er seiner Ansicht nach wissen mußte. Dann, um durchgreifend und gründlich zu erscheinen, wie auch in der Hoffnung, etwas Nützliches zu erfahren, bat er, die Kleider der vermißten Frau sehen zu dürfen. Er wurde ins Schlafzimmer geführt und besah sich die Kleider auf dem Bett.

»Sie hatte keinen Badeanzug bei sich?«

»Nein«, antwortete Cassidy. »Der liegt in der obersten Schublade da drüben. Ich habe nachgesehen.«

Brody machte eine kleine Pause und sagte dann, vorsichtig seine Worte wählend: »Mr. Cassidy, ich will nicht frivol erscheinen, aber hat diese Miss Watkins die Angewohnheit, sich sonderbar zu benehmen? Ich meine, zum Beispiel mitten in der Nacht zu verduften . . . oder nackt herumzulaufen?«

»Nicht, daß ich wüßte«, erwiderte Cassidy. »Aber ich kenne sie natürlich nicht sehr gut.«

»Aha«, sagte Brody. »Dann gehen wir jetzt wohl am besten wieder zum Strand hinunter. Sie brauchen nicht mitzukommen. Hendricks und ich machen das schon.«

»Ich würde aber gerne mitkommen, wenn Sie nichts dagegen haben.«

»Ganz und gar nicht. Ich dachte nur, Sie würden es vielleicht nicht wollen.«

Die drei Männer gingen zum Strand hinunter. Cassidy zeigte den Polizisten, wo er eingeschlafen war – die Einbuchtung, die sein Körper im Sand gemacht hatte, war noch nicht verwischt –, und wo er die Kleider der Frau gefunden hatte.

Brody ließ den Blick schweifen. So weit er sehen konnte, mehr als eine Meile in beiden Richtungen, war der Strand leer. Klumpen von Seetang waren die einzigen dunklen Flecke auf dem weißen Sand. »Schauen wir uns ein bißchen um«, sagte er. »Leonard, Sie gehen nach Osten bis zu dem Punkt da. Mr. Cassidy, Sie und ich gehen nach Westen. Haben Sie Ihre Trillerpfeife, Leonard? Bloß für den Fall eines Falles.«

»Hab' ich«, sagte Hendricks. »Darf ich meine Schuhe ausziehen? Man läuft besser auf dem harten Sand, ich möchte nicht, daß sie naß werden.«

»Tun Sie's«, entgegnete Brody. »Praktisch sind Sie außer Dienst. Sie können sogar Ihre Hose ausziehen, wenn Sie wollen. Natürlich werde ich Sie dann wegen Exhibitionismus verhaften.«

Hendricks machte sich nach Osten auf den Weg. Der nasse Sand fühlte sich mürbe und kühl unter seinen Füßen an. Er ging mit gesenktem Kopf und den Händen in den Taschen, sah auf die winzigen Muscheln und das Gewirr des Seetangs nieder. Ein paar Insekten – sie sahen wie kleine schwarze Käfer aus – huschten vor ihm davon, und als die anbrandenden Wellen zurückrauschten, sah er winzige Bläschen über den von Sandwürmern gebohrten Löchern platzen. Ihm gefiel der Spaziergang. Komisch, dachte er, wenn man sein ganzes Leben an einem Ort verbringt, tut man fast nie das, was die Touristen tun und wozu sie herkommen – einen Spaziergang am Strand machen oder im Ozean schwimmen. Er konnte sich nicht erinnern, wann er das letzte Mal schwimmen gegangen war. Er war noch nicht einmal sicher, ob er überhaupt eine Badehose besaß. Etwas Ähnliches hatte er von New York gehört – die Hälfte der Leute dort fahren nie zur Spitze des Empire State Building hinauf oder sehen sich die Freiheitsstatue an.

Immer wieder blickte Hendricks auf, um festzustellen, wieviel näher er dem Punkt gekommen war. Einmal sah er zurück, ob Brody und Cassidy etwas gefunden hatten. Er schätzte, daß sie fast eine halbe Meile entfernt waren.

Als Hendricks sich umwandte und seinen Spaziergang wieder aufnahm, sah er etwas vor sich, einen Haufen Unkraut und Seetang, der ungewöhnlich groß schien. Er war noch etwa dreißig Meter von dem Haufen entfernt, als ihm der Gedanke kam, das Unkraut könnte an etwas haften.

Als er den Haufen erreichte, bückte Hendricks sich, um Unkraut wegzuzupfen. Plötzlich hielt er inne. Einige Sekunden war er bewegungslos, zur Salzsäule erstarrt. Er fummelte in seinen Hosentaschen nach seiner Trillerpfeife, fand sie, führte sie an die Lippen und versuchte zu blasen. Statt dessen übergab er sich, taumelte zurück und stürzte auf die Knie.

In dem verfilzten Unkrauthaufen staken ein Frauenkopf, noch mit den Schultern verbunden, ein Armstumpf und etwa ein Drittel des Rumpfes. Das zerfetzte Fleisch war blau-grau marmoriert, und als Hendricks sich auf den Sand erbrach, dachte er – bei dem Gedanken mußte er sich wieder übergeben –, daß die übriggebliebene Brust der Frau so flach aussah wie eine Preßblume in einem Poesiealbum.

»Warten Sie«, sagte Brody stehenbleibend und Cassidy am Arm berührend. »Ich glaube, das war ein Pfiff.« Er horchte, in die Morgensonne blinzelnd. Er sah einen schwarzen Fleck auf dem Sand, der wohl Hendricks sein mußte, und dann hörte er die Pfeife deutlicher. »Kommen Sie«, sagte er, und die beiden Männer setzten sich über den Strand in Trab.

Hendricks hockte noch auf den Knien, als sie ihn erreichten.

Er erbrach sich nicht mehr, ließ aber noch den Kopf hängen, der Mund stand offen, und sein Atem rasselte vor Schleim.

Brody war Cassidy einige Schritte voraus. »Mr. Cassidy, bleiben Sie eine Sekunde stehen, ja?« Er riß einige Unkräuter weg, und als er sah, was dahinter war, spürte er, wie sich sein Magen hob. Er schluckte und schloß die Augen. Nach einem Augenblick sagte er: »Jetzt können Sie hinsehen, Mr. Cassidy, und mir sagen, ob sie es ist oder nicht.«

Cassidy war entsetzt. Seine Augen wanderten zwischen dem erschöpften Hendricks und dem Unkrauthaufen hin und her. »Das?« fragte er, auf den Haufen zeigend. Unwillkürlich trat er einen Schritt zurück. »Das *Ding*? Wollen Sie damit sagen, daß es Christine ist?«

Brody kämpfte noch gegen seinen Brechreiz an. »Ich glaube«, sagte er, »es ist vielleicht ein Teil von ihr.«

Widerwillig schlurfte Cassidy vor. Brody bog Unkraut zurück, damit Cassidy das graue, glotzende Gesicht genauer sehen konnte. »O mein Gott!» sagte Cassidy und schlug die Hand vor den Mund.

»Ist sie es?«

Cassidy nickte, auf das Gesicht starrend. Dann wandte er sich ab und fragte: »Was ist mit ihr passiert?«

»Ich bin nicht sicher«, antwortete Brody. »Auf den ersten Blick kommt es mir so vor, als wäre sie von einem Hai angegriffen worden.«

Cassidys Knie gaben nach, er sank in den Sand. »Ich glaube, ich muß mich übergeben.« Er beugte den Kopf hinunter und erbrach sich.

Der Gestank des Erbrochenen drang Brody sofort in die Nase, und er wußte, daß er den Kampf verloren hatte. »Ich schließe mich an«, sagte er und übergab sich auch.

3

Es vergingen mehrere Minuten, ehe Brody sich wohl genug fühlte, wieder geradezustehen, zu seinem Wagen zurückzugehen und einen Krankenwagen vom Southampton-Hospital anzufordern. Und es verging fast eine Stunde, bis der Krankenwagen kam und die verstümmelte Leiche in einen Gummisack gestopft und fortgefahren wurde.

Gegen elf Uhr war Brody wieder in seinem Büro und füllte Formulare über den Unfall aus. Er hatte jede Rubrik außer »Todesursache« erledigt, als das Telefon läutete.

»Carl Santos, Martin«, sagte die Stimme des Untersuchungsrichters.

»Yeah, Carl. Was haben Sie für mich?«

»Wenn Sie keinen Grund für die Annahme haben, es sei Mord, müßte ich *Hai* sagen.«

»Mord?« fragte Brody.

»Ich will keine Behauptungen aufstellen. Ich meine nur, es ist – ganz entfernt – denkbar, daß ein Verrückter mit einer Axt und einer Säge das Mädchen hätte so zurichten können.«

»Ich glaube nicht an Mord, Carl. Ich habe kein Motiv, keine Mordwaffe und – keine Verdachtsperson.«

»Dann ist es ein Hai. Und ein großes Biest dazu. Selbst die Schraube eines Ozeandampfers hätte das nicht fertiggebracht. Sie hätte sie vielleicht in zwei Teile geschnitten, aber . . .«

»Okay, Carl«, sagte Brody. »Ersparen Sie mir Weiteres. Mein Magen ist ohnehin nicht in allzu guter Verfassung.«

»Tut mir leid, Martin. Auf jeden Fall werde ich Hai-Angriff hinschreiben. Ich finde, das klingt auch am vernünftigsten für Sie, es sei denn, es gibt . . . na ja . . . andere Erwägungen.«

»Nein«, sagte Brody. »Diesmal nicht. Danke für den Anruf, Carl.« Er legte auf, tippte »Hai-Angriff« in die Rubrik »Todesursache« und lehnte sich in seinem Stuhl zurück.

Die Möglichkeit »anderer Erwägungen«, die mit diesem Fall zusammenhängen könnten, war Brody noch nicht eingefallen. Solche Erwägungen waren der heikelste Teil von Brodys Beruf. Sie zwangen ihn dauernd, die besten Mittel zum Schutz des Allgemeinwohls abzuschätzen, ohne sich oder das Gesetz bloßzustellen.

Es war der Beginn der Sommersaison, und Brody wußte, daß der Wohlstand Amitys für ein ganzes Jahr von dem Erfolg oder Mißerfolg dieser zwölf kurzen Wochen abhing. Eine ergiebige Saison bedeutete genügend Aufschwung, um die Stadt über den mageren Winter hinüberzubringen. Die Winterbevölkerung von Amity betrug etwa 1000; in einem guten Sommer stieg die Bevölkerungszahl auf beinahe 10 000 an. Und diese 9000 Sommergäste hielten die 1000 Dauerseßhaften das ganze Jahr am Leben.

Geschäftsleute – angefangen bei den Besitzern des Eisenwarenladens und des Sportgerätegeschäftes, über die zwei Tankstellen bis zur Apotheke – brauchten Hochkonjunktur im Sommer, um durch den Winter zu kommen, in dem sie nie ohne Verlust abschlossen. Die Frauen von Zimmerleuten, Elektrotechnikern und Installateuren arbeiteten im Sommer als Serviererinnen oder Grundstücksmaklerinnen, um ihre Familien im Winter über Wasser zu halten. Es gab nur zwei Lokale mit ganzjähriger Alkohollizenz, so daß die zwölf Sommerwochen für die meisten Restaurants und Kneipen entscheidend waren. Die Verleiher von Angelkreuzern brauchten jede Chance, die sie kriegen konnten: gutes Wetter, guten Fang und vor allem viel Kunden.

Selbst nach den besten Sommern waren die Winter in Amity hart. Drei von zehn Familien bezogen dann Wohlfahrtsunterstützung. Dutzende von Männern waren gezwungen, den Winter über zur Nordküste von Long Island zu ziehen, wo sie sich Arbeit als Muschelöffner für einen Tageslohn von ein paar Dollar suchten.

Brody wußte, daß ein schlechter Sommer die Wohlfahrtsunterstützungsliste fast verdoppeln würde. Wenn nicht jedes Haus vermietet wurde, gab es nicht genug Arbeit für die Schwarzen von Amity; die meisten waren Gärtner, Diener, Kellner und Hausgehilfinnen. Und zwei oder drei aufeinanderfolgende schlechte Sommer – was glücklicherweise in über zwanzig Jahren nicht vorgekommen war – konnten einen Zyklus schaffen, der die Stadt zugrunde richten mußte. Wenn die Menschen nicht genug Geld hatten, um Kleidung, Benzin oder reichliche Nahrungsmittelvorräte zu kaufen; wenn sie es sich nicht leisten konnten, ihre Häuser renovieren oder ihre Geräte reparieren zu lassen, verdienten die Geschäftsleute und Dienstleistungsbetriebe nicht genug, um sich bis zum nächsten Sommer durchzubringen. Sie würden schließen müssen, und die Bürger von Amity würden woanders einkaufen gehen. Die Stadt würde Steuereinkünfte einbüßen. Gemeindedienste würden sich verschlechtern, und die Leute würden wegziehen.

Es gab also ein allgemeines, wenn auch schweigendes Einvernehmen in Amity, geboren aus dem Zwang zu überleben. Von jedem wurde erwartet, daß er dazu beitrug, daß Amity ein begehrter Sommer-Erholungsort blieb. Vor einigen Jahren, erinnerte Brody sich, waren ein junger Mann und sein Bruder in die Stadt gezogen und hatten eine Schreinerei aufgemacht. Sie kamen im Frühjahr, als es genug Arbeit gab; die Häuser wurden für die Sommergäste hergerichtet, jeder hatte zu tun, sie waren also willkommen. Sie schienen ganz tüchtig zu sein, und mehrere einheimische Schreiner empfahlen sie weiter.

Im Hochsommer dann tauchten beunruhigende Berichte über die Gebrüder Felix auf. Albert Morris, Besitzer des Eisenwarengeschäftes in Amity, ließ wissen, daß sie billige Stahlnägel statt verzinkter Nägel kauften, aber ihren Kunden verzinkte Nägel berechneten. Im Seeklima beginnen Stahlnägel in wenigen Monaten zu rosten. Dick Spitzer, der den Holzplatz hatte, sagte jemandem, die Felixens hätten eine Ladung zweitklassigen Grünholzes bestellt, das sie für einige Wandschränke in einem Haus in der Scotch Road verwenden wollten. Die Schranktüren begannen sich zu werfen, kurz nachdem sie angebracht worden waren. In einer Bar prahlte der ältere Felix, Armando, eines Abends einem Saufkumpanen gegenüber, bei seinem augenblicklichen Auftrag habe er in Abständen von vierzig Zentimetern Beschlagnägel einzuschlagen, dafür werde er bezahlt. Aber in Wirklichkeit schlage er sie nur alle sechzig Zentimeter ein. Und der jüngere Felix, einundzwanzig Jahre alt und Danny genannt, mit einem hartnäckigen Hautausschlag behaftet, zeigte seinen Freunden gerne erotische Bücher, die er, wie er sich rühmte, in den Häusern gestohlen hatte, in denen er arbeitete.

Die anderen Schreiner empfahlen die Felixens nicht mehr weiter, aber inzwischen hatten die ihr Geschäft genügend ausgebaut, um über den Winter zu kommen. Ganz still begann das Einvernehmen in Amity zu funktionieren. Zuerst waren es nur ein paar Andeutungen den beiden gegenüber, daß sie nicht mehr willkommen seien. Armando reagierte hochmütig. Aber bald beunruhigten ihn kleine ärgerliche Pannen. Alle Reifen an seinem Lkw waren plötzlich ohne Luft, und als er die Amity Gulf Station um Hilfe anging, sagte man ihm, die Luftpumpe sei kaputt. Als sein Vorrat an Propangas in der Küche ausging, brauchte die einheimische Gasanstalt acht Tage, um ihm eine neue Flasche zu liefern. Sein Bestellungen für Holz und andere Vorräte wurden unerklärlicherweise verlegt oder verzögert. In Läden, in denen er früher Kredit gehabt hatte, mußte er jetzt bar zahlen. Gegen Ende Oktober konnten die Gebrüder Felix ihr Geschäft nicht mehr weiterführen, worauf sie fortzogen.

Generell bestand Brodys Beitrag zum stillschweigenden Amity-Einvernehmen – zusätzlich zur Aufrechterhaltung von Gesetz und Ordnung und gesunder Urteilskraft in der Stadt – darin, Gerüchte zu unterdrücken und, nach Rücksprache mit Harry Meadows, dem Herausgeber des *Amity Leader,* die seltenen unglücklichen Vorfälle, die sich als Nachrichtenmaterial eigneten, in die richtige Perspektive zu rücken.

Über die Vergewaltigungen im vergangenen Sommer war im *Leader* berichtet worden, aber nur knapp (als Belästigungen), weil Brody und Meadows sich einig gewesen waren, daß das Gespenst eines schwarzen Triebtäters, der jeder Frau in Amity nachsteige, dem Touristengeschäft von Nachteil wäre. In diesem Fall kam noch das Problem hinzu, daß keine der Frauen, die der Polizei gemeldet hatten, sie seien vergewaltigt worden, diese Erklärung anderen gegenüber hätte wiederholen wollen.

Wenn einer der reicheren Sommergäste in Amity wegen Trunkenheit am Steuer verhaftet wurde, war Brody bereit, sofern es das erste Delikt war, ihn wegen Fahrens ohne Führerschein aufzuschreiben, und über diese Anzeige wurde dann ordnungsgemäß im *Leader* berichtet. Aber Brody warnte in einem solchen Fall den Fahrer, falls er ein zweites Mal unter dem Einfluß von Alkohol am Steuer angetroffen werde, müßte er auch deswegen aufgeschrieben, angezeigt und strafrechtlich verfolgt werden.

Brodys Beziehung zu Meadows gründete sich auf ein zerbrechliches Gleichgewicht. Wenn Gruppen junger Leute von den Hamptons in die Stadt kamen und Scherereien machten, wurde Meadows jede Tatsache – Namen, Alter und Anklagepunkte – sofort übermittelt. Wenn die Jugend von Amity selbst auf einer Party Krach machte, brachte der *Leader* eine kurze Meldung ohne Namen oder Adressen, in der die Öffentlichkeit informiert wurde, daß die Polizei gerufen worden sei, einen kleinen Tumult, sagen wir, auf der Old Mill Road, zu ersticken.

Weil mehrere Sommergäste es ganz ulkig fanden, den *Leader* das ganze Jahr zu abonnieren, waren Vorkommnisse wie Wintervandalismus in Sommerhäusern immer eine besonders heikle Sache. Jahrelang hatte Meadows solche Dinge ignoriert, hatte es Brody überlassen, die Hausbesitzer zu benachrichtigen, die Missetäter zu bestrafen und die geeigneten Handwerker zur Reparatur ins Haus zu schicken. Doch im Winter 1968 wurden innerhalb weniger Wochen sechzehn Häuser blindwütig verwüstet.

Brody und Meadows kamen überein, daß die Zeit für eine großangelegte Kampagne im *Leader* gegen den Wintervandalismus nunmehr gekommen sei. Das Ergebnis war ein Leitungsnetz zwischen den achtundvierzig Villen und dem Polizeirevier, was – da die Öffentlichkeit nicht wußte, welche Häuser angeschlossen waren und welche nicht – dem Vandalismus so gut wie ein Ende setzte. Dies machte Brodys Aufgabe viel leichter und gab Meadows das Image eines auf das Allgemeinwohl bedachten Zeitungsmannes.

Dann und wann stießen Brody und Meadows zusammen. Meadows war ein Eiferer gegen den Gebrauch von Rauschgift. Er war außerdem ein Mann mit einer ungewöhnlich sensiblen Reporternase. Wenn er eine Story witterte – eine, die nicht »anderen Erwägungen« unterlag –, war er hinter ihr her wie ein Wildschwein hinter Trüffeln. Im Sommer 1971 war die Tochter einer der reichsten Amity-Familien in der Nähe des Scotch-Road-Strandes gestorben. Brody hatte keinerlei Beweise eines Verbrechens, und da die Familie sich einer Obduktion widersetzte, wurde die Todesursache amtlich als Ertrinken angegeben.

Aber Meadows hatte Grund zu der Annahme, daß das Mädchen rauschgiftsüchtig gewesen war und den Stoff von dem Sohn eines polnischen Kartoffelfarmers geliefert bekommen hatte. Meadows brauchte ungefähr zwei Monate, um die Story zu kriegen, doch am Ende erzwang er eine Obduktion, die bewies, daß das Mädchen zur Stunde, als es ertrank, infolge einer Überdosis Heroin bewußtlos gewesen war. Er brachte auch den Lieferanten zur Strecke und deckte einen ziemlich großen Rauschgifthändlerring im Gebiet von Amity auf. Die Story hatte schlechte Nachwirkungen für Amity und noch schlechtere für Brody, der, weil mehrere bundesstaatliche Delikte mit diesem Fall verknüpft waren, seine frühere Sorglosigkeit auch durch einige Verhaftungen nicht wiedergutmachen konnte. Und der Fall brachte Meadows zwei örtliche Journalistenpreise ein.

Jetzt war Brody an der Reihe, auf eine volle Enthüllung zu drängen. Er beabsichtigte, die Strände ein paar Tage sperren zu lassen, um dem Hai Zeit zu geben, sich weit von der Küste Amitys zu entfernen. Er wußte nicht, ob Haie sich eine Vorliebe für Menschenfleisch angewöhnen konnten (wie er es von Tigern gehört hatte), aber er war entschlossen, dem Fisch keine Menschen mehr zwischen die Zähne kommen zu lassen. Diesmal wollte er

Publicity; die Leute sollten das Wasser fürchten und sich ihm fernhalten.

Brody wußte, daß es starke Einwände gegen eine Publizierung des Angriffs geben würde. Wie das übrige Land spürte Amity immer noch die Nachwirkungen der Rezession. Soweit zeichnete der Sommer sich als mittelmäßig ab. Einige Mietverträge waren besser als im letzten Jahr, aber noch keine »guten« Verträge. Viele Mieter waren Wohngemeinschaften, zehn oder fünfzehn junge Leute aus der Großstadt, die sich die Miete eines großen Hauses untereinander teilten. Mindestens ein Dutzend der Häuser mit Strandlage, für 7000 bis 10 000 Dollar pro Saison, waren noch nicht vermietet, und viele weitere in der 5000-Dollar-Klasse waren immer noch ohne Mietverträge. Sensationelle Meldungen über einen Hai-Angriff konnten die Mittelmäßigkeit in eine Katastrophe verwandeln.

Trotzdem, dachte Brody, ein Todesfall Mitte Juni, noch ehe die Touristen kamen, würde wahrscheinlich schnell vergessen werden. Bestimmt hatte er weniger Wirkung als zwei oder drei weitere Todesfälle. Vielleicht war der Fisch inzwischen verschwunden, aber Brody war nicht gewillt, Menschenleben für diese Möglichkeit aufs Spiel zu setzen: die Aussichten konnten gut sein, aber der Einsatz war untragbar hoch.

Er wählte Meadows Nummer. »He, Harry«, sagte er. »Zeit zum Lunch?«

»Ich habe mich schon gefragt, wann Sie anrufen würden«, entgegnete Meadows. »Klar. In meinem oder in Ihrem Lokal?«

Plötzlich wünschte Brody, er hätte nicht zur Essenszeit angerufen. Sein Magen war immer noch angegriffen, und bei dem Gedanken an Essen wurde ihm übel. Er blickte zum Kalender an der Wand empor. Es war ein Donnerstag. Wie alle ihre Freunde mit festem Einkommen gingen die Brodys einkaufen, wenn es in den Supermärkten Sonderangebote gab. Das Spezialangebot war montags Hühnchen, dienstags Lamm und so weiter, die Woche durch. Wenn jedes Gericht gegessen war, machte Ellen sich eine Notiz auf ihrer Liste und schrieb es wieder für die darauffolgende Woche ein. Die einzigen Abweichungen waren Blaufisch und Barsch, die in die Speisekarte eingefügt wurden, wenn ein freundlicher Fischer seinen Überschuß vorbeibrachte.

Das Spezialgericht für Donnerstag waren Hamburger, und Brody hatte für diesen Tag genug Hackfleisch gesehen.

»In Ihrem«, sagte er. »Aber warum lassen wir uns die Mahlzeit nicht von Cy kommen? Wir können in Ihrem Büro essen.«

»Paßt mir ausgezeichnet«, sagte Meadows. »Was wollen Sie haben? Ich bestelle gleich.«

»Eiersalat, schätz' ich, und ein Glas Milch. Ich komme gleich rüber.« Brody rief Ellen an und sagte ihr, er werde nicht zum Lunch kommen.

Harry Meadows war ein Riese, dem die anstrengende Tätigkeit des Einatmens schon Schweißperlen auf die Stirn trieb. Er war ein Endvierziger, aß zuviel, rauchte billige Zigarren kettenweise, trank zollfreien Bourbon und war, nach den Worten seines Arztes, der führende Anwärter der westlichen Welt auf einen ungeheuren Herzinfarkt.

Als Brody eintrat, stand Meadows neben seinem Schreibtisch und wedelte mit einem Handtuch zum offenen Fenster hin. »Mit Rücksicht auf Ihren empfindlichen Magen, wie ich es Ihrer Lunch-Bestellung entnehme, versuche ich, die Luft von dem Duft nach White Owl zu reinigen.«

»Ich weiß das zu würdigen«, entgegnete Brody. Er sah sich in dem kleinen unordentlichen Raum um und suchte nach einem Sitzplatz.

»Werfen Sie das Zeugs von dem Stuhl da einfach herunter«, sagte Meadows. »Es sind bloß Regierungsberichte. Berichte von der Grafschaft, vom Staat, von der Autobahnkommission und der Wasserkommission. Wahrscheinlich kosten sie ungefähr eine Million Dollar, und vom Gesichtspunkt des Informationswertes sind sie keinen Schuß Pulver wert.«

Brody hob den Haufen Papier auf und stapelte ihn auf einen Heizkörper. Er zog sich den Stuhl neben Meadows Schreibtisch heran und setzte sich.

Meadows wühlte in einer großen braunen Papiertüte herum, holte einen Plastikbecher und ein in Zellophan gewickeltes Sandwich heraus und schob sie Brody über den Schreibtisch hin. Dann wickelte er seinen eigenen Lunch aus, vier einzelne Päckchen, die er öffnete und mit der liebevollen Sorgfalt eines Juweliers, der seltene Edelsteine vorzeigt, vor sich ausbreitete: Fleischklößchen in Tomatensauce, einen Plastikbeutel mit fetten Pommes frites, eine saure Gurke mit dem Umfang eines kleinen Kürbis' und ein Zitronenbaiser. Er langte hinter seinen Sessel und holte aus einem kleinen Kühlschrank eine Dose Bier. »Köstlich«, sagte er lächelnd, den Schmaus vor sich betrachtend.

»Erstaunlich«, sagte Brody, ein saures Rülpsen unterdrückend, »einfach verblüffend. Ich muß schon tausendmal mit Ihnen gegessen haben, Harry, aber ich kann mich immer noch nicht daran gewöhnen.«

»Jeder hat seine kleinen Eigenarten, mein Freund«, sagte Meadows, sein Sandwich hochnehmend. »Einige Leute steigen den Frauen anderer Leute nach. Einige sind auf Whisky scharf. Ich finde meinen Trost in den Gaben der Natur.«

»Das wird Dorothy trösten, wenn Ihr Herz eines Tages sagt: ›Jetzt ist's genug, Bursche, adiós.‹«

»Wir haben darüber gesprochen, Dorothy und ich«, sagte Meadows, den Mund voll Brot und Fleisch und fest kauend, »und wir waren uns darüber einig, daß einer der wenigen Vorteile des Menschen gegenüber anderen Tieren die Fähigkeit ist, sich seinen Tod selbst auszuwählen. Essen kann mich sehr wohl umbringen, aber es hat mir das Leben auch vergnüglich gemacht. Außerdem ziehe ich es vor, auf meine Art zu sterben, statt im Bauch eines Hais zu enden. Nach heute morgen bin ich sicher, daß Sie mir zustimmen.«

Brody war gerade dabei, einen Bissen Eiersalat-Sandwich hinunterzuschlucken, und mußte sich verdammt anstrengen, daß er ihm nicht wieder hochkam. »Tun Sie mir das nicht an«, sagte er.

Einige Augenblicke aßen sie schweigend. Brody verzehrte sein Sandwich und trank seine Milch, knüllte die Sandwichhülle zusammen und stopfte sie in den Plastikbecher. Er lehnte sich zurück und zündete sich eine Zigarette an. Meadows aß noch, aber Brody wußte, daß sein Appetit durch eine Unterhaltung nicht verringert werden würde. Er erinnerte sich, wie Meadows einmal den Ort eines blutigen Autounfalls besichtigt und die Polizei und die Überlebenden interviewt hatte, während er an einem Kokosnuß-Stäbchen lutschte.

»Was diese Watkins-Sache betrifft«, sagte Brody, »da habe ich mir einige Gedanken gemacht, wenn Sie sie hören wollen.« Meadows nickte. »Erstens scheint mir die Todesursache vollkommen klar. Ich habe schon mit Santos gesprochen und –«

»Ich auch.«

»Sie wissen also, was er davon hält. Es war ein Hai, ganz einfach. Und wenn Sie die Leiche gesehen hätten, würden Sie mir zustimmen. Nur ich –«

»Ich habe sie gesehen.«

Brody war erstaunt, hauptsächlich, weil er sich nicht vorstellen konnte, wie jemand, der diese Schweinerei gesehen hatte, dasitzen und sich die Reste der Zitronenbaiserfüllung von den Fingern lecken konnte. »Sie stimmen mir also zu?«

»Ja. Ich bin der Meinung, daß sie dadurch getötet wurde. Aber da gibt es einiges, worüber ich nicht so sicher bin.«

»Zum Beispiel?«

»Warum ging sie zu dieser Nachtzeit schwimmen? Wissen Sie, was die Temperatur um Mitternacht herum war? Fünfzehn Grad. Wissen Sie, wie hoch die Wassertemperatur war? Ungefähr zehn. Man hätte glatt verrückt gewesen sein müssen, unter solchen Bedingungen schwimmen zu gehen.«

»Oder betrunken«, sagte Brody, »was sie wahrscheinlich war.«

»Vielleicht. Nein, Sie haben recht – wahrscheinlich. Ich habe ein bißchen herumgehorcht, und die Footes geben sich nicht mit Rauschgift oder solchen Sachen ab. Aber da ist noch etwas, was mir Sorgen macht.«

Brody wurde wütend. »Um Himmels willen, Harry, hören Sie auf, Schatten nachzujagen. Es kommt schließlich dann und wann vor, daß Menschen durch einen Unfall sterben.«

»Das meine ich nicht. Ich meine nur, es ist verdammt komisch, daß wir einen Hai in der Gegend haben, obwohl das Wasser noch so kalt ist.«

»Wirklich? Vielleicht gibt es Haie, die kaltes Wasser lieben. Wer kennt sich mit Haien aus?«

»Es gibt einige. Da ist der Grönland-Hai, aber der kommt nie so weit herunter, und selbst wenn, dann belästigt er Menschen gewöhnlich nicht. Wer kennt sich mit Haien aus? Ich sage Ihnen eines: Im Augenblick weiß ich ganz beträchtlich mehr über sie als noch heute morgen. Nachdem ich die Überreste von Miss Watkins gesehen hatte, rief ich einen jungen Burschen im Ozeanographischen Institut in Woods Hole an. Ich beschrieb ihm die Leiche, und er sagte, es sei wahrscheinlich, daß nur eine bestimmte Gattung von Haien so etwas fertigbrächte.«

»Was für eine Gattung?«

»Ein Großer Weißer. Es gibt noch andere, die Menschen angreifen, Tiger- und- Hammerhaie, aber dieser Hooper – Matt Hooper – sagte mir, daß man, um eine Frau durchzubeißen, einen Fisch haben müßte, der ein solches Maul hat« – er hielt die Hände etwa einen Meter auseinander –, »und der einzige Hai, der so groß wird *und* Menschen angreift, ist der Große Weiße. Es gibt noch einen anderen Namen für sie.«

»O ja?« Brody verlor langsam das Interesse. »Und welchen?«

»Menschenfresser. Andere Haie töten gelegentlich Menschen, aus allen möglichen Gründen – vielleicht aus Hunger oder aus Verwirrung, oder weil sie Blut im Wasser riechen. Übrigens, hatte die Watkins gestern nacht ihre Periode?«

»Woher, zum Teufel, soll ich das wissen?«

»Nur Neugier. Hooper sagte, das sei garantiert ein Grund, angegriffen zu werden, wenn ein Hai in der Nähe ist.«

»Was sagte er über das kalte Wasser?«

»Es sei durchaus üblich bei einem Großen Weißen, in so kaltes Wasser zu kommen. Vor einigen Jahren wurde ein Junge von einem Großen Weißen in der Nähe von San Francisco getötet. Die Wassertemperatur betrug 13 Grad.«

Brody zog tief an seiner Zigarette und sagte: »Sie haben sich da wirklich mordsmäßig hineingekniet, Harry.«

»Es schien mir eine – sagen wir mal – Sache des gesunden Menschenverstandes und des öffentlichen Interesses, genau festzustellen, was passierte, und die Möglichkeiten abzuschätzen, ob es sich wiederholen könnte.«

»Und haben Sie diese Möglichkeiten eruiert?«

»Jawohl. Es gibt nahezu keine. Soweit ich es beurteilen kann, war dies ein echt unberechenbarer Unfall. Laut Hooper ist das einzige Gute bei den Großen Weißen, daß sie selten sind. Es gibt allen Grund zur Annahme, daß der Hai, der das Mädchen angriff, schon längst verschwunden ist. Hier gibt es keine Riffe, keine fischverarbeitende Fabrik, kein Schlachthaus, das Blut oder Gedärme ins Wasser abläßt. Es ist also nichts da, was den Hai interessieren könnte.« Meadows machte eine Pause und sah Brody an, der seinen Blick schweigend erwiderte. »Deshalb gibt es meiner Meinung nach keinen Grund, die Öffentlichkeit mit etwas zu beunruhigen, das sich mit an Sicherheit grenzender Wahrscheinlichkeit nicht wiederholen wird.«

»So kann man es natürlich auch sehen, Harry. Andererseits kann man der Meinung sein, da es sich wahrscheinlich nicht wiederholen werde, könne es nichts schaden, wenn man die Leute informiert, es sei dieses eine Mal vorgekommen.«

Meadows seufzte. »Journalistisch mögen Sie recht haben. Aber ich glaube, dies ist eines der Beispiele, bei dem wir die Grundregel vergessen und daran denken sollten, was für die Leute das Beste ist. Ich glaube nicht, daß es im öffentlichen Interesse läge, diese Sache ruchbar werden zu lassen. Ich denke dabei nicht so sehr an unsere Stadtbevölkerung. Die wird es früh genug erfahren, abgesehen von denen, die es sowieso schon wissen. Aber denken Sie an die Abonnenten des *Leader* in New York oder Philadelphia oder Cleveland!«

»Sie schmeicheln sich.«

»Quatsch. Sie wissen, was ich meine. Und Sie kennen die Lage auf unserem Grundstücksmarkt in diesem Sommer. Wir stehen auf der Kippe wie andere Orte auch, Nantucket und Vineyard und East Hampton, zum Beispiel. Es gibt Leute, die noch keine Ferienpläne gemacht haben. Sie wissen, daß sie dieses Jahr wählen können, was sie wollen. Das Angebot an Häusern ist groß ... überall. Wenn ich eine Story bringe, in der beschrieben wird, daß eine junge Frau an der Küste von Amity von einem Monsterhai entzweigebissen wurde, wird kein einziges Haus in dieser Stadt mehr zu vermieten sein. Haie wirken wie Phantommörder, Martin. Die Leute reagieren hysterisch darauf. Wenn wir ihnen sagen, hier in der Gegend sei ein Killer-Hai, können wir den Sommer glatt abschreiben.«

Brody nickte. »Dagegen gibt es nichts einzuwenden, Harry, und ich will den Menschen auch nicht sagen, daß es hier herum tatsächlich einen Killer-Hai gibt. Aber betrachten Sie die Sache nur mal eine Sekunde von meinem Gesichtspunkt. Ich will Ihre Argumente nicht in Zweifel ziehen. Wahrscheinlich haben Sie recht. Dieser Hai befindet sich vermutlich jetzt hundert Meilen entfernt und wird nicht mehr an unserer Küste auftauchen. Das Gefährlichste da draußen ist möglicherweise der Sog. Aber, Harry, es besteht die Möglichkeit, daß Sie nicht recht haben, und ich glaube nicht, daß wir diese Möglichkeit ignorieren können. Nehmen wir an – nehmen wir bloß mal an –, wir sagen kein Wort, und jemand anderer wird wieder von dem Fisch angegriffen. Was dann? Ich bin in der Zwickmühle. Ich soll die Menschen hier schützen, und wenn ich sie schon nicht vor etwas schützen kann, dann muß ich sie wenigstens vor einer Gefahr warnen. Auch Sie sind in der Zwickmühle. Sie sollen Nachrichten bringen, und es ist natürlich keine Frage, daß die Tötung eines

Menschen durch einen Hai eine Nachricht ist. Ich möchte, daß Sie die Story bringen, Harry. Ich möchte die Strände, nur für ein paar Tage und nur der Sicherheit wegen, sperren. Es wird keine große Unannehmlichkeit für die Leute sein. Noch sind nicht viele Sommergäste hier, und das Wasser ist kalt. Wenn wir's ehrlich aussprechen, den Leuten sagen, was passiert ist und unseren Grund für unser Handeln darlegen, dann, glaube ich, haben wir schon viel gewonnen.«

Meadows lehnte sich in seinen Sessel zurück und überlegte einen Augenblick. »Ich kann Ihnen nicht reinreden, Martin, aber was mich betrifft, so ist die Entscheidung bereits gefallen.«

»Was heißt das?«

»Es wird keine Story über den Angriff im *Leader* geben.«

»Also gut. Erledigt.«

»Nein, so nicht. Es war nicht ganz meine Entscheidung, obgleich ich sie im großen und ganzen gutheiße. Ich bin der Herausgeber dieser Zeitung, Martin, und besitze auch Anteile daran, aber nicht so viele, daß ich gewissen Pressionen ausweichen könnte.«

»Nanu?«

»Ich habe heute morgen schon sechs Anrufe bekommen. Fünf von Inserenten – ein Restaurant, ein Hotel, zwei Immobilienfirmen und die Eisdiele. Sie waren höchst begierig zu erfahren, ob ich die Absicht hätte, eine Story über diese Watkins-Sache zu bringen oder nicht, und höchst begierig, mich wissen zu lassen, ihrer Meinung nach sei Amity am besten gedient, wenn man die ganze Angelegenheit still und leise unter den Tisch fallen ließe. Der sechste Anruf kam von Mr. Coleman in New York. Mr. Coleman, dem 55 Prozent des *Leader* gehören, scheint selbst ein paar Anrufe bekommen zu haben. Er sagte mir, es werde keine Story im *Leader* geben.«

»Ich nehme an, er äußerte sich nicht darüber, daß seine Frau als Immobilienmaklerin mit seiner Entscheidung etwas zu tun hatte.«

»Nein«, erwiderte Meadows. »Das Thema kam nicht zur Sprache.«

»Klar. Nun, Harry, wo stehen wir jetzt? Sie werden keine Story bringen; was also die lieben Leser des *Leader* betrifft, so ist nie etwas passiert. Ich werde die Strände sperren und ein paar Warnschilder aufstellen lassen.«

»Okay, Martin. Das ist Ihre Entscheidung. Aber ich darf Sie an etwas erinnern. Sie sind Wahlbeamter, stimmt's?«

»Genau wie der Präsident. Auf vier spannungsgeladene Jahre.«

»Wahlbeamte können wegen Amtsmißbrauchs angeklagt werden.«

»Ist das eine Drohung, Harry?«

Meadows lächelte. »Das wissen Sie besser. Außerdem, wer bin ich schon, daß ich drohen könnte? Ich möchte nur, daß Sie sich klar darüber sind, was Sie tun, ehe Sie das Herzblut all dieser klugen, umsichtigen Leute verspritzen, die Sie gewählt haben.«

Brody stand auf und wandte sich zum Gehen. »Danke, Harry. Ich habe mir schon immer sagen lassen, daß man an der Spitze einsam ist. Was schulde ich Ihnen für den Lunch?«

»Vergessen Sie's. Ich könnte einem Mann kein Geld abnehmen, dessen Familie bald um Fürsorgeunterstützung betteln muß.«

Brody lachte. »Keine Angst. Ist es Ihnen nicht bekannt? Das Großartige am Polizeidienst ist die Sicherheit.«

Zehn Minuten, nachdem Brody wieder in seinem Büro war, erklang der Summer der Gegensprechanlage, und eine Stimme meldete: »Der Bürgermeister ist hier und möchte Sie sprechen, Chef.«

Brody lächelte. Der Bürgermeister. Nicht Larry Vaughan, der sich bloß mal hier sehen ließ. Nicht Lawrence Vaughan von Vaughan & Penrose Immobilien, der vorbeikam, um sich über ein paar krakeelende Mieter zu beschweren. Sondern Bürgermeister Lawrence P. Vaughan, von der Bevölkerung gewählt – mit einundsiebzig Stimmen bei den letzten Wahlen. »Schicken Sie Seine Ehren herein«, sagte Brody.

Larry Vaughan war ein gutaussehender Mann, Anfang fünfzig, mit dichtem, graumeliertem Haar und einem durch Gymnastik gut getrimmten Körper. Obgleich er aus Amity gebürtig war, hatte er sich im Lauf der Jahre die Allüren zurückhaltender Eleganz angeeignet. Er hatte einen Haufen Geld am Nachkriegs-Immobiliengeschäft in Amity verdient und war der Seniorchef (einige meinten, der *einzige* Chef, da noch niemand einen Herrn namens Penrose in Vaughans Büro gesehen oder gesprochen hatte) der erfolgreichsten Agentur der Stadt. Er zog sich mit eleganter Einfachheit an, trug zeitlose englische Jacketts, Button-down-Hemden und Mokassins. Im Gegensatz zu Ellen Brody, die vom Sommervolk zum Wintervolk herabgestiegen war und sich nicht anpassen konnte, war Vaughan ganz unauffällig vom Wintervolk zum Sommervolk aufgestiegen und hatte sich mit jedem Schritt auf dem Weg dazu taktvoll angepaßt. Er war keiner von ihnen, denn praktisch war er ein einheimischer Geschäftsmann. Also wurde er nie nach New York oder Palm Beach eingeladen. Doch in Amity bewegte er sich ungezwungen zwischen allen, außer den zurückhaltendsten Mitgliedern der Sommergemeinde, was natürlich seinem Geschäft ungeheure Vorteile brachte. Er wurde zu den meisten wichtigen Sommerparties eingeladen und kam immer allein. Sehr wenige seiner Freunde wußten, daß er eine Frau zu Hause hatte, eine einfache, ihn anbetende Frau, die einen Großteil ihrer Zeit mit Handarbeiten vor dem Fernseher verbrachte.

Brody mochte Vaughan. Im Sommer sah er ihn nicht oft, aber nach dem Labour Day, wenn es ruhiger wurde, leistete Vaughan es sich, seine gesellschaftlichen Verpflichtungen ein bißchen zu lockern, und alle paar Wochen luden er und seine Frau Brody und Ellen zum Essen in eines der besseren Restaurants in den Hamptons ein. Diese Abende waren für Ellen ein besonderes Vergnügen, und das an sich genügte, Brody glücklich zu machen. Vaughan schien Ellen zu verstehen. Er benahm sich stets reizend und behandelte Ellen als Klubmitglied und Kamerad.

Vaughan trat in Brodys Büro und setzte sich. »Ich habe gerade mit Harry Meadows gesprochen«, sagte er.

Vaughan war offensichtlich bestürzt, was Brody interessierte. Diese Reaktion hatte er nicht erwartet. »So«, sagte er. »Harry verschwendet anscheinend keine Zeit.«

»Woher glauben Sie, die Ermächtigung zu bekommen, die Strände zu sperren?«

»Fragen Sie mich als Bürgermeister, als Immobilienmakler oder aus rein freundschaftlichem Interesse, Larry?«

Vaughan bezwang sich, aber Brody sah, daß er seine Gereiztheit nur mit Mühe unterdrückte. »Ich möchte wissen, woher Sie die Befugnis nehmen. Und zwar sofort.«

»Ich bin nicht sicher, ob ich sie amtlich habe«, sagte Brody. »Im Gesetzbuch steht, daß ich im Notfall jede Entscheidung treffen kann, die ich für nötig erachte, aber ich glaube, die Stadträte müßten den Notstand erklären. Ich kann mir nicht vorstellen, daß Sie so viele Umstände machen wollen.«

»Kommt nicht in Frage.«

»Also, nicht amtlich schätze ich, daß es meine Pflicht ist, den hier lebenden Menschen die größtmögliche Sicherheit zu geben, und augenblicklich bin ich der Meinung, daß dies eine Sperrung der Strände für einige Tage bedeutet. Wenn es je zu Übertretungen käme, dann bin ich nicht sicher, ob ich jemanden bloß deshalb einsperren lassen könnte, weil er schwimmen ging. Es sei denn«, fügte Brody lächelnd hinzu, »ich könnte einen Fall strafbarer Dummheit daraus machen.«

Vaughan ging auf die Bemerkung nicht ein. »Ich wünsche nicht, daß Sie die Strände sperren lassen«, sagte er.

»Aha.«

»Sie wissen, warum. Der vierte Juli ist nicht mehr fern, und das ist das entscheidende Wochenende. Wir würden uns ins eigene Fleisch schneiden.«

»Ich kenne dieses Argument, und sicher kennen Sie auch meine Gründe für die Sperrung der Strände. Ich habe schließlich nichts davon.«

»Nein. Im Gegenteil. Hören Sie, Martin, unsere Stadt braucht diese Art Publizität nicht.«

»Sie braucht aber auch keine weiteren Todesopfer.«

»Es gibt keine Todesopfer mehr, um Gottes willen. Das einzige, was Sie mit der Sperrung der Strände erreichten, wäre, daß ein Haufen Reporter hierherkäme und herumschnüffelte, wo sie nichts zu suchen haben.«

»Meinen Sie? Sie kämen, und wenn sie nichts Berichtenswertes fänden, würden sie wieder nach Hause fahren. Ich kann mir nicht vorstellen, daß die *New York Times* viel Interesse daran hat, über ein Jagdhütten-Picknick oder ein Essen des Gartenvereins zu schreiben.«

»Wir können das nicht brauchen. Angenommen, sie finden wirklich etwas. Das gäbe ein großes Geschrei, das niemandem nützt.«

»Zum Beispiel, Larry? Was? Ich habe nichts zu verbergen. Sie etwa?«

»Nein, natürlich nicht. Ich dachte bloß gerade an ... vielleicht an die Vergewaltigungen. Etwas Widerliches.«

»Unsinn«, sagte Brody. »Das ist alles längst Vergangenheit.«

»Verdammt noch mal, Martin!« Vaughan machte eine kleine Pause, versuchte, Ruhe zu bewahren. »Passen Sie auf, wenn Sie der Vernunft nicht zugänglich sind, wollen Sie mir wenigstens als Freund zuhören? Ich stehe unter starkem Druck meiner Partner. So etwas könnte sich sehr schlimm für uns auswirken.«

Brody lachte. »Zum ersten Mal geben Sie zu, Sie *hätten* Partner, Larry. Ich glaubte immer, Sie herrschen über dieses Geschäft wie ein Kaiser.«

Vaughan war verlegen, als würde ihm bewußt, daß er zuviel gesagt hatte. »Mein Geschäft ist sehr kompliziert«, sagte er. »Es gibt Zeiten, da ich nicht sicher bin, ob ich überhaupt verstehe, um was es geht. Tun Sie mir diesen Gefallen. Dieses eine Mal.«

Brody sah Vaughan an, versuchte, seine Motive zu ergründen. »Tut mir leid, Larry, ich kann nicht. Ich würde meinem Job nicht gerecht werden.«

»Wenn Sie nicht auf mich hören«, sagte Vaughan, »kann es sein, daß Sie Ihren Job nicht mehr lange haben.«

»Sie haben keine Gewalt über mich. In dieser Stadt können Sie keinen Polypen rausschmeißen.«

»Nicht aus der Polizeitruppe, nein. Aber ob Sie's glauben oder nicht, ich habe tatsächlich Machtbefugnisse über die Stellung eines Polizeichefs.«

»Das glaube ich nicht.«

Vaughan zog ein Exemplar der Gemeinde-Verfassung der Stadt Amity hervor. »Lesen Sie selbst«, sagte er, die Seiten durchblätternd, bis er die gewünschte fand. »Hier ist es.« Er reichte Brody die Druckschrift über den Schreibtisch. »Was da steht, heißt im Klartext, daß die Stadträte die Macht haben, Sie abzusetzen, obgleich Sie vom Volk ins Amt eines Polizeichefs gewählt wurden.«

Brody las den Abschnitt, auf den Vaughan hingewiesen hatte. »Ich schätze, Sie haben recht«, sagte er. »Aber ich möchte dann doch zu gerne wissen, was Sie als ›guten und ausreichenden Grund‹ angeben würden.«

»Ich hoffe ehrlich, daß es nicht so weit kommen wird, Martin; daß unsere Unterhaltung gar nicht erst bis dahin führt. Ich war zuversichtlich, daß Sie entsprechend handeln, wenn Sie meine Meinung und die der Stadträte kennen.«

»Aller Stadträte?«

»Einer Mehrheit.«

»Wer, zum Beispiel?«

»Ich denke nicht daran, Ihnen Namen zu nennen. Ich brauche das auch nicht. Sie sollten nur wissen, daß ich den Ausschuß hinter mir habe, und wenn Sie nicht tun, was richtig ist, werden wir einen anderen auf Ihren Posten setzen, der's tut.«

Brody hatte Vaughan noch nie in einer so aggressiven, widerwärtigen Laune gesehen. Er war fasziniert, aber auch leicht erschüttert. »Sie haben das wirklich vor, Larry?«

»Jawohl.« Im Gefühl, bereits gewonnen zu haben, sagte Vaughan ruhig: »Vertrauen Sie mir, Martin. Sie werden es nicht bedauern.«

Brody seufzte. »Scheiße«, sagte er. »Das gefällt mir nicht. Es stinkt. Aber okay, wenn es so wichtig ist.«

»Es ist wichtig.« Zum ersten Mal, seit er eingetreten war, lächelte Vaughan. »Danke, Martin«, sagte er und stand auf. »Und jetzt habe ich die ziemlich unangenehme Aufgabe, die Footes zu besuchen.«

»Wie wollen Sie die davon abhalten, die *Times* oder die *News* zu informieren?«

»Ich hoffe, an ihren Gemeinsinn appellieren zu können«, sagte Vaughan, »genau, wie ich an den Ihren appelliert habe.«

»Von wegen!«

»Etwas haben wir, was uns zugute kommt. Miss Watkins war ein Niemand. Sie ließ sich treiben, hatte keine Familie, keine nahen Freunde und war per Anhalter von Idaho nach Osten gekommen. Sie wird also nicht vermißt werden.«

Brody kam kurz vor fünf nach Hause. Sein Magen hatte sich inzwischen so weit beruhigt, daß er sich ein oder zwei Biere vor dem Abendessen genehmigen konnte. Ellen war in der Küche, noch in der rosa Uniform der freiwilligen Krankenpflegerin. Ihre Hände steckten in einem Fleischteig, aus dem ein Hackbraten werden sollte.

»Hallo«, sagte sie, den Kopf wendend, damit Brody sie auf die Wange küssen konnte. »Was hat's denn gegeben?«

»Du warst im Krankenhaus. Hast du nichts gehört?«

»Nein. Heute war Badetag für die alten Damen. Ich bin den ganzen Tag nicht aus dem Ferguson-Flügel herausgekommen.«

»Ein Mädchen wurde bei Old Mill getötet.«

»Wodurch?«

»Von einem Hai.« Brody langte in den Kühlschrank und nahm sich ein Bier heraus.

Ellen hielt im Fleischkneten inne und sah ihn an. »Von einem Hai! Davon habe ich hier in der Gegend noch nie gehört. Man sieht dann und wann einen, aber die tun einem nichts.«

»Tja, weiß ich. Für mich ist er auch der erste.«

»Was wirst du tun?«

»Nichts.«

»Wirklich? Ist das vernünftig? Ich meine, kannst du denn nichts tun?«

»Sicher, einiges. Theoretisch. Aber praktisch kann ich nichts tun. Was du und ich denken, macht hier keinen großen Eindruck. Die herrschenden Gewalten haben Sorge, daß wir uns alle wegen einer von einem Fisch getöteten Fremden aufregen. Sie wollen das Risiko auf sich nehmen, daß es nur ein verrückter Zufall war, der sich nicht wiederholen wird. Oder anders ausgedrückt, ich soll das Risiko auf mich nehmen, da es in meinem Verantwortungsbereich liegt.«

»Was meinst du mit den ›herrschenden Gewalten‹?«

»Larry Vaughan zum Beispiel.«

»Oh. Ich wußte nicht, daß du mit Larry gesprochen hast.«

»Er hat mich aufgesucht, sobald er erfuhr, daß ich die Strände zu sperren beabsichtigte. Er hat mir nicht gerade taktvoll erklärt, er wolle nicht, daß die Strände gesperrt werden. Er ließe mich rausschmeißen, wenn ich sie wirklich sperrte.«

»Das kann ich nicht glauben, Martin. So ist Larry doch nicht.«

»Hab' ich auch nicht geglaubt. He, übrigens, was weißt du von seinen Partnern?«

»Im Geschäft? Ich glaube nicht, daß er welche hat. Ich dachte, Penrose wäre sein Zweitname oder so ähnlich. Auf jeden Fall dachte ich, ihm gehörte das Ganze.«

»Ich auch. Aber anscheinend nicht.«

»Nun, es ist mir doch eine kleine Beruhigung zu wissen, daß du mit Larry gesprochen hast, ehe du eine Entscheidung getroffen hast. Er neigt zu einem umfassenderen, mehr über den Dingen stehenden Gesichtspunkt als die meisten anderen Leute. Wahrscheinlich weiß er wirklich, was das Beste ist.«

Brody spürte, wie ihm das Blut in den Nacken stieg. Er sagte einfach: »Mist.« Dann riß er den Verschluß von seiner Bierdose ab, warf ihn in den Mülleimer und ging ins Wohnzimmer, um die Abendnachrichten zu hören.

Aus der Küche rief Ellen: »Ich habe ganz vergessen, dir zu sagen: vor einer Weile hat jemand angerufen.«

»Wer?«

»Hat er nicht gesagt. Ich solle dir nur ausrichten, du leistest tolle Arbeit. Nett von ihm, findest du nicht?«

4

In den nächsten Tagen blieb das Wetter klar und ungewöhnlich ruhig. Der Wind kam sanft und stetig aus Südwest: eine leichte Brise, die die Meeresoberfläche nur kräuselte, aber keine schaumgekrönten Wellen hervorbrachte. Die Luft war nur nachts frisch, und nach Tagen beständigen Sonnenscheins hatten Boden und Sand sich erwärmt.

Sonntag war der 20. Juni. Die öffentlichen Schulen würden erst in etwa einer Woche für die Sommerferien schließen, doch die Privatschulen in New York hatten ihre Zöglinge bereits nach Hause entlassen. Familien mit Sommerhäusern in Amity waren seit Anfang Mai über die Wochenenden herausgekommen. Sommermieter, deren Mietverträge vom 15. Juni bis 15. September liefen, hatten ausgepackt und begannen bereits, nachdem sie sich mit den Wäscheschränken, den Vitrinen mit gutem Porzellan und der Unterbringung des Alltagsgeschirrs vertraut gemacht hatten, sich heimisch zu fühlen.

Um die Mittagszeit war der Strand vor der Scotch und der Old Mill Road mit Menschen gesprenkelt. Ehemänner lagen im Halbschlaf auf Badetüchern und versuchten, vor dem nachmittäglichen Tennisspiel noch ein wenig Kraft aus der Sonne zu ziehen, um später mit dem Long Island Railroad's Cannonball nach New York zurückzufahren. Ihre Frauen lehnten in ihren Liegestühlen, lasen Helen MacInnes, John Cheever und Taylor Caldwell und unterbrachen ihre Lektüre nur dann und wann, um sich einen trockenen Wermut aus der Kühlflasche einzuschenken.

Teenager lagen in dichten Reihen eng nebeneinander, die Jungen genossen das Gefühl, ihre Becken im Sand zu reiben, dachten dabei an weibliche Schamhügel und reckten gelegentlich die Hälse, um einen kurzen Blick auf einige zu erhaschen, die ein paar Mädchen absichtlich oder unabsichtlich enthüllten, weil sie mit gespreizten Beinen auf dem Rücken dalagen.

Es waren keine Rebellen. Sie äußerten keine Gemeinplätze über Frieden oder Umweltverschmutzung, über Gerechtigkeit oder Revolution. Privilegien waren ihnen von Kindheit an eingeimpft worden. Wie ihre Augen blau oder braun waren, so waren ihre Neigungen und ihr Gewissen von anderen Generationen geprägt. Sie hatten keinen Vitaminmangel, keine Anämie. Ihre Zähne waren – dank ihrer Erbanlagen oder der Kunst der Zahnärzte – gerade und weiß und gleichmäßig. Ihre Körper waren mager, ihre Muskeln durch Boxen im Alter von neun, Reiten von zwölf und seitdem durch Tennisspielen gekräftigt. Sie hatten keinen Körpergeruch. Wenn die Mädchen schwitzten, rochen sie leicht nach Parfüm; die Jungen rochen einfach sauber.

Was keinesfalls heißen soll, daß sie dumm oder schlecht waren. Wenn ihre Intelligenzquotienten *en masse* hätten getestet werden können, hätten ihre angeborenen geistigen Anlagen einen Rang innerhalb der oberen zehn Prozent der Menschheit eingenommen. Und sie waren in Schulen erzogen worden – und wurden es noch –, die jeden Wissenszweig anboten, einschließlich der Untersuchung des Verhaltens von Minderheitsgruppen, revolutionärer Philosophien, ökologischer Hypothesen, machtpolitischer Taktiken, Rauschgift und Sex. Verstandesmäßig wußten sie eine Menge. Praktisch wollten sie lieber so gut wie nichts wissen. Sie waren erzogen worden zu glauben – oder, wenn nicht zu glauben, dann zu spüren –, daß die Welt für sie ziemlich belanglos sei. Und sie hatten recht. Nichts berührte sie – keine Rassenkrawalle in Städten wie Trenton, New Jersey, oder Gary, Indiana; nicht die Tatsache, daß Teile des Missouri so verpestet waren, daß das Wasser manchmal von selber Feuer fing; nicht die Korruption in der New Yorker Polizei oder die zunehmende Anzahl von Morden in San Francisco oder Enthüllungen, daß Würstchen Insektendreck enthielten und Hexachlorophin Gehirnschäden verursachte. Sie schienen sogar unberührt von den wirtschaftlichen Schwierigkeiten, die das übrige Amerika zugrunde richteten. Schwankungen auf den Börsenmärkten waren ein Ärgernis, von dem man, wenn überhaupt, nur Kenntnis nahm, weil es Vätern Anlaß bot, über wirkliche oder vermeintliche Verschwendungssucht zu klagen.

Das waren diejenigen, die jeden Sommer nach Amity kamen. Die anderen – und es gab einige Unabhängige – marschierten und meckerten, fanden sich zusammen, unterzeichneten Aufrufe und arbeiteten im Sommer bei Sozialhelfergruppen. Weil sie jedoch Amity nicht anerkannten und nur gelegentlich an einem Labour-Day-Wochenende auftauchten, waren auch sie belanglos.

Die kleinen Kinder spielten im Sand am Wasser, gruben Löcher und bewarfen sich mit Dreck, nichts ahnend und gleichgültig, was sie waren und was aus ihnen werden würde.

Ein Sechsjähriger hatte es satt, flache Kieselsteine über die Wasseroberfläche springen zu lassen. Er ging den Strand hinauf, wo seine Mutter dösend lag, und ließ sich neben ihrem Badetuch niederplumpsen. »He, Mom«, sagte er, mit dem Finger im Sand Männchen malend.

Seine Mutter drehte sich herum und sah ihn an, wobei sie die Augen beschattete. »Was?«

»Ich langweile mich.«

»Wie kannst du dich schon langweilen? Es ist ja noch nicht mal Juli.«

»Ist mir gleich. Ich langweile mich. Ich habe nichts zu tun.«

»Du hast einen ganzen Strand, auf dem du spielen kannst.«

»Weiß ich. Aber da gibt's doch nichts zu *tun*. Junge, was langweile ich mich!«

»Warum gehst du nicht Ball spielen?«

»Mit wem? Es ist niemand da.«

»Ich sehe eine Menge Leute. Hast du nach den Harrises geschaut? Wie wär's mit Tommy Converse?«

»Die sind nicht hier. Niemand ist hier. Ich langweile mich schrecklich.«

»Ach, um Himmels willen, Alex!«

»Kann ich schwimmen gehen?«

»Nein. Es ist zu kalt.«

»Woher weißt du das?«

»Ich weiß es eben. Außerdem darfst du nicht allein schwimmen.«

»Willst du mitkommen?«

»Ins Wasser? Auf keinen Fall.«

»Nein, bloß um mir zuzusehen.«

»Alex, Mom ist ausgepumpt und total erschöpft. Kannst du dir nicht etwas anderes ausdenken?«

»Kann ich auf meinem Floß hinauspaddeln?«

»Wo hinaus?«

»Na, bloß ein bißchen. Ich werde nicht schwimmen. Ich werde bloß auf meinem Floß liegen.«

Seine Mutter richtete sich auf und setzte ihre Sonnenbrille auf. Sie blickte über den Strand. Ein paar Dutzend Meter entfernt stand ein Mann mit einem Kind auf den Schultern bis zur Hüfte im Wasser. Die Frau betrachtete ihn und gab sich einen Augenblick dem Bedauern und dem Selbstmitleid hin, daß sie ihrem Mann nicht mehr die Unterhaltung ihres Kindes aufladen konnte.

Ehe sie den Kopf noch zurückwandte, erriet der Junge ihre Gedanken. »Ich wette, Dad würde mir's erlauben«, sagte er.

»Alex, du solltest inzwischen wissen, daß das die falsche Methode ist, mich zu etwas zu überreden.« Sie blickte in die andere Richtung. Bis auf einige Paare, die sie undeutlich erkennen konnte, war er leer. »Na gut«, sagte sie. »Geh. Aber nicht zu weit hinaus. Und nicht schwimmen!« Sie sah den Jungen an, und um zu zeigen, daß es ihr ernst war, senkte sie die Sonnenbrille, daß er ihre Augen sehen konnte.

»Okay«, sagte er, stand auf, packte sein Gummifloß und zog es zum Wasser hinunter. Er hob das Floß und ging ins Wasser. Als das Wasser seine Taille erreichte, beugte er sich vor. Eine Welle fing das Floß und hob es mit dem Jungen hoch. Er rückte in die Mitte, so daß das Floß flach lag. Mit beiden Armen paddelte er, ruderte gewandt. Seine Füße und Fußknöchel ragten hinten über das Floß heraus. Er ruderte ein paar Meter hinaus, machte dann kehrt und begann, am Strand auf und ab zu paddeln. Ohne daß er es merkte, trieb ihn eine sanfte Strömung langsam von der Küste weg.

Fünfzig Meter weiter draußen fiel der Meeresboden jäh ab – nicht so steil wie die Wand eines Cañons, aber nach einer Neigung von bisher 10 Grad mit jetzt mehr als 45 Grad. Dort, wo die Neigung sich zu ändern begann, war das Wasser fünf Meter tief. Bald waren es acht, dann fünfzehn, dann zwanzig Meter. Etwa eine halbe Meile lang blieb der Boden dreißig Meter tief, dann hob er sich zu einer Sandbank, die eine Meile vor der Küste fast an die Oberfläche trat. Seewärts der Sandbank fiel der Boden schnell auf siebzig Meter ab, und dann, noch weiter draußen, begannen die echten Ozeantiefen.

In fünfzehn Meter Tiefe schwamm der große Fisch langsam dahin, sein Schwanz schlug mit der Kraft hin und her, die ausreichte, um die Bewegung gerade noch aufrechtzuerhalten. Er sah nichts, denn das Wasser war durch Pflanzenteilchen getrübt. Der Fisch hatte sich bisher parallel zur Küste bewegt. Jetzt drehte er, ging in leichte Schräglage und folgte dem Boden allmählich aufwärts. Der Fisch nahm mehr Licht im Wasser wahr, konnte aber immer noch nichts erkennen.

Der Junge ruhte sich aus, ließ die Arme baumeln, Füße und Gelenke tauchten mit jeder kleinen Welle ins Wasser und wieder heraus. Den Kopf hatte er der Küste zugewandt, deshalb merkte er, daß er über den Punkt hinausgetrieben war, den seine Mutter als sicher erachten würde. Er konnte sie auf ihrem Badetuch liegen und den Mann und das Kind in der Brandung spielen sehen. Er hatte keine Angst, denn die See war ruhig, und er war wirklich nicht sehr weit vom Strand entfernt – nur vierzig Meter oder so. Aber er wollte näher heran, sonst hätte seine Mutter sich aufsetzen, ihn erspähen und aus dem Wasser beordern können. Er rutschte so weit zurück, daß er seine Füße als Antrieb benutzen konnte, und begann, auf die Küste zuzupaddeln. Seine Arme verdrängten das Wasser fast geräuschlos, während seine strampelnden Füße immer wieder Spritzer erzeugten und in seinem Kielwasser Strudel von Blasen zurückließen.

Der Fisch hörte das Geräusch nicht, registrierte vielmehr die scharfen und ruckartigen Stöße der Füße. Es waren Signale, undeutlich, aber echt, und der Fisch schleuste sich daran weiter, steuerte das Ziel an. Er schwamm zuerst langsam, dann mit zunehmender Geschwindigkeit, als die Signale stärker wurden.

Der Junge unterbrach seine Paddelei kurz, um sich auszuruhen. Die Signale hörten auf. Der Fisch verlangsamte seine Bewegung, drehte den Kopf hin und her und versuchte, sie wiederzufinden. Der Junge lag vollkommen still, und der Fisch schwamm unter ihm vorbei, den sandigen Grund leicht streifend. Wieder drehte er sich um.

Der Junge paddelte erneut los. Er kickte nur bei jedem dritten oder vierten Paddelschlag; Kicken war anstrengender als das gleichmäßige Paddeln. Aber die gelegentlichen Fußstöße schickten dem Fisch neue Signale. Diesmal brauchte er sie nur kurz anzusteuern, denn er befand sich fast direkt unter dem Jungen. Der Fisch stieg auf, beinahe vertikal, und sah jetzt die aufgewühlte Wasseroberfläche. Es gab keine Gewißheit, daß das da oben Nahrung war, aber darauf kam es nicht an. Der Fisch war gezwungen, anzugreifen: Wenn das, was er schluckte, verdaulich war, dann war es Nahrung; wenn nicht, wurde es später ausgespien. Das Maul öffnete sich, und mit einem letzten Schlag des sichelförmigen Schwanzes biß der Fisch zu.

Der letzte – einzige – Gedanke des Jungen war, er sei in den Magen geboxt worden. Mit einem plötzlichen Stoß wurde er seines Atems beraubt. Er hatte keine Zeit, aufzuschreien; und wenn er sie gehabt hätte, dann hätte er nicht gewußt, was er schreien sollte, denn er konnte den Fisch nicht sehen. Der Kopf des Fisches schob das Floß aus dem Wasser. Die Kiefer klappten zu und verschlangen Kopf, Arme, Schultern, Rumpf, Becken und den größten Teil des Floßes. Fast bis zur Hälfte war der Fisch über das Wasser hinausgeschossen, jetzt glitt er vorwärts und plumpste hinunter, Fleisch, Knochen und Gummi zermalmend. Die Beine des Jungen wurden unter der Hüfte abgetrennt und sanken langsam kreisend auf den Grund.

Am Strand rief der Mann mit dem Kind: »He!«, und traute seinen Augen nicht. Er hatte aufs Meer hinausgeblickt und wollte sich schon abwenden, als ihm ein Tumult auffiel. Er riß den Kopf seewärts herum, aber inzwischen war nichts mehr zu sehen, außer den durch das Aufklatschen hervorgerufenen Wellen, die sich konzentrisch ausbreiteten. »Hast du das gesehen?« rief er. »Hast du das gesehen?«

»Was, Daddy, was?« Sein Kind blickte aufgeregt zu ihm hoch.

»Dort draußen! Ein Hai oder Wal oder so! Etwas Riesiges!«

Die Mutter des Jungen, die im Halbschlaf auf ihrem Badetuch gelegen hatte, schlug die Augen auf und blinzelte zu dem Mann hinüber. Sie sah ihn aufs Wasser deuten und hörte ihn etwas zu dem Kind sagen, das über den Strand lief und neben einem Kleiderbündel stehenblieb. Der Mann rannte auf die Mutter des Jungen zu, da setzte sie sich auf. Sie verstand nicht, was er sagte, aber er deutete aufs Wasser, deshalb hielt sie die Hand über die Augen und blickte aufs Meer. Zuerst fand sie es gar nicht sonderbar, daß sie nichts sah. Dann aber erinnerte sie sich und sagte: »Alex.«

Brody aß zu Mittag: gebratenes Hühnchen, Kartoffelpüree und Erbsen. »Kartoffelpüree«, sagte er, als Ellen ihm auflegte. »Was willst du mir damit antun?«

»Ich möchte nicht, daß du von Kräften kommst. Im übrigen

steht dir ein bißchen Fülle besser.«

Das Telefon läutete. Ellen sagte: »Ich gehe ran«, aber Brody stand auf. So war es meistens. Sie sagte: »Ich gehe«, aber schließlich war er es, der ging. Wenn sie etwas in der Küche vergessen hatte, pflegte sie zu sagen: »Ich habe die Servietten vergessen. Ich hole sie.« Aber sie wußten beide, daß *er* aufstehen und die Servietten holen würde.

»Nein, schon gut«, sagte er. »Wahrscheinlich ist es sowieso für mich.« Er wußte zwar, daß der Anruf wahrscheinlich für sie war, aber die Worte rutschten ihm gewohnheitsmäßig heraus.

»Hier Bixby, Chef«, sagte die Stimme vom Polizeirevier.

»Was gibt's, Bixby?«

»Ich glaube, Sie sollten lieber herkommen.«

»Warum?«

»Nun – äh – Chef ...« Bixby wollte offensichtlich nicht in Einzelheiten gehen. Brody hörte, wie er etwas zu jemand anderem sagte und dann wieder an den Apparat kam. »Ich habe eine hysterische Frau auf dem Hals, Chef.«

»Weshalb ist sie hysterisch?«

»Wegen ihrem Kind. Am Strand draußen.«

Brody spürte einen Stich im Magen. »Was ist passiert?«

»Es ist ...« Bixby stockte und sagte dann schnell. »Donnerstag.«

»Hören Sie, Idiot ...« Brody hielt inne, denn jetzt kapierte er. »Ich bin gleich da.« Er legte auf.

Er war erregt, beinahe außer sich. Angst, Schuldgefühl und Wut verschmolzen zu einem scharfen, in den Gedärmen wühlenden Schmerz. Er kam sich gleichermaßen verraten und wie ein Verräter vor, getäuscht als Täuscher. Ein zum Verbrechen gezwungener Verbrecher. Er mußte die Schuld auf sich nehmen, aber es war eigentlich nicht seine Schuld. Es war Larry Vaughans und seiner Partner Schuld, wer sie auch waren. Er hatte das Richtige tun wollen; sie hatten ihn gezwungen, es nicht zu tun. Aber wer waren die überhaupt, daß sie ihn zwingen konnten? Wenn er sich gegen Vaughan nicht durchzusetzen vermochte, was für ein Polizist war er dann eigentlich? Er hätte die Strände sperren sollen.

Und wenn er's getan hätte? Dann wäre der Fisch die Küste weiter hinuntergeschwommen – sagen wir, bis East Hampton – und hätte dort jemanden getötet. Aber so war's eben nicht. Die

Strände waren offengeblieben, und deswegen war ein Kind gestorben. Ganz einfach. Ursache und Wirkung. Brody haßte sich plötzlich. Und ebenso plötzlich empfand er großes Mitleid mit sich.

»Was ist?« fragte Ellen.

»Ein Kind wurde gerade getötet.«

»Wie?«

»Von einem gottverdammten Scheißkerl von Hai.«

»O Gott! Wenn du die Strände gesperrt hättest . . .« Sie hielt bestürzt inne.

»Yeah, ich weiß.«

Harry Meadows wartete auf dem Parkplatz hinter dem Polizeirevier, als Brody vorfuhr. Er öffnete die Beifahrertür von Brodys Wagen und quetschte seinen massiven Körper auf den Sitz. »Das wär's also«, sagte er.

»Yeah. Wer ist da drin, Harry?«

»Ein Mann von der *Times,* zwei von *Newsday* und einer von meinen Leuten. Und die Frau. Und der Mann, der behauptet, er habe es gesehen.«

»Wie kam die *Times* dahinter?«

»Pech. Er war am Strand. Auch einer der Burschen von *Newsday* war da. Beide wohnen übers Wochenende irgendwo möbliert. In zwei Minuten hatten sie's raus.«

»Wann ist es passiert?«

Meadows sah auf die Uhr. »Vor fünfzehn, zwanzig Minuten, nicht länger.«

»Wissen die etwas von dem Watkins-Fall?«

»Kann ich nicht sagen. Mein Mann weiß es, aber er hütet sich, darüber zu reden. Was die andern betrifft, kommt es darauf an, mit wem sie gesprochen haben. Ich bezweifle, daß sie etwas davon wissen. Sie hatten noch keine Zeit zum Nachforschen.«

»Früher oder später werden sie's schon rauskriegen.«

»Ich weiß«, sagte Meadows. »Es bringt mich in eine ziemlich schwierige Lage.«

»*Sie!* Daß ich nicht lache!«

»Im Ernst, Martin. Wenn jemand von der *Times* diese Story einreicht, wird sie in der Morgenzeitung erscheinen, zusammen mit dem Angriff von heute, und der *Leader* wird höllisch dumm dastehen. Ich werde sie übernehmen müssen, um mich zu decken, selbst wenn die anderen es nicht tun.«

»Wie wollen Sie sie übernehmen, Harry? Was werden Sie sagen?«

»Das weiß ich noch nicht. Wie gesagt, ich bin in einer ziemlich schwierigen Lage.«

»Wie werden Sie erklären, wer die Sache zu vertuschen befahl? Larry Vaughan?«

»Wohl kaum.«

»Ich?«

»Nein, nein. Ich werde überhaupt nicht sagen, daß jemand befahl, sie zu vertuschen. Es gab ja keine Verschwörung. Ich werde mit Carl Santos sprechen. Wenn ich ihm die richtigen Worte eingeben kann, wird uns allen vielleicht eine Menge Kummer erspart bleiben.«

»Und wie steht's mit der Wahrheit?«

»Wieso?«

»Wie wär's, wenn wir's genau schilderten, wie's war? Wenn wir sagten, daß ich die Strände sperren und die Bevölkerung hatte warnen wollen, daß die Stadträte aber nicht damit einverstanden waren? Und wenn wir sagten, daß ich nicht den Mut hatte, zu kämpfen und meinen Job zu riskieren, und mich ihnen daher anschloß. Wenn wir sagten, daß alle Honoratioren von Amity sich darüber einig waren, es wäre sinnlos, die Leute zu beunruhigen, bloß weil hier ein Hai herumschwimmt, der gerne Kinder frißt.«

»Kommen Sie, kommen Sie, Martin. Sie trifft keine Schuld. Niemanden trifft eine Schuld. Wir trafen eine Entscheidung, ließen uns auf ein Glücksspiel ein und haben verloren. Das ist alles.«

»Großartig. Jetzt werde ich also der Mutter des Kindes erklären, es täte uns schrecklich leid, aber wir hätten ihren Sohn als Spieleinsatz benötigt.« Brody stieg aus und ging auf die Hintertür des Polizeireviers zu. Meadows hievte sich etwas langsamer aus seinem Sitz und folgte ihm in einigen Schritten Entfernung.

Brody blieb stehen. »Wissen Sie, was mich sehr interessiert, Harry? Wer traf die Entscheidung wirklich? Sie haben sich ihr angeschlossen. Ich habe mich ihr angeschlossen. Ich glaube nicht, daß Larry Vaughan tatsächlich der Mann war, der den Entschluß faßte. Ich glaube, auch er hat sich ihm angeschlossen.«

»Wie kommen Sie darauf?«

»Kann ich kaum erklären. Wissen Sie etwas über seine Geschäftspartner?«

»Er hat gar keine echten Geschäftspartner, oder?«

»Das möchte ich eben gerne wissen. Zunächst mal.« Brody ging einen Schritt weiter, und als Meadows ihm wieder folgte, sagte er: »Gehen Sie lieber durch die Vordertür, Harry ... Um den Schein zu wahren.«

Brody betrat sein Büro durch eine Seitentür. Die Mutter des Jungen saß vor dem Schreibtisch, ein Taschentuch zerknüllend. Sie trug einen kurzen Frotteemantel über ihrem Badeanzug. Die Füße waren nackt. Brody sah sie nervös an, spürte wieder den Stich von Schuld. Er konnte nicht feststellen, ob sie weinte, denn ihre Augen waren von einer großen runden Sonnenbrille verdeckt.

Ein Mann stand an der Rückwand. Brody nahm an, daß er der angebliche Zeuge des Unfalls war. Er blickte abwesend auf Brodys Sammlung von Erinnerungsstücken: ehrenvolle Erwähnungen von Wohlfahrtsorganisationen, Bilder von Brody mit hochgestellten Besuchern. Nicht gerade Dinge, die die Aufmerksamkeit eines Erwachsenen erregen konnten, aber offenbar war es immer noch besser, als sich mit der Frau in eine Unterhaltung einzulassen.

Brody hatte nie großes Geschick darin gehabt, andere Leute zu trösten, also stellte er sich einfach vor und begann, Fragen zu stellen. Die Frau sagte, sie habe nichts gesehen: Eben war der Junge noch da, dann nicht mehr, »und alles, was ich sah, waren Stücke seines Floßes«. Ihre Stimme klang matt, aber fest. Der Mann schilderte, was er gesehen hatte oder gesehen zu haben glaubte.

»Also hat niemand diesen Hai in Wirklichkeit gesehen«, sagte Brody, eine schwache Hoffnung nährend.

»Nein«, sagte der Mann. »Das wohl nicht. Aber was hätte es sonst sein können?«

»Oh, alles mögliche.« Brody belog sich und sie, probierte aus, ob er seine Lügen glauben konnte, fragte sich, ob irgendeine Alternative zur Wirklichkeit glaubhaft gemacht werden könnte. »Das Floß hätte umkippen und der Junge dabei ertrinken können.«

»Alex ist ein guter Schwimmer«, wandte die Frau ein. »Oder war es ...«

»Und das Aufklatschen?« fragte der Mann.

»Der Junge kann sich hin- und hergeworfen haben.«

»Er schrie nie auf. Nicht einmal.«

Brody merkte, daß sein Manöver nutzlos war. »Okay«, sagte er. »Wir werden's wahrscheinlich sowieso bald erfahren.«

»Wie meinen Sie das?« fragte der Mann.

»So oder so, wenn Menschen im Wasser umkommen, werden sie gewöhnlich irgendwo angeschwemmt. Wenn es ein Hai war, wird's keinen Zweifel geben.« Die Schultern der Frau sanken nach vorn, und Brody verfluchte sich innerlich wegen seiner Taktlosigkeit. »Tut mir leid«, sagte er. Die Frau schüttelte den Kopf und weinte.

Brody bat die Frau und den Mann, in seinem Büro zu warten, und verließ den Dienstraum. Meadows lehnte an der Wand neben der Tür. Ein junger Mann – Reporter der *Times*, nahm Brody an – redete gestikulierend auf Meadows ein und schien Fragen zu stellen. Der junge Mann war groß und schlank, trug Sandalen und eine Badehose, dazu ein kurzärmeliges Hemd, auf dessen linker Brustseite ein Alligator eingestickt war, was ihn Brody unverzüglich unsympathisch machte. Als Junge hatte Brody diese Hemden für ein Kennzeichen von Reichtum und Rang gehalten. Alle Sommergäste trugen sie. Brody quälte seine Mutter, bis sie ihm eines kaufte – »ein Zwei-Dollar-Hemd mit einer Sechs-Dollar-Eidechse drauf«, sagte sie –, und als er nicht gleich von den Sommergästen umworben wurde, fühlte er sich gedemütigt. Er riß den Alligator von der Tasche herunter und benutzte das Hemd zur Reinigung des Rasenmähers, mit dem er sich sein Taschengeld im Sommer verdiente. Kürzlich hatte Ellen unbedingt mehrere Kleider desselben Fabrikats kaufen und dabei ein Aufgeld für das Alligator-Emblem zahlen müssen – was sie sich eigentlich nicht leisten konnten –, um damit den Zutritt zu ihrem alten Milieu wiederzugewinnen. Zu Brodys Bestürzung ertappte er sich eines Abends dabei, wie er an Ellen herumnörgelte: »Ein Zehn-Dollar-Kleid mit einer Zwanzig-Dollar-Eidechse drauf.«

Zwei Männer saßen auf einer Bank – die Reporter von *Newsday*. Der eine hatte eine Badehose, der andere Blazer und Sporthose an. Meadows Reporter – Brody kannte ihn als Nat Soundso – lehnte am Schreibtisch und plauderte mit Bixby. Sie verstummten, sobald sie Brody eintreten sahen.

»Was kann ich für Sie tun?« fragte Brody.

Der junge Mann neben Meadows trat einen Schritt vor und sagte: »Ich bin Bill Whitman von der *New York Times.*«

»Und?« Was soll ich nun tun? dachte Brody. Auf den Hintern fallen?

»Ich war am Strand.«

»Was haben Sie gesehen?«

Einer der *Newsday*-Männer unterbrach: »Nichts. Ich war auch da. Niemand sah etwas. Ausgenommen vielleicht der Bursche in Ihrem Büro. Er sagt, er habe etwas gesehen.«

»Ich weiß«, erwiderte Brody, »aber er ist sich nicht sicher, was genau er sah.«

Der *Times*-Mann fragte: »Beabsichtigen Sie, es amtlich als Hai-Angriff in der Liste zu führen?«

»Ich beabsichtige, es überhaupt nicht aufzulisten, und ich schlage vor, daß auch Sie's nicht tun, bis Sie eine ganze Menge mehr darüber wissen.«

Der *Times*-Mann lächelte. »Kommen Sie, Chef, was sollen wir Ihrer Meinung nach tun? Es ›mysteriöses Verschwinden‹ nennen? Kleiner Junge auf See vermißt?«

Brody mußte an sich halten, um nicht der Versuchung zu unterliegen, diesem *Times*-Reporter mit beißender Ironie zu antworten. Er sagte: »Hören Sie, Mr. – äh – Whitman, nicht wahr? – Mr. Whitman. Wir haben keine Zeugen, die etwas anderes sahen als ein Aufklatschen. Der Mann drinnen glaubt, etwas Großes, Silbriges gesehen zu haben, das vielleicht ein Hai war. Er hat in seinem ganzen Leben noch keinen lebendigen Hai gesehen, so daß man das also nicht gerade als Sachverständigen-Aussage bezeichnen kann. Wir haben keine Leiche, keinen wirklichen Beweis, daß dem Jungen etwas Gewaltsames zustieß . . . Ich meine, außer daß er verschollen ist. Es ist denkbar, daß er ertrank. Daß er einen Anfall oder einen Herzschlag oder so was erlitt und dann ertrank. Und es ist denkbar, daß er von einem Fisch oder einem anderen Tier angegriffen wurde – sogar einer Person, nebenbei bemerkt. Das alles ist möglich, bis wir . . .«

Das Geräusch auf Kies knirschender Reifen draußen ließ Brody innehalten. Eine Wagentür wurde zugeschlagen, und Len Hendricks rannte in der Badehose ins Polizeirevier. Sein Körper war grau-weiß wie Styropor. Er blieb mitten im Raum stehen. »Chef . . .«

Brody verblüffte der ungewöhnliche Anblick von Hendricks in einer Badehose – Schenkel voller Pickel, unter dem enganliegenden Stoff sich scharf abzeichnende Genitalien. »Waren Sie *schwimmen,* Leonard?«

»Wieder ein Angriff, Chef!« sagte Hendricks.

Der *Times*-Mann fragte schnell: »Wann war der erste?«

Ehe Hendricks antworten konnte, sagte Brody: »Wir sprachen eben davon, Leonard. Ich möchte nicht, daß Sie oder andere voreilige Schlüsse ziehen, bis Sie wissen, worüber Sie reden. Herrgott, der Junge könnte auch ertrunken sein.«

»Junge?« fragte Hendricks. »Was für ein Junge? Es war ein Mann, ein alter Mann. Vor fünf Minuten. Er stand knapp hinter der Brandung, und plötzlich schrie er aus Leibeskräften, und sein Kopf tauchte unter Wasser; dann kam er wieder hoch, schrie noch etwas und tauchte wieder unter. Und dann dieses Klatschen und Wirbeln, Blut spritzte nach allen Seiten. Der Fisch griff dauernd an und stieß immer wieder auf ihn los. Das ist der größte, gottverdammte Fisch, den ich in meinem ganzen Leben gesehen habe, so groß wie ein verfluchter Straßenkreuzer. Ich ging bis zur Taille ins Wasser und versuchte, den Burschen zu erreichen, aber der Fisch griff ihn weiter an.« Hendricks machte eine Pause, starrte auf den Boden. Sein Atem kam in kurzen Stößen. »Dann ließ der Fisch von ihm ab. Vielleicht schwamm er weg, ich weiß es nicht. Ich watete bis zu der Stelle, wo der Bursche trieb. Sein Gesicht war im Wasser. Ich packte einen seiner Arme und zog daran.«

Brody: »Und?«

»Er blieb mir in der Hand. Der Fisch muß ihn völlig durchgebissen haben, bis auf ein bißchen Haut.« Hendricks blickte auf, seine Augen waren rot und füllten sich vor Erschöpfung und Furcht mit Tränen.

»Müssen Sie sich übergeben?« fragte Brody.

»Ich glaube nicht.«

»Haben Sie den Krankenwagen holen lassen?«

Hendricks schüttelte den Kopf.

»Krankenwagen?« fragte der *Times*-Reporter. »Ist das nicht, als ob man die Stalltür zumachte, nachdem das Pferd entwichen ist?«

»Halten Sie's Maul, Sie smarter Scheißkerl«, sagte Brody. »Bixby, rufen Sie das Krankenhaus an. Leonard, sind Sie noch fähig, was zu tun?« Hendricks nickte. »Dann ziehen Sie sich an und suchen Sie ein paar Schilder, die die Sperrung der Strände verkünden.«

»Haben wir überhaupt welche?«

»Weiß ich nicht. Müßten wir eigentlich. Vielleicht hinten im Lagerraum. Wenn wir keine haben, müssen wir einige provisorisch anfertigen, bis wir die richtigen geliefert bekommen. Ganz egal, wie. Auf jeden Fall muß dieser verdammte Strand geschlossen werden.«

Montag früh kam Brody kurz nach sieben in sein Büro. »Haben Sie's?« fragte er Hendricks.

»Liegt auf Ihrem Schreibtisch.«

»Gut oder schlecht? Egal. Ich werde es selbst lesen.«

»Sie werden nicht lange danach suchen müssen.«

Die City-Ausgabe der *New York Times* lag mitten auf Brodys Schreibtisch. Auf der ersten Seite sah er die Schlagzeile:

HAI TÖTET ZWEI MENSCHEN
AUF LONG ISLAND

Brody sagte: »Scheiße«, und fing an zu lesen.

Von William F. Whitman
Eigenbericht der *New York Times*

Amity, L. I., 20. Juni – Ein sechs Jahre alter Junge und ein 65jähriger Mann wurden heute bei verschiedenen Hai-Angriffen, die sich innerhalb einer Stunde in Strandnähe dieses Erholungsortes ereigneten, getötet.

Obgleich die Leiche des Jungen, Alexander Kintner, nicht gefunden wurde, sagten Beamte, es stehe außer Frage, daß er von einem Hai angefallen wurde. Ein Zeuge, Thomas Daguerre aus New York, sagte aus, er habe ein großes silbriges Objekt sich aus dem Wasser heben, den Jungen und sein Floß packen und mit einem Aufklatschen wieder im Wasser verschwinden sehen.

Der Untersuchungsrichter von Amity, Carl Santos, berichtete, Blutspuren auf später geborgenen Gummifetzen ließen keinen Zweifel daran, daß der Junge eines gewaltsamen Todes gestorben sei.

Mindestens fünfzehn Personen waren Augenzeugen des Angriffes auf Morris Cater (65), der ungefähr um 14 Uhr eine Viertelmeile unterhalb der Strandstelle stattfand, wo der junge Kintner überfallen worden war.

Offenbar schwamm Mr. Cater nur kurz über die Brandungslinie hinaus, als er plötzlich von hinten angegriffen wurde. Er rief um Hilfe, aber alle Versuche, ihn zu retten, waren vergeblich.

»Ich watete bis zur Taille ins Wasser und versuchte, zu ihm zu gelangen«, sagte der Polizeibeamte Leonard Hendricks aus Amity, der zu dieser Zeit am Strand war, »aber der Fisch griff ihn ununterbrochen an.«

Mr. Cater, ein Juwelengroßhändler mit Büros in der Avenue of the Americas, wurde bei der Einlieferung im Southampton-Hospital für tot erklärt.

Dies sind seit mehr als zwei Jahrzehnten die ersten aktenkundigen Fälle von Hai-Angriffen an der Ostküste.

Nach Aussage von Dr. David Dieter, Ichthyologe am New York Aquarium auf Coney Island, ist es anzunehmen – jedoch keinesfalls sicher –, daß beide Überfälle das Werk eines Hais waren.

»Es gibt zu dieser Jahreszeit und in diesen Gewässern«, sagte Dr. Dieter, »sehr wenig Haie. Ohnehin ereignet es sich zu jeder Jahreszeit selten, daß Haie dem Strand so nahe kommen; die Wahrscheinlichkeit, daß zwei Haie sich praktisch gleichzeitig auf der Höhe desselben Strandes befinden – und jeder jemanden angreift –, ist unendlich gering.«

Als man Dr. Dieter mitteilte, ein Zeuge habe den Hai, der Mr. Cater angriff, als »so groß wie ein Straßenkreuzer« beschrieben, sagte er, der Hai sei wahrscheinlich ein »Großer Weißer« *(Carcharodon carcharias)*, eine durch ihre Gefräßigkeit und Aggressivität in der ganzen Welt bekannte Spezies. Er sagte, im Jahre 1916 hätte ein Großer Weißer an einem Tag vier Badende in New Jersey getötet – das einzige andere aktenkundige Beispiel von mehrfachen Todesfällen durch Hai-Angriffe in den Vereinigten Staaten in diesem Jahrhundert. Dr. Dieter führte die Angriffe auf »blindes Unheil, wie ein Blitz, der ein Haus trifft«, zurück. »Wahrscheinlich schwamm der Hai gerade vorbei. Zufällig war es ein netter, sonniger Tag, zufällig badeten deshalb einige Leute im Meer, und er kam zufällig vorbei. Reiner Zufall.«

Amity ist ein Sommerbadeort an der Südküste von Long Island, etwa halbwegs zwischen Bridgehampton und East Hampton gelegen. Im Winter hat er tausend Einwohner, im Sommer steigt die Einwohnerzahl auf zehntausend.

Brody las den Artikel zu Ende und legte die Zeitung auf den Schreibtisch. Zufall, sagte dieser Doktor, reiner Zufall. Was würde er wohl sagen, wenn er von dem ersten Angriff gewußt hätte? Immer noch reiner Zufall? Oder grobe, unverzeihliche Fahrlässigkeit? Jetzt waren es schon drei Tote, und zwei von ihnen hätten noch leben können, wenn Brody . . .

»Haben Sie die *Times* gelesen?« fragte Meadows in der Tür.

»Yeah, hab' ich. Die Watkins-Sache haben sie nicht aufgespürt.«

»Ich weiß. Eigentlich merkwürdig, besonders nach Lens kleinem Versprecher.«

»Aber Sie haben's gebracht.«

»Ja. Ich mußte. Da.« Meadows reichte Brody eine Ausgabe des *Amity Leader*. Die Balkenüberschrift lief über sämtliche sechs Spalten der ersten Seite: ZWEI MENSCHEN VON HAI-UNGEHEUER VOR DEM AMITY-STRAND GETÖTET. Darunter, in kleinerem Druck, ein Untertitel: Zahl der Opfer des Killer-Fisches erhöht sich auf drei.

»Sie ziehen Ihre Nachrichten ganz schön auf, Harry.«

»Lesen Sie weiter.«

Brody las:

Zwei Sommergäste in Amity wurden gestern von einem menschenfressenden Hai brutal abgeschlachtet. Der Hai überfiel sie, als sie im kühlen Wasser auf der Höhe des Scotch-Road-Strandes badeten.

Alexander Kintner (6), der mit seiner Mutter in dem Mr. und Mrs. Richard Packer gehörenden Haus in der Goose Neck Lane wohnte, war das erste Opfer. Er wurde, auf einem Gummifloß liegend, von unten attackiert. Seine Leiche konnte noch nicht gefunden werden.

Knapp eine halbe Stunde später wurde Morris Cater (65), der das Wochenende im Abelard Arms Inn verbrachte, von hinten angefallen, als er in der leichten Brandung vor dem öffentlichen Strand schwamm.

Der Riesenfisch biß immer wieder zu, fiel Mr. Cater brutal an, der um Hilfe schrie. Polizeimeister Len Hendricks, der zufällig seit fünf Jahren zum ersten Mal wieder schwimmen gegangen war, machte einen mutigen Versuch, das um sein Leben ringende Opfer zu retten, aber der Fisch gab keinen Pardon. Mr. Cater war tot, als er aus dem Wasser gezogen wurde.

Es waren der zweite und der dritte Todesfall in den vergangenen fünf Tagen durch Hai-Angriffe an der Küste von Amity.

Letzten Mittwoch ging Miss Christine Watkins, Gast von Mr. und Mrs. Jack Foote, Old Mill Road, nachts schwimmen und verschwand.

Am Donnerstag morgen bargen Polizeichef Martin Brody und Polizeibeamter Hendricks ihre Leiche. Nach Aussage von Untersuchungsrichter Carl Santos war die Todesursache »einwandfrei und unbestritten ein Hai-Angriff«.

Auf die Frage, warum die Todesursache nicht bekanntgegeben wurde, lehnte Mr. Santos jeden Kommentar ab.

Brody blickte von der Zeitung auf und fragte: »Hat Santos wirklich einen Kommentar abgelehnt?«

»Nein. Er sagte, niemand außer Ihnen und mir habe ihn nach der Todesursache gefragt, so daß er sich nicht gezwungen gesehen habe, sie jemandem zu nennen. Sie sehen sicherlich ein, daß ich diese Antwort nicht drucken konnte. Alles wäre dann Ihnen und mir in die Schuhe geschoben worden. Ich hatte gehofft, ihn überreden zu können, daß er ungefähr folgendes sagte: ›Ihre Familie bat, die Todesursache vertraulich zu behandeln, und da es sich offensichtlich nicht um ein Verbrechen handelte, war ich einverstanden‹, aber das wollte er nicht. Ich kann ihm daraus nicht mal einen Vorwurf machen.«

»Was haben Sie also getan?«

»Ich versuchte, mich mit Larry Vaughan in Verbindung zu setzen, aber er war übers Wochenende verreist. Ich dachte, er wäre der beste amtliche Wortführer.«

»Und als Sie ihn nicht erreichten?«

»Lesen Sie.«

Dem Vernehmen nach sollen die Polizei von Amity und Verwaltungsbeamte beschlossen haben, die Information im öffentlichen Interesse zurückzuhalten. »Die Leute neigen zu Überreaktionen, wenn sie von einem Hai-Angriff erfahren«, sagte ein Mitglied des Magistrats. »Wir wollten keine Panik verursachen. Und wir hatten eine fachmännische Beurteilung, wonach die Wahrscheinlichkeit eines weiteren Angriffs nahezu gleich Null war.«

»Wer war Ihr redseliger Stadtrat?« fragte Brody.

»Alle und keiner«, antwortete Meadows. »Im Grunde sagten sie das alle, aber keiner wollte zitiert werden.«

»Und das Thema der nicht gesperrten Strände? Sind Sie darauf eingegangen?«

»*Sie* sind darauf eingegangen.«

»Ich?«

Auf die Frage, warum er die Strände nicht hatte sperren lassen, bis der vagabundierende Hai gefangen war, erwiderte Chef Brody: »Der Atlantik ist riesig. Fische ziehen darin von Ort zu Ort. Sie bleiben nicht immer in einem Gebiet, besonders nicht in einem Gebiet wie dem unsrigen, wo es keine Nahrungsquellen gibt. Was sollten wir tun? Die Strände von Amity sperren? Sofort wären die Leute nach East Hampton hinaufgefahren und dort baden gegangen. Und die Möglichkeit, daß sie in East Hampton getötet wurden, war genauso groß wie in Amity.«

Doch nach den gestrigen Angriffen gab Polizeichef Brody den Befehl, die Strände bis auf weiteres zu sperren.

»Mein Gott, Harry«, sagte Brody, »Sie schieben es tatsächlich mir in die Schuhe. Sie haben mir etwas eingeredet, was ich nicht glaube, sind dann widerlegt und *gezwungen* worden zu tun, was ich die ganze Zeit tun wollte. Ein ziemlich mieser Trick.«

»Es war kein Trick. Ich brauchte jemanden, der die amtliche Version gab, und da Vaughan verreist ist, waren folgerichtig Sie das. Sie geben doch zu, daß Sie mit dem Beschluß einverstanden waren, also haben Sie – widerwillig oder nicht – ihn unterstützt. Ich sah keinen Sinn darin, die ganze schmutzige Wäsche privater Auseinandersetzungen öffentlich zu waschen.«

»Kann sein. Auf jeden Fall ist es geschehen. Steht noch was für mich hier drin?«

»Nein. Ich zitiere bloß nach Matt Hooper, den Burschen von Woods Hole. Er meint, es wäre ungewöhnlich, wenn es zu einem weiteren Angriff käme. Aber jetzt ist er dessen etwas weniger sicher als beim letztenmal.«

»Glaubt er, daß nur ein einziger Fisch in Frage kommt?«

»Er weiß es natürlich nicht, aber er glaubt, ja, es ist nur ein Großer Weißer.«

»Das glaube ich auch. Ich kann keine Weißen von Grünen oder Blauen unterscheiden, aber ich glaube, es ist ein einziger Hai.«

»Ich bin nicht ganz sicher. Gestern nachmittag rief ich die Küstenwache auf Montauk draußen an und fragte, ob sie in letzter Zeit eine Menge Haie in der Gegend bemerkt hätten. Die Leute antworteten, keinen einzigen. Bis jetzt keinen einzigen in diesem Frühjahr. Noch ist es zu früh, es ist also nicht *zu* merkwürdig. Sie wollten später ein Boot ausschicken und mich benachrichtigen, wenn sie etwas feststellten. Schließlich rief ich bei ihnen zurück, und sie sagten mir, sie seien zwei Stunden auf und ab gekreuzt und hätten nicht das geringste bemerkt. Also könnten nicht viele Haie in der Nähe sein. Sie sagten außerdem, wenn Haie in der Gegend seien, dann seien es meist Blauhaie mittlerer Größe – etwa eineinhalb bis drei Meter lang – und Sandhaie, die Menschen im allgemeinen nicht belästigen. Nach dem, was Leonard gestern gesehen haben will, ist das aber kein Blauer mittlerer Größe.«

»Hooper meinte, wir könnten etwas tun«, fuhr Meadows fort. »Nachdem Sie die Strände jetzt haben schließen lassen, könnten wir Fischabfälle und ähnliche Köder ins Wasser streuen. Wenn ein Hai in der Nähe ist, wird ihn das anziehen.«

»Fabelhaft. Nichts wie her mit den Haien! Und was passiert, wenn er aufkreuzt?«

»Wir fangen ihn.«

»Womit? Mit meiner alten Angelrute?«

»Nein, mit einer Harpune.«

»Mit einer Harpune. Harry, ich habe nicht einmal ein Polizeiboot, ganz zu schweigen von einem Boot mit Harpunen.«

»Es gibt ja Fischer hier. Die haben Boote.«

»Yeah, für hundertfünfzig Dollar pro Tag.«

»Stimmt. Aber ich denke ...« Tumult im Flur draußen ließ Meadows mitten im Satz verstummen.

Er und Brody hörten Bixby rufen: »Ich sage Ihnen doch, Madam, er hat eine Besprechung.« Dann sagte eine Frauenstimme: »Quatsch! Ist mir ganz egal, was er hat. Ich gehe hinein.«

Das Geräusch laufender Füße – zuerst ein Paar, dann zwei.

Die Tür zu Brodys Büro flog auf, und im Türrahmen stand, eine Zeitung umklammernd, Alexander Kintners Mutter mit tränenüberströmtem Gesicht.

Bixby tauchte hinter ihr auf. »Entschuldigung, Chef, ich habe versucht, sie aufzuhalten.«

»Schon gut«, sagte Brody. »Treten Sie ein, Mrs. Kintner.«

Meadows stand auf und bot ihr einen Stuhl an, der Brodys Schreibtisch am nächsten stand. Sie beachtete ihn nicht und ging auf Brody zu, der hinter seinem Schreibtisch stand.

»Was kann ich für Sie tun . . .«

Die Frau schlug ihm mit der Zeitung ins Gesicht. Es schmerzte Brody nicht so sehr, als daß es ihn bestürzte – besonders das Geräusch, ein scharfer Knall, der durchdringend in seinem linken Ohr hallte. Die Zeitung fiel zu Boden.

»Wie ist das möglich?« schrie Mrs. Kintner. »Stimmt es?«

»Stimmt was?« fragte Brody.

»Was hier steht. Daß Sie wußten, wie gefährlich es war, zu schwimmen. Daß bereits jemand von diesem Hai getötet worden war. Daß Sie es geheimhielten.«

Brody wußte nicht, was er darauf sagen sollte. Natürlich war es wahr, zumindest formal. Er konnte nichts leugnen. Und andererseits konnte er nichts zugeben, weil es nicht die ganze Wahrheit war.

»Sozusagen«, erwiderte er. »Vielmehr, ja, es ist wahr, aber – hören Sie zu, Mrs. Kintner . . .« Er beschwor sie, sich zu beherrschen, damit er es ihr erklären konnte.

»Sie haben Alex umgebracht!« Sie schrie die Worte hinaus; Brody war sicher, daß sie auf dem Parkplatz, auf der Straße, im Stadtinnern, an den Stränden, in ganz Amity zu hören waren. Er war sicher, daß seine Frau und seine Kinder sie hörten.

Er dachte: Bring sie zum Schweigen, ehe sie noch mehr sagt. Aber er brachte nur »Psst!« heraus.

»Jawohl! Sie haben ihn umgebracht!« Sie hatte die Fäuste in die Hüften gestemmt, und ihr Kopf ruckte nach vorn, als wollte sie Brody die Worte einhämmern. »Sie werden mir nicht ungestraft davonkommen!«

»Bitte, Mrs. Kintner«, sagte Brody. »Beruhigen Sie sich. Nur einen Augenblick, lassen Sie es mich erklären.« Er streckte die Hand aus, um sie an der Schulter zu berühren und sie zu einem Stuhl zu führen, aber sie stieß ihn von sich.

»Nehmen Sie Ihre dreckigen Pfoten weg!« schrie sie. »Sie wußten es. Sie wußten's die ganze Zeit, aber Sie wollten nichts sagen. Und jetzt ist ein sechsjähriger Junge, ein schöner sechsjähriger Junge, mein Junge ...« Die Tränen schienen ihr aus den Augen zu schießen, und da sie in ihrer Wut zitterte, spritzten Tröpfchen von ihrem Gesicht. »Sie wußten es! Warum haben Sie nichts gesagt? Warum?« Sie schlang die Arme wie in einer Zwangsjacke um ihren Leib und sah Brody in die Augen. »Warum?«

»Es ist ...« Brody suchte nach Worten. »Es ist eine lange Geschichte.« Er fühlte sich verletzt, untauglich und unfähig, als wäre er angeschossen worden. Er wußte nicht, ob er es ihr jetzt erklären konnte. Er war noch nicht einmal sicher, ob er überhaupt ein Wort herausbrächte.

»Das ist sie bestimmt«, sagte die Frau. »Oh, Sie böser Mann. Sie böser, böser Mann. Sie ...«

»Aufhören!« herrschte Brody sie an, und es war sowohl eine Bitte wie ein Befehl. Und es wirkte. Sie schwieg. »Passen Sie auf, Mrs. Kintner, Sie sehen das falsch, alles falsch. Fragen Sie Mr. Meadows.«

Meadows, von dem Auftritt wie versteinert, nickte stumm.

»Natürlich wird er es bestätigen. Warum auch nicht? Er ist Ihr Freund, nicht wahr? Wahrscheinlich sagte er Ihnen, Sie täten das Richtige.« Ihre Wut stieg wieder, überflutete sie in einem neuen plötzlichen Gefühlsausbruch. »Wahrscheinlich haben Sie das gemeinsam beschlossen. Das macht die Sache leichter, nicht wahr? Haben Sie Geld dafür bekommen?«

»Wofür?«

»Haben Sie am Blut meines Sohnes Geld verdient? Hat jemand Sie dafür bezahlt, daß Sie nicht sagen, was Sie wußten?«

Brody war entsetzt. »Nein, um Himmels willen, natürlich nicht!«

»*Warum* dann? Sagen Sie's mir. *Ich* bezahle dafür. Sagen Sie mir nur, warum!«

»Weil wir nicht glaubten, daß es noch mal passieren könnte.« Brody war über seine knappe Antwort überrascht. Aber so war's schließlich gewesen, nicht wahr?

Die Frau schwieg einen Augenblick, bis die Worte sich in ihrem verwirrten Geist festsetzten. Sie schien sich zu wiederholen. Sie sagte: »Oh«, dann eine Sekunde darauf: »Jesus.« Ganz plötzlich, als ob irgendwo in ihrem Innern etwas abgeschaltet worden wäre, verlor sie die Selbstbeherrschung. Sie ließ sich auf den Stuhl neben Meadows sinken und weinte, schluchzte keuchend und würgend. Meadows versuchte, sie zu beruhigen, aber sie hörte ihn nicht. Sie hörte Brody nicht, als dieser Bixby anwies, einen Arzt zu rufen. Und sie sah, hörte und spürte nichts, als der Arzt ins Büro trat, sich Brodys Schilderung des Vorfalls anhörte, auf sie einzureden versuchte, ihr eine Spritze Librium gab, sie – mit Hilfe von Brodys Männern – zu seinem Wagen führte und sie ins Krankenhaus fuhr.

Als sie gegangen war, sah Brody auf die Uhr und sagte: »Noch nicht mal neun. Wenn ich je das Gefühl hatte, ich könnte einen Drink gebrauchen . . . dann jetzt!«

»Ich habe eine Flasche Bourbon in meinem Büro«, sagte Meadows.

»Nein. Wenn das ein Anzeichen dafür war, wie der Rest des Tages ablaufen wird, dann muß ich klaren Kopf behalten.«

»Es ist schwer, aber Sie müssen versuchen, sie nicht zu ernst zu nehmen. Erstens einmal war die Frau seelisch erschüttert.«

»Ich weiß, Harry. Jeder Arzt würde konstatieren, daß sie nicht wußte, was sie wirklich sagte. Bloß, eine Menge der Dinge, die sie sagte, hatte ich auch schon gedacht. Vielleicht nicht in ihren Worten, aber dem Sinne nach.«

»Kommen Sie, Martin, Sie können sich keine Vorwürfe machen.«

»Weiß ich. Ich könnte Larry Vaughan Vorwürfe machen. Oder vielleicht sogar Ihnen. Aber die Sache ist eben die, daß die gestrigen beiden Todesfälle hätten verhindert werden können. Ich hätte sie verhindern konnen und tat es nicht. Punkt.«

Das Telefon läutete. Im anderen Zimmer wurde abgenommen, und eine Stimme sagte über die Wechselsprechanlage: »Es ist Mr. Vaughan.«

Brody drückte auf den Leuchtknopf und hob den Hörer ab. »Hallo, Larry. Haben Sie ein nettes Wochenende verbracht?«

»Bis gestern abend, elf Uhr, ja«, erwiderte Vaughan, »als ich nämlich auf der Heimfahrt mein Autoradio andrehte. Eigentlich wollte ich Sie gestern nacht noch anrufen, aber ich dachte mir, der Tag war schon schwer genug für Sie, so daß ich es dann doch unterließ.«

»*Eine* Entscheidung, mit der ich völlig einverstanden bin.«

»Reiben Sie's mir nicht unter die Nase, Martin. Ich fühle mich so schon schlecht genug.«

Brody wollte fragen: »Wirklich, Larry?« Er wollte in der Wunde herumwühlen, wollte etwas von seiner Qual einem anderen aufladen; aber er wußte, daß es unfair gewesen wäre und zu nichts führen konnte. Er sagte also nur: »Klar.«

»Heute früh bekam ich schon zwei Absagen. Große Mietverträge. Reiche Leute. Sie hatten schon unterschrieben, und ich sagte ihnen, ich könnte auf Erfüllung klagen. Sie sagten bloß: ›Bitte, tun Sie's. Wir machen es dann publik.‹ Ich habe eine Mordsangst, ans Telefon zu gehen. Ich habe immer noch zwanzig Häuser, die für August nicht vermietet sind.«

»Ich würde Ihnen gern was anderes sagen, Larry, aber es wird noch schlimmer kommen.«

»Wie meinen Sie?«

»Nachdem die Strände gesperrt sind.«

»Wie lange glauben Sie, müssen sie gesperrt bleiben?«

»Ich weiß es nicht. So lange wie nötig. Ein paar Tage. Vielleicht länger.«

»Sie wissen, daß Ende nächster Woche der Nationalfeiertag ist.«

»Natürlich.«

»Es ist schon zu spät, auf einen guten Sommer zu hoffen, aber vielleicht können wir noch etwas retten – wenigstens für August –, wenn der Vierte gut ist.«

Brody konnte den Unterton in Vaughans Stimme nicht deuten. »Wollen Sie sich mit mir anlegen, Larry?«

»Nein. Ich dachte wohl einfach laut. Oder betete laut. Jedenfalls, bis wann beabsichtigen Sie, die Strände gesperrt zu halten? Unbegrenzt? Wie wollen Sie wissen, wann dieses Biest verschwunden ist?«

»Ich habe noch keine Zeit gehabt, so weit vorauszudenken. Aber ich möchte Sie etwas fragen, Larry. Aus reiner Neugier.«

»Was?«

»Wer sind Ihre Teilhaber?«

Es dauerte eine ganze Weile, bis Vaughan antwortete: »Warum wollen Sie das wissen? Was hat das mit unserem Problem zu tun?«

»Wie gesagt, nur Neugier.«

»Sparen Sie sich die Neugier für Ihren Beruf auf, Martin. Und die Sorge um mein Geschäft überlassen Sie mir.«

»Klar, Larry. Nichts für ungut.«

»Was werden Sie also tun? Wir können doch nicht herumsitzen und darauf warten, daß das Biest fortschwimmt. Inzwischen können wir verhungern.«

»Ich weiß. Meadows und ich sprachen gerade über unsere Möglichkeiten. Ein mit Harry befreundeter Fischexperte sagt, wir könnten versuchen, den Fisch zu fangen. Was hielten Sie davon, ein paar hundert Dollar aufzutreiben, um Ben Gardners Boot für ein oder zwei Tage zu chartern? Ich weiß nicht, ob er je Haie gefangen hat, aber vielleicht ist es einen Versuch wert.«

»Alles ist einen Versuch wert, wenn wir nur dieses Biest loswerden und wieder unseren Lebensunterhalt verdienen können. Sagen Sie ihm, ich werde das Geld irgendwie und irgendwo beschaffen.«

Brody legte den Hörer auf und meinte zu Meadows: »Ich weiß nicht, weshalb, aber ich gäbe meinen linken Arm darum, mehr über Mr. Vaughans Geschäftsangelegenheiten zu erfahren.«

»Warum?«

»Er ist ein reicher Mann. Ganz gleich, wie lange die Sache mit dem Hai weitergeht, ihm wird es nicht sehr weh tun. Sicher, er wird ein bißchen Zaster verlieren, aber er gibt an, als ginge es um Leben und Tod – und nicht bloß für die Stadt, sondern für ihn.«

»Vielleicht ist es nur sein Gewissen.«

»Was da vorhin mit mir am Telefon sprach, war kein Gewissen! Glauben Sie mir, Harry, ich weiß, was Gewissen ist.«

Zehn Meilen südlich der Ostspitze von Long Island trieb ein gechartertes Fischerboot langsam in der Gezeitenströmung. Zwei Trossen schleppten schlaff mit schmierigem Fischköder hinterher. Der Kapitän, ein großer hagerer Mann, saß auf dem Brückendeck und starrte ins Wasser. Unten, im Cockpit, saßen die beiden Männer, die das Boot gechartert hatten, und lasen. Der eine las einen Roman, der andere die *New York Times*.

»He, Quint«, rief der Mann, der die Zeitung las, »haben Sie das über den Hai, der diese Leute tötete, gelesen?«

»Ja, hab' ich«, sagte der Kapitän.

»Glauben Sie, wir werden auf ihn stoßen?«

»Nein.«

»Woher wollen Sie das wissen?«

»Ich weiß es.«

»Wie wär's, wenn wir ihn suchten?«

»Werden wir nicht.«

»Warum nicht?«

»Wir haben Köder ausgelegt. Wir bleiben, wo wir sind.«

Der Mann schüttelte lächelnd den Kopf. »Junge, Junge, das wäre vielleicht ein Spaß.«

»'n Fisch wie der ist kein Spaß«, sagte der Kapitän.

»Wie weit liegt Amity von hier?«

»'n Stück die Küste hinunter.«

»Na ja, wenn er sich irgendwo hier herumtreibt, könnten Sie dieser Tage auf ihn stoßen.«

»Wir werden einander schon finden. Aber nicht heute.«

5

Donnerstag morgen herrschte Nebel – ein nasser, dichter Bodennebel, daß man ihn schmecken konnte: herb und salzig. Die Leute fuhren mit Abblendlicht, unterhalb der Geschwindigkeitsbegrenzung. Gegen Mittag hob sich der Nebel, und duftige Kumuluswolken schoben sich unter einer hohen Cirrusdecke über den Himmel. Gegen fünf Uhr nachmittags hatte die Wolkendecke begonnen, sich aufzulösen. Das Sonnenlicht strömte durch die Lücken, warf leuchtend-blaue Flecken auf die grau-grüne Oberfläche des Meeres.

Brody saß am öffentlichen Strand, die Ellbogen auf den Knien, um das Fernglas in seinen Händen zu stützen. Wenn er das Glas herunternahm, konnte er das Boot kaum ausmachen – ein weißer Fleck im Auf und Ab der Dünung. Die scharfen Linsen holten es klar und deutlich, wenn auch wackelig, heran. Brody hatte fast eine Stunde da gesessen. Er versuchte, die Augen noch mehr anzustrengen, um die Umrisse klarer auszumachen. Er fluchte, ließ das Fernglas fallen und am Riemen um seinen Hals herunterhängen.

»Hallo, Chef«, sagte Hendricks, an Brody herantretend.

»Hallo, Leonard. Was machen Sie hier?«

»Ich kam gerade vorbei, sah Ihren Wagen. Was tun Sie?«

»Versuche, herauszufinden, was, zum Teufel, Ben Gardner da

macht.«

»Fischen, meinen Sie nicht auch?«

»Dafür wird er bezahlt, aber es ist das komischste Fischen, das ich je gesehen habe. Innerhalb einer ganzen Stunde habe ich keine Bewegung an Bord entdeckt.«

»Kann ich mal sehen?« Brody reichte ihm das Fernglas. Hendricks hob es an die Augen und blickte auf See hinaus. »Nein, Sie haben recht. Wie lange ist er schon draußen?«

»Den ganzen Tag, glaube ich. Ich habe gestern abend mit ihm gesprochen, und er wollte heute früh um sechs auslaufen.«

»Allein?«

»Weiß ich nicht. Er wollte seinen Bootsmann erwischen – Danny Soundso –, aber da war noch was mit einem Zahnarzt-Termin. Ich *hoffe* bloß, er fuhr nicht allein hinaus.«

»Wollen Sie sich überzeugen? Wir haben noch mindestens zwei Stunden Tageslicht.«

»Wie wollen Sie da hinkommen?«

»Ich leihe mir Chickerings Boot. Er hat eine AquaSport mit einem 80-PS-Motor. Damit kommen wir hin.«

Brody spürte Angst das Rückgrat hinaufsteigen. Er war ein sehr schlechter Schwimmer, und bei der Aussicht, mit dem Kopf unter oder über Wasser zu sein, bekam er, wie seine Mutter es nannte, Zustände: feuchte Handflächen, das dauernde Bedürfnis zu schlucken und Magenschmerzen – genau jenes Gefühl, das einige Leute beim Fliegen haben. In Brodys Träumen war tiefes Wasser von schleimigen, wilden Untieren, die vom Grund heraufkamen und sein Fleisch zerfetzten, von Dämonen, die kicherten und stöhnten, bevölkert. »Okay«, sagte er. »Ich glaube, wir haben keine andere Wahl. Vielleicht wird er, wenn wir zum Anlegeplatz kommen, schon wieder auf dem Rückweg sein. Machen Sie das Boot klar. Ich schaue schnell in die Zentrale hinein und rufe seine Frau an ... Vergewissere mich, ob er über Funk mit ihr Verbindung hatte.«

Amitys Anlegeplatz war klein, hatte nur zwanzig Stege, ein Öldock und einen Schuppen, in dem Würstchen und gebackene Muscheln in Pappschälchen verkauft wurden. Die Bootsstege lagen in einer kleinen schmalen Bucht, die durch eine Mole, die sich halb in die Mündung der Bucht erstreckte, vorm offenen Meer geschützt war. Hendricks stand in der AquaSport, deren Motor lief, und plauderte mit einem Mann in einem am Nachbarsteg festgemachten 25-Fuß-Kajütkreuzer. Brody ging über den hölzernen Steg und kletterte die kurze Leiter ins Boot hinunter.

»Was hat sie gesagt?« fragte Hendricks.

»Kein Wort von ihm. Sie hat eine halbe Stunde lang versucht, ihn zu kriegen, aber sie nimmt an, er hat das Empfangsgerät abgestellt.«

»Ist er allein?«

»Soweit sie weiß, ja. Sein Maat hatte einen entzündeten Weisheitszahn, der heute gezogen werden mußte.«

Der Mann im Kajütkreuzer sagte: »Wenn Sie mir die Bemerkung gestatten, das ist ziemlich ungewöhnlich.«

»Was?« fragte Brody.

»Den Funk abzustellen, wenn man allein draußen ist. Das tut man nicht.«

»Na ja, Ben meckert immer über das Gequatsche zwischen den Booten, wenn er zum Fischen draußen ist. Vielleicht hat es ihn gelangweilt, und er stellte ab.«

»Vielleicht.«

»Los, Leonard«, sagte Brody. »Wissen Sie, wie man dieses Ding fährt?«

Hendricks warf die Bugleine los, ging zum Heck, hakte die Heckleine aus und warf sie aufs Deck. Dann ging er ans Schaltpult und schob einen Gashebel vor. Das Boot fuhr tuckernd an. Hendricks stieß den Griff noch weiter vor, und der Motor arbeitete regelmäßiger. Das Heck senkte, der Bug hob sich. Als sie die Mole hinter sich hatten, stieß Hendricks den Hebel ganz vor, und der Bug senkte sich wieder.

»Jetzt gleiten wir«, sagte Hendricks.

Brody packte einen Stahlgriff seitlich vom Pult und fragte: »Sind Schwimmwesten vorhanden?«

»Nur Kissen«, sagte Hendricks. »Die würden Sie prima über Wasser halten, wenn Sie ein achtjähriger Junge wären.«

»Danke bestens.«

Die bis dahin leichte Brise hatte sich gelegt, und das Wasser war kaum gekräuselt. Aber es herrschte leichter Seegang, der das Boot scharf mitnahm; der hölzerne Steven schmetterte in jede einzelne Welle und hob sich wieder zitternd, was Brody ganz nervös machte. »Das Ding wird noch auseinanderbrechen, wenn Sie nicht langsamer fahren«, sagte er.

Hendricks lächelte, genoß diesen Augenblick der Überlegenheit. »Keine Sorge, Chef. Wenn ich langsamer fahre, dann dümpeln wir. Wir würden eine ganze Woche brauchen, um hinauszukommen, und Ihr Magen würde sich anfühlen, als wäre er voller Eichhörnchen.«

Gardners Boot lag etwa eine dreiviertel Meile vor der Küste. Als sie sich näherten, konnte Brody es in der Dünung sanft schaukeln sehen. Er konnte sogar die schwarzen Buchstaben auf dem Querbalken ausmachen: FLICKA.

»Er ankert«, sagte Hendricks. »Junge, Junge, das ist aber eine ganze Menge Wasser zum Ankern. Es müssen mehr als dreißig Meter Tiefe hier draußen sein.«

»Großartig«, sagte Brody. »Das genau wollte ich hören.«

Als sie ungefähr fünfzig Meter von der *Flicka* entfernt waren, nahm Hendricks das Gas weg, und das Boot ging in ein langsames Schlingern über. Sie kamen schnell heran. Brody ging nach vorn und kletterte auf die Plattform im Bug. Er sah kein Lebenszeichen, in den Angelrutenhaltern war keine Angel. »He, Ben!« rief er. Keine Antwort.

»Vielleicht ist er unter Deck«, sagte Hendricks.

Brody rief noch einmal: »He, Ben!« Der Bug der AquaSport war backbord nur ein paar Fuß vom Heck der *Flicka* entfernt. Hendricks schob den Knüppel in Leerlauf, schaltete dann den Rückwärtsgang ein und gab schnell Gas. Die AquaSport stoppte und glitt mit der nächsten Welle sanft an den Schandeckel der *Flicka* heran. Brody packte die Decksplanke. »He, Ben!«

Hendricks nahm ein Tau und belegte es an einer Klampe im Bug der AquaSport. Er schlang es um die Reling des anderen Bootes und machte einen losen Knoten. »Wollen Sie an Bord gehen?« fragte er.

»Yeah.« Brody kletterte auf die *Flicka,* Hendricks hinterher; sie standen in der Plicht. Hendricks steckte den Kopf durch die Vorderluke. »Sind Sie hier, Ben?« Er blickte sich um, zog den Kopf zurück und sagte: »Nichts.«

»Er ist nicht an Bord«, sagte Brody. »Darüber gibt's keinen Zweifel.«

»Was ist denn das?« fragte Hendricks, auf einen Eimer im Heck zeigend.

Brody ging zu dem Eimer und bückte sich. Der Gestank nach Fisch und Öl stieg ihm in die Nase. Der Eimer war voll von Gedärmen und Blut. »Fischinnereien und anderer Dreck. Man verteilt es im Wasser, es soll Haie anlocken. Viel hat er nicht davon gebraucht. Der Eimer ist noch fast voll.«

Ein plötzliches Geräusch ließ Brody zusammenfahren. »Whisky, Zebra, Echo, zwei, fünf, neun«, sagte eine knatternde Stimme im Funkgerät. »Hier ist die *Pretty Belle*. Sind Sie da, Jake?«

»Aus mit der Theorie«, sagte Brody. »Er hatte sein Gerät nie abgeschaltet.«

»Ich versteh's nicht, Chef. Keine Angelruten. Er hat kein Dingi mitgehabt, kann also auch nicht fortgerudert sein. Er schwamm wie ein Fisch, wäre er also über Bord gefallen, hätte er einfach zurückklettern können.«

»Sehen Sie irgendwo eine Harpune?«

»Wie sieht so was aus?«

»Weiß ich nicht. Wie eben eine Harpune. Und Fässer, angeblich benutzt man sie als Schwimmer.«

»Ich sehe nichts dergleichen.«

Brody stand an Steuerbord und starrte aufs Meer. Das Boot bewegte sich leicht, und er stützte sich mit der rechten Hand ab. Dabei fühlte er etwas Merkwürdiges und sah hinunter: vier ausgerissene Schraubenlöcher, wo eine Klampe gewesen war. Die Schrauben waren offensichtlich nicht mit einem Schraubenzieher entfernt worden; das Holz um die Löcher herum war gesplittert. »Schauen Sie sich das an, Leonard.«

Hendricks strich mit der Hand über die Löcher. Er blickte nach Backbord hinüber, wo eine zehnzöllige Stahlklampe noch fest mit dem Holz verbunden war. »Stellen Sie sich vor, daß das hier genauso groß war wie das Ding da drüben!« sagte er. »Jesus, welche Kraft würde es erfordern, dieses Teufelsding herauszuziehen?«

»Sehen Sie, Leonard.« Brody fuhr mit dem Zeigefinger über die äußere Scheuerleiste. Da war eine etwa acht Zoll lange Schramme, wo die Farbe abgekratzt und das Holz abgeschürft worden war. »Sieht aus, als hätte jemand dieses Holz mit einer Feile bearbeitet.«

»Oder es mit einem verdammt steifen Tau aufgerieben.«

Brody trat zur Steuerbordseite des Cockpits und strich ziellos an der Scheuerleiste entlang. »Das ist die einzige Stelle«, sagte er. Als er das Heck erreichte, stützte er die Ellbogen aufs Dollbord und blickte ins Wasser.

Einen Augenblick starrte er gedankenverloren aufs Unterwasserschiff hinunter, ohne es eigentlich zu sehen. Dann begann ein Muster feste Form anzunehmen, ein Muster von Löchern, tiefen Höhlungen in dem hölzernen Rumpf, die einen ungefähren Halbkreis von mehr als drei Fuß Durchmesser bildeten. Daneben war noch ein ähnliches Muster. Und an der Außenhaut, dicht über der Wasserlinie, waren drei Blutflecke. O Gott, bitte nicht noch einer! dachte Brody. »Kommen Sie her, Leonard«, sagte er.

Hendricks ging zum Heck und schaute hinunter. »Was?«

»Wenn ich Sie an den Beinen festhalte, können Sie sich dann hinunterbeugen, diese Löcher da unten ansehen und ergründen, wodurch die entstanden sind?«

»Was glauben Sie, wodurch sie entstanden?«

»Weiß ich nicht. Aber *irgendwas* muß es gewesen sein. Und ich möchte herausfinden, was. Los. Wenn Sie's in einer oder zwei Minuten nicht herauskriegen können, dann lassen wir's und fahren heim. Okay?«

»Ich denke schon.« Hendricks legte sich auf die Decksplanken. »Halten Sie mich fest, Chef . . . Bitte.«

Brody bückte sich und packte Hendricks Füße. »Keine Angst«, sagte er. Er nahm je ein Bein von Hendricks unter einen Arm und hob sie an. Hendricks kam hoch und hing dann über Bord. »Okay?« fragte Brody.

»Noch ein bißchen. Nicht zu viel! Jesus, Sie haben meinen Kopf ins Wasser getaucht.«

»Entschuldigung. Wie ist's jetzt?«

»Okay, richtig.« Hendricks begann, sich die Löcher genau anzusehen. »Und wenn jetzt ein Hai vorbeikäme?« brummte er. »Er könnte mich Ihnen glatt aus den Händen reißen.«

»Denken Sie nicht daran. Schauen Sie bloß hin.«

»Tu ich ja.« Nach einigen Augenblicken sagte er: »Schweinehund. Schau sich einer das bloß an. Hallo, ziehen Sie mich hoch. Ich brauche mein Messer.«

»Was ist?« fragte Brody, als Hendricks wieder an Bord war.

Hendricks klappte die Hauptklinge seines Taschenmessers auf. »Ich weiß nicht«, erwiderte er. »Ein weißer Splitter oder so, der in einem der Löcher steckt.« Er nahm das Messer in die Hand, und Brody ließ ihn wieder über den Schandeckel hinab. Er arbeitete kurze Zeit, wobei sich sein Körper vor Anstrengung wand. Dann rief er: »Okay. Ich hab's. Ziehen Sie.«

Brody trat zurück, hievte Hendricks an Deck, stellte dann dessen Füße ab. »Lassen Sie sehen«, sagte er, die Hand hinhaltend. Hendricks ließ ein dreieckiges, strahlend weißes Zahnteil in Brodys Hand fallen. Es war fast fünf Zentimeter lang. Die Seiten waren winzige Sägen. Brody kratzte mit dem Zahn über den Schandeckel und schnitt damit in das Holz. Er blickte aufs Wasser hinaus und schüttelte den Kopf. »Mein Gott«, sagte er.

»Es ist ein Zahn, nicht wahr?« sagte Hendricks. »Allmächtiger! Glauben Sie, der Hai hat Ben erwischt?«

»Ich weiß nicht, was ich sonst glauben soll«, antwortete Brody. Er besah sich wieder den Zahn und steckte ihn dann in die Tasche. »Verschwinden wir lieber. Hier können wir doch nichts mehr tun.«

»Was wollen Sie mit Bens Boot anfangen?«

»Es kann bis morgen früh hierbleiben. Dann lassen wir es von jemandem holen.«

»Ich fahre es zurück, wenn Sie wollen.«

»Und ich soll das andere steuern? Kommt nicht in Frage.«

»Wir könnten eins ins Schlepptau nehmen.«

»Nein. Es wird dunkel, und ich habe keine Lust, mich beim Anlegen in der Dunkelheit mit zwei Booten abzumühen. Diesem Boot wird über Nacht nichts passieren. Prüfen Sie nur nach, ob der Anker festsitzt. Und dann gehen wir. Niemand wird dieses Boot vor morgen brauchen . . . Ben Gardner bestimmt nicht.«

Sie erreichten die Anlegestelle in der späten Dämmerung. Harry Meadows und ein Brody unbekannter Mann erwarteten sie. »Sie haben einen verdammt guten Riecher, Harry«, sagte Brody, als er die Leiter zum Steg hinaufkletterte.

Meadows lächelte geschmeichelt. »Das ist mein Beruf, Martin.« Er zeigte auf den Mann neben sich. »Das ist Matt Hooper, Chef Brody.«

Die beiden Männer schüttelten sich die Hände. »Sie sind der Mann von Woods Hole«, sagte Brody und versuchte, ihn in dem schwindenden Licht genauer zu betrachten. Er war jung – Mitte Zwanzig, dachte Brody – und sah gut aus: braungebrannt, das Haar von der Sonne gebleicht. Er war ungefähr so groß wie Brody, aber magerer: Brody schätzte ihn auf 77 Kilo, verglichen mit seinen eigenen 90. Unwillkürlich tastete er Hooper auf eine mögliche Bedrohung ab. Dann entschied Brody mit einem gewissen Stolz, daß er es, käme es je zu einem Zusammenstoß, mit

Hooper aufnehmen konnte. Seine Erfahrung würde den Ausschlag geben.

»Stimmt«, sagte Hooper.

»Harry hat Ihr Gehirn per Ferngespräch angezapft«, sagte Brody. »Wie kommt's, daß Sie jetzt hier sind?«

Meadows sagte: »Ich rief ihn. Er kann vielleicht herausfinden, was hier los ist.«

»Scheiße, Harry, da brauchten Sie bloß mich zu fragen«, sagte Brody. »Ich hätte es Ihnen sagen können. Sehen Sie, da draußen ist dieser Fisch, und . . .«

»Sie wissen, was ich meine.«

Brody spürte Unmut über die Einmischung, über die Komplikationen, die Hoopers Sachkenntnis notgedrungen mit sich bringen mußte, über die unausgesprochene Teilung der Machtbefugnis, die Hoopers Auftauchen geschaffen hatte. Und er erkannte, daß sein Unmut dumm war. »Aber sicher, Harry«, sagte er. »Es war eben ein langer Tag für mich.«

»Was haben Sie da draußen herausgefunden?« fragte Meadows.

Brody griff schon nach dem Zahn in seiner Tasche, hielt aber inne. Er wollte die Sache jetzt nicht durchsprechen, hier auf dem Dock in der Abenddämmerung. »Ich bin nicht sicher«, sagte er. »Kommen Sie mit aufs Revier, da werde ich Sie genau informieren.«

»Bleibt Ben die ganze Nacht draußen?«

»Sieht so aus, Harry.« Brody wandte sich an Hendricks, der das Boot festgemacht hatte. »Gehen Sie nach Hause, Leonard?«

»Yeah, ich möchte mich gründlich waschen, ehe ich den Dienst antrete.«

Brody kam vor Meadows und Hooper im Polizeihauptquartier an. Es war fast acht Uhr. Er mußte zwei Anrufe tätigen – bei Ellen, um zu fragen, ob die Reste des Abendessens aufgewärmt werden konnten, oder ob er auf dem Heimweg schnell irgendwo etwas zu sich nehmen sollte. Und den Anruf, den er fürchtete: bei Sally Gardner. Zuerst rief er Ellen an: Schmorbraten. Konnte aufgewärmt werden. Vielleicht schmeckte er dann wie Turnschuhe, aber warm würde er sein. Er legte auf, suchte im Telefonbuch nach Gardners Nummer und wählte.

»Sally? Hier ist Martin Brody.« Plötzlich bedauerte er, angerufen zu haben, ohne sich die Worte vorher gründlich zu überlegen. Wieviel sollte er ihr sagen? Nicht viel, beschloß er, zumindest nicht, bis er die Möglichkeit gehabt hatte, mit Hooper zu prüfen, ob seine Annahme plausibel oder absurd war.

»Wo ist Ben, Martin?« Die Stimme klang ruhig, aber etwas höher, als Brody sie kannte.

»Ich weiß es nicht, Sally.«

»Was soll das heißen, Sie wissen es nicht? Sie fuhren doch hinaus, nicht wahr?«

»Ja. Aber er war nicht im Boot.«

»Aber das Boot war da.«

»Das Boot war da.«

»Sind Sie an Bord gegangen? Haben Sie alles durchsucht? Auch unten?«

»Ja.« Dann ein Hoffnungsschimmer. »Ben hatte kein Beiboot mit, nicht wahr?«

»Nein. Wieso war er nicht da?« Jetzt klang die Stimme schriller.

»Ich ...«

»Wo *ist* er?«

Brody nahm die Anzeichen beginnender Hysterie wahr. Er wünschte, er wäre persönlich hingegangen. »Sind Sie allein?«

»Nein. Die Kinder sind hier.«

Sie schien ruhiger, aber Brody war sicher, daß die Ruhe nur ein Atemholen vor dem Schmerzausbruch sein würde, der kommen mußte, wenn sie merkte, daß die Ängste, mit denen sie jeden einzelnen Tag der sechzehn Jahre gelebt hatte, die Ben schon Fischer war – in geheime Winkel des Herzens verschlossene Ängste, von denen sie nie sprach, weil sie lächerlich schienen –, daß die Ängste sich bewahrheitet hatten.

Brody forschte in seinem Gedächtnis nach dem Alter der verschiedenen Gardner-Kinder. Zwölf vielleicht, dann neun, dann etwa sechs. Was für ein Kind war der Zwölfjährige? Er wußte es nicht. Wer war der nächste Nachbar? Mist. Warum hatte er nicht früher daran gedacht? Die Finleys. »Einen Augenblick, Sally.« Er rief zu dem Beamten am vorderen Schreibtisch hinüber: »Clements, rufen Sie Grace Finley an und sagen Sie ihr, sie soll sofort zu Sally Gardner gehen.«

»Und wenn sie wissen will, warum?«

»Dann sagen Sie ihr, ich bäte sie darum. Erkläre es ihr später.« Er sprach wieder ins Telefon. »Tut mir leid, Sally. Ich kann

Ihnen nur versichern, daß wir zu der Stelle hinausfuhren, wo Bens Boot vor Anker liegt. Wir gingen an Bord, und Ben war nicht da. Wir haben überall gesucht, oben und unten.«

Meadows und Hooper traten in Brodys Büro. Er winkte ihnen, Platz zu nehmen.

»Aber wo könnte er denn sein?« fragte Sally Gardner. »Man steigt nicht einfach mitten im Meer aus einem Boot.«

»Nein.«

»Und er kann nicht über Bord gefallen sein. Ich meine, er kann zwar, aber er würde doch sofort wieder zurückklettern.«

»Ja.«

»Vielleicht kam jemand und nahm ihn in einem anderen Boot mit. Vielleicht wollte der Motor nicht anspringen, und er mußte mit jemand anderem fahren. Haben Sie den Motor überprüft?«

»Nein«, sagte Brody verlegen.

»Dann ist das wahrscheinlich der Grund.« Die Stimme klang etwas sorgloser, beinahe mädchenhaft, mit einer Tünche von Hoffnung, die, wenn sie schwand, wie Kristall splittern würde. »Und wenn die Batterie leer war, würde das erklären, weshalb er nicht über Funk Verbindung aufnehmen konnte.«

»Das Gerät funktionierte, Sally.«

»Augenblick. Wer ist da? Oh, Sie sind's.« Pause. Brody hörte Sally mit Grace Finley sprechen. Dann kam Sally wieder an den Apparat. »Grace sagt, Sie hätten sie gebeten, herüberzukommen. Warum?«

»Ich dachte –«

»Sie glauben, er ist tot, nicht wahr? Sie glauben, er ist ertrunken.« Die Tünche verschwand, und Sally begann zu schluchzen.

»Ich fürchte, ja, Sally. Das ist alles, was wir im Augenblick sagen können. Kann ich mal schnell mit Grace sprechen, bitte?«

Ein paar Sekunden später fragte die Stimme Grace Finleys: »Ja, Martin?«

»Tut mir leid, daß ich Ihnen das antun muß, aber was anderes fiel mir nicht ein. Können Sie eine Weile bei ihr bleiben?«

»Die ganze Nacht.«

»Das wäre eine gute Idee. Ich werde versuchen, später vorbeizukommen. Danke.«

»Was ist passiert, Martin?«

»Wir wissen es nicht genau.«

»Ist es wieder dieser . . . bewußte . . .?«

»Vielleicht. Genau das versuchen wir, herauszufinden. Aber tun Sie mir einen Gefallen, Grace. Sagen Sie nichts von einem Hai zu Sally. Es ist so schon schlimm genug.«

»All right, Martin. Augenblick.« Sie legte die Hand auf die Muschel, und Brody hörte eine gedämpfte Unterhaltung. Dann meldete Sally Gardner sich.

»Warum haben Sie das getan, Martin?«

»Was getan?«

Offenbar versuchte Grace Finley, ihr den Hörer aus der Hand zu nehmen, denn Brody hörte Sally sagen: »Lassen Sie mich reden, verdammt noch mal!« Dann sagte sie zu ihm: »Warum haben Sie ihn hinausgeschickt? Warum ausgerechnet Ben?« Ihre Stimme klang nicht besonders laut, aber sie sprach mit einer Heftigkeit, die Brody so scharf vorkam, als würde sie schreien.

»Sally, Sie sind –«

»Dies brauchte nicht zu passieren!« sagte sie. »Sie hätten es verhindern können.«

Brody wollte auflegen. Er wollte keine Wiederholung der Szene mit der Mutter des Kintner-Jungen. Aber er mußte sich rechtfertigen. Sie mußte wissen, daß es nicht seine Schuld war. Wie konnte sie ihn verantwortlich machen? Er sagte: »Quatsch! Ben war Fischer, und ein guter dazu. Er kannte die Risiken.«

»Wenn Sie nicht –«

»Aufhören, Sally!« Brody unterbrach sie barsch. »Ruhen Sie sich aus.« Er legte den Hörer auf. Er war wütend, aber seine Wut war bestürzend. Er war auf Sally Gardner böse, weil sie ihn beschuldigte, und er war auf sich selbst böse, weil er auf sie böse war. Wenn, hatte sie gesagt. Wenn was? Wenn er Ben nicht hinausgeschickt hätte. Klar. Und wenn Schweine Flügel hätten, wären es Adler. Wenn er selbst hinausgefahren wäre. Aber das war nicht seine Aufgabe. Er hatte den Fachmann geschickt. Er blickte zu Meadows auf. »Haben Sie's mitbekommen?«

»Nicht alles. Aber genug, um daraus zu schließen, daß Ben Gardner Opfer Nummer vier geworden ist.«

Brody nickte. »Ich glaube es auch.« Er erzählte Meadows und Hooper von seiner Fahrt mit Hendricks. Ein- oder zweimal unterbrach Meadows mit einer Frage. Hooper hörte zu, sein hageres Gesicht war ruhig, und seine Augen – hellblau – waren fest auf Brody gerichtet. Am Schluß seines Berichtes griff Brody in seine Hosentasche. »Das haben wir gefunden«, sagte er. »Leonard grub es aus dem Holz.« Er warf Hooper den Zahn hin, der ihn in der Hand umdrehte.

»Was meinen Sie, Matt?« fragte Meadows.

»Es ist ein Weißer.«

»Wie groß?«

»Weiß ich nicht genau, aber riesig. Viereinhalb bis sechs Meter. Ein phantastischer Fisch.« Er sah Meadows an. »Vielen Dank, daß Sie mich anriefen«, sagte er. »Ich könnte mich ein ganzes Leben mit Haien beschäftigen und nie einen solchen Fisch zu Gesicht bekommen.«

Brody fragte: »Wieviel würde ein solcher Fisch wiegen?«

»Fünf- bis sechstausend Pfund.«

Brody stieß einen Pfiff aus. »Drei Tonnen.«

»Haben Sie eine Vorstellung, was da passierte?« fragte Meadows.

»Nach dem, was der Chef sagt, sieht es so aus, als ob der Fisch Mr. Gardner tötete.«

»Wie?« fragte Brody.

»Da gibt es viele Möglichkeiten. Gardner könnte über Bord gefallen sein. Wahrscheinlicher ist es, daß er über Bord gerissen wurde. Vielleicht hat sich sein Bein in einer Harpunenleine verfangen. Es kann sogar sein, daß er, als er sich über Bord beugte, gepackt wurde.«

»Wie erklären Sie sich die Gebißabdrücke am Heck?«

»Der Fisch griff das Boot an.«

»Warum, zum Teufel?«

»Haie sind nicht sehr klug, Chef. Sie folgen ihrem Instinkt und ihrem Trieb. Der Nahrungstrieb ist sehr stark.«

»Aber ein Boot von neun Meter Länge . . .«

»Ein Hai denkt nicht. Für ihn war es kein Boot. Es war einfach etwas Großes.«

»Und Ungenießbares.«

»Nicht, bevor er es versucht hatte. Verstehen Sie: Es gibt nichts im Meer, was dieser Fisch fürchtet. Andere Fische ergreifen vor etwas Großem die Flucht. Das ist ihr Instinkt. Aber der da ergreift vor nichts die Flucht. Er kennt keine Furcht. Er kann vielleicht vorsichtig sein – sagen wir, gegenüber einem noch größeren Weißen. Aber Furcht gibt es nicht.«

»Was greifen sie sonst noch an?«

»Alles.«

»So. Alles.«

»Darauf läuft's mehr oder weniger hinaus, ja.«

»Haben Sie eine Erklärung dafür, warum er sich hier so lange herumtreibt?« fragte Brody. »Ich weiß nicht, wieviel Sie über diese Gewässer wissen, aber . . .«

»Ich bin hier aufgewachsen.«

»Wirklich? In Amity?«

»Nein, in Southampton. Ich verbrachte jeden Sommer dort, von der Grundschule bis zum Abitur.«

»Jeden *Sommer?* Also sind Sie nicht wirklich da aufgewachsen.« Brody suchte nach etwas, womit er seine Gleichberechtigung, wenn nicht seine Überlegenheit, über den jüngeren Mann wiederherstellen konnte. Und was dabei herauskam, war ein umgekehrter Snobismus, eine Haltung, die bei ganzjährig in Erholungsorten Lebenden nicht ungewöhnlich war. Sie panzerte sie gegen die Verachtung, die von dem reichen Sommervolk ausströmte. Es war eine »Mir-geht's-gut-Haltung«, ein gesellschaftlicher *machismo,* der Reichtum mit Sterilität, Einfachheit mit Güte und Armut (bis zu einem gewissen Grad) mit Ehrlichkeit gleichsetzte. Und es war eine Einstellung, die Brody sonst widerwärtig und dumm fand. Aber irgendwie hatte er sich durch den jüngeren Mann gefährdet gefühlt – er wußte eigentlich nicht, warum –, und das Gefühl war ihm so fremd, daß er zu der bequemsten Rückendeckung gegriffen hatte, zu der nämlich, die Hooper ihm geboten hatte.

»Sie sind pedantisch«, sagte Hooper unwirsch. »Gut, ich wurde also nicht hier geboren. Aber ich habe eine beachtliche Zeit in diesen Gewässern verbracht und eine Abhandlung über die Küstenlinie geschrieben. Auf jeden Fall weiß ich, worauf Sie hinauswollen, und Sie haben recht. Dieser Küstenstrich ist keine Gegend, die normalerweise einen langen Aufenthalt von Haien begünstigen würde.«

»Warum bleibt dann der so lange?«

»Das kann man unmöglich sagen. Es ist entschieden uncharakteristisch, aber Haie tun so viele uncharakteristische Dinge, daß das Regelwidrige zum Normalen wird. Jeder, der sein Geld – ganz zu schweigen von seinem Leben – für eine Vorhersage darüber riskieren würde, was ein großer Hai in einer gegebenen Situation tun wird, ist ein Narr. Dieser hier ist vielleicht krank. Sein Verhalten liegt so außerhalb seiner Kontrolle, daß die Beschädigung eines einzigen kleinen Mechanismus ihn in Verwirrung bringen und seltsame Reaktionen auslösen kann.«

»Wenn er sich als Kranker so verhält«, sagte Brody, »dann möchte ich nicht wissen, was er tut, wenn er gesund ist.«

»Nein. Persönlich glaube ich nicht, daß er krank ist. Es gibt andere Gründe für seinen Aufenthalt hier – viele von ihnen werden wir nie verstehen, natürliche Faktoren, Launen.«

»Zum Beispiel?«

»Veränderungen der Wassertemperatur, der Strömung oder der Nahrungsform: Wenn die Beute fortzieht, folgen ihr die Raubtiere. Vor zwei Jahren beispielsweise ereignete sich ein völlig unerklärliches Phänomen vor der Küste von Connecticut und Rhode Island. Der gesamte Küstenstrich war plötzlich überschwemmt mit Heringsfischen – die Fischer nennen sie Bunker. Riesige Schwärme. Millionen von Fischen. Sie bedeckten das Wasser wie eine Ölschicht. Es waren so viele, daß man einen blanken Haken ins Wasser werfen und ihn einholen konnte, und meist fing man einen Heringsfisch bei dieser regelwidrigen Angelei. Blaufische und Seebarsche leben von Heringsfischen, so daß plötzlich auch Blaufische in Schwärmen vor den Stränden auftauchten. In Watch Hill, Rhode Island, wateten die Leute in die Brandung und fingen Blaufische mit Rechen. Gartenrechen! Harkten die Fische einfach aus dem Wasser. Dann kamen die großen Raubfische – große Thunfische, vier-, fünf-, sechshundert Pfund schwer. Hochsee-Fischerboote fingen Thunfische nur hundert Meter vor der Küste. Manchmal sogar in Häfen. Dann hörte es plötzlich auf. Die Heringe zogen fort und die anderen Fische auch. Ich verbrachte drei Wochen da unten, um herauszufinden, was da vor sich ging. Ich weiß es immer noch nicht. Es ist alles eine Frage des ökologischen Gleichgewichts. Wenn etwas zu weit nach der einen oder anderen Seite ausschlägt, passieren merkwürdige Dinge.«

»Aber das hier ist ja noch sonderbarer«, entgegnete Brody. »Dieser Fisch ist über eine Woche am selben Ort geblieben, in einem Wasserloch von nur ein oder zwei Quadratmeilen. Er ist nicht den Strand hinauf- oder hinuntergeschwommen, hat niemanden in East Hampton oder Southampton angerührt. Wieso dann gerade in Amity?«

»Ich weiß es nicht. Und ich bezweifle, daß Ihnen jemand eine befriedigende Antwort darauf geben kann.«

Meadows sagte: »Minnie Eldridge hat die Antwort.«

»Quatsch«, sagte Brody.

»Wer ist Minnie Eldridge?« wollte Hooper wissen.

»Die Postmeisterin«, sagte Brody. »Sie sagt, es sei Gottes Wille oder so ähnlich. Wir werden für unsere Sünden bestraft.«

Hooper lächelte. »Auf jeden Fall ist dies im Augenblick eine ebenso gute Antwort wie die meine.«

»Wie ermutigend«, sagte Brody. »Haben Sie irgendwelche Pläne, wie Sie zu einer besseren Antwort kommen können?«

»Es gibt einige. Ich werde hier und in East Hampton Wasserproben entnehmen. Mal sehen, wie sich andere Fische verhalten – ob etwas Außergewöhnliches in der Nähe ist oder ob etwas, das hier sein sollte, fehlt. Und ich werde versuchen, diesen Hai zu finden. Übrigens, steht ein Boot zur Verfügung?«

»Ja, leider, muß ich sagen«, erwiderte Brody. »Ben Gardners Boot. Wir werden Sie morgen zu ihm hinausfahren, und Sie können es zumindest so lange benutzen, bis wir mit seiner Frau klarkommen. Glauben Sie wirklich, Sie können diesen Fisch fangen, nach dem, was Ben Gardner geschah?«

»Ich sage nicht, daß ich ihn fangen will. Oder es auch nur versuche. Auf jeden Fall nicht allein.«

»Was, zum Teufel, werden Sie dann tun?«

»Ich weiß es nicht. Ich werde es darauf ankommen lassen müssen.«

Brody sah Hooper in die Augen und sagte: »Ich will, daß dieser Fisch getötet wird. Wenn Sie's nicht können, dann werden wir jemanden finden, der's kann.«

Hooper lachte. »Sie reden wie ein Gangsterboß: ›Ich will, daß dieser Fisch getötet wird.‹ Also, vergeben Sie den Auftrag. Wem werden Sie den Job übertragen?«

»Ich weiß es nicht. Wie sieht's aus, Harry? Sie wissen doch alles, was hier passiert. Gibt es auf dieser ganzen verdammten Insel keinen Fischer, der die zum Fang großer Haie nötige Ausrüstung hat?«

Meadows überlegte einen Augenblick, ehe er antwortete. »Vielleicht gibt es einen. Ich weiß zwar nicht viel über ihn, aber ich glaube, er heißt Quint und arbeitet von einem Privatpier irgendwo in der Nähe von Promised Land aus. Wenn Sie wollen, kann ich ein bißchen mehr über ihn herauskriegen.«

»Warum nicht?« sagte Brody. »Hört sich immerhin nach einer

Möglichkeit an.«

Hooper sagte: »Sie können nicht Hals über Kopf losziehen, um sich an einem Fisch zu rächen. Dieser Hai ist nicht böse. Er ist kein Mörder. Er gehorcht nur seinen Instinkten. Der Versuch, an einem Fisch Vergeltung zu üben, ist Wahnsinn.«

»Hören Sie . . .« Brody wurde zornig – ein Zorn, geboren aus Enttäuschung und Demütigung. Er wußte, daß Hooper recht hatte, war aber der Meinung, daß Recht und Unrecht in dieser Situation nicht zählten. Der Fisch war ein Feind. Er war über die Gemeinde hergefallen und hatte zwei Männer, eine Frau und ein Kind getötet. Die Bevölkerung von Amity würde den Tod des Fisches fordern. Sie würde den Fisch tot vor sich sehen müssen, ehe sie sich sicher genug fühlte, ihr normales Leben wiederaufzunehmen. Und vor allem mußte Brody ihn tot sehen, denn der Tod des Fisches sollte eine Läuterung für ihn sein. Hooper hatte an diesen Nerv gerührt, und das machte Brody noch wütender. Aber er schluckte seinen Zorn hinunter und sagte: »Lassen wir's.«

Das Telefon läutete. »Für Sie, Chef«, sagte Clements. »Mr. Vaughan.«

»Oh, gut. Das kommt mir gerade recht.« Er drückte auf den Leuchtknopf des Apparates und hob den Hörer. »Yeah, Larry.«

»Hallo, Martin. Wie geht's?« Vaughans Stimme klang freundlich, beinahe überschwenglich, dachte Brody. Wahrscheinlich hatte er sich ein paar hinter die Binde gegossen.

»So gut, wie man's erwarten kann, Larry.«

»Sie arbeiten aber ziemlich lange. Ich habe versucht, Sie zu Hause zu erreichen.«

»Yeah. Wenn man Polizeichef ist und die Wähler sich alle zwanzig Minuten umbringen lassen, dann wird man auf Trab gehalten.«

»Ich habe die Sache mit Ben Gardner gehört.«

»Was genau haben Sie gehört?«

»Daß er vermißt ist.«

»Wie schnell sich so was herumspricht.«

»Sind Sie sicher, daß es wieder der Hai war?«

»Sicher? Yeah, ich glaube schon. Alles andere ist unwahrscheinlich.«

»Martin, was werden Sie *unternehmen*?« In Vaughans Stimme klang ein klägliches Drängen durch.

»Gute Frage, Larry. Wir unternehmen im Augenblick alles,

was wir können. Wir haben die Strände gesperrt. Wir haben –«

»Das habe ich gemerkt, gelinde ausgedrückt.«

»Was soll das heißen?«

»Haben Sie je versucht, gesunden Leuten ein Grundstück in einer Lepra-Kolonie zu verkaufen?«

»Nein, Larry«, sagte Brody müde.

»Jeden Tag bekomme ich Absagen. Die Leute annullieren Miet- und Pachtverträge. Seit Sonntag habe ich keinen neuen Kunden mehr bei mir gesehen.«

»Und was soll *ich* dagegen tun?«

»Nun, ich dachte ... Ich frage mich, ob wir auf diese ganze Sache nicht zu heftig reagieren.«

»Sie scherzen. Sagen Sie mir, daß Sie scherzen.«

»Kaum, Martin. Aber beruhigen Sie sich. Wir wollen die Dinge vernünftig besprechen.«

»Ich bin vernünftig. Aber bei Ihnen bin ich mir da nicht so sicher.«

Es herrschte einen Augenblick Stille, dann sagte Vaughan: »Was würden Sie davon halten, die Strände, sagen wir, nur für das Wochenende vom 4. Juli wieder freizugeben?«

»Kommt nicht in Frage. Kommt auf keinen Fall in Frage.«

»Hören Sie mal ...«

»Nein, Sie hören, Larry. Als ich das letztemal auf Sie hörte, wurden zwei Menschen getötet. Wenn wir diesen Fisch kriegen, wenn wir den Schweinehund töten, dann werden wir die Strände wieder freigeben. Bis dahin brauchen Sie gar nicht mehr daran zu denken.«

»Wie wär's mit Netzen?«

»Was soll damit sein?«

»Könnten wir nicht draußen Stahlnetze spannen, um die Strände zu schützen? Jemand erzählte mir, so werde es in Australien gemacht.«

Er *muß* betrunken sein, dachte Brody. »Larry, es handelt sich bei uns um eine gerade Küstenlinie. Wollen Sie auf einer Strandstrecke von zweieinhalb Meilen Netze spannen? Großartig. Aber Sie beschaffen das Geld. Ich schätze, etwa eine halbe Million Dollar für den Anfang.«

»Und Patrouillen? Wir könnten Männer anstellen, die in Booten auf und ab patrouillieren.«

»Das genügt nicht, Larry. Was ist eigentlich los mit Ihnen? Sitzen Ihnen die Partner wieder im Nacken?«

»Das geht Sie einen feuchten Schmutz an, Martin. Um Himmels willen, Mann, diese Stadt liegt im Sterben!«

»Weiß ich, Larry«, sagte Brody leise. »Und wir können nichts dagegen tun. Gute Nacht.« Er legte den Hörer auf.

Meadows und Hooper standen auf, um zu gehen. Brody begleitete sie zum Haupteingang des Polizeireviers. Als sie durch die Tür gehen wollten, sagte Brody zu Meadows: »He, Harry, Sie haben Ihr Feuerzeug liegenlassen.« Meadows wollte etwas sagen, aber Brody unterbrach ihn: »Kommen Sie mit zurück, damit ich es Ihnen geben kann. Wenn Sie es über Nacht hier liegenlassen, verschwindet es womöglich.« Er winkte Hooper zu: »Wiedersehen.«

Als sie wieder in Brodys Büro waren, zog Meadows sein Feuerzeug aus der Tasche und sagte: »Ich nehme an, Sie wollten mir etwas sagen?«

Brody schloß die Tür. »Glauben Sie, daß Sie etwas über Larrys Teilhaber ausfindig machen können?«

»Ich denke schon. Warum?«

»Seit diese Geschichte losging, hat Larry mich gelöchert, ich soll die Strände offenhalten. Auch jetzt, nach dem neuesten Vorfall, möchte er sie am Vierten offen haben. Neulich sagte er, er stehe unter dem Druck seiner Teilhaber. Ich habe es Ihnen erzählt.«

»Und?«

»Wir sollten wissen, wer genug Einfluß hat, um Larry so in Bedrängnis zu bringen. Es wäre mir egal, wenn er nicht der Bürgermeister unserer Stadt wäre. Wenn es aber Leute gibt, die ihm sagen, was er zu tun hat, dann sollten wir sie kennen.«

Meadows seufzte. »Okay, Martin. Ich werde tun, was ich kann. Aber in Larry Vaughans Privatangelegenheiten herumzustöbern, macht mir nicht gerade Vergnügen.«

»Mir auch nicht. Aber es gibt heutzutage nicht sehr viel, was Vergnügen macht, nicht wahr?«

Brody ging mit Meadows zur Tür, dann zurück an seinen Schreibtisch. Er setzte sich. In einer Hinsicht hatte Vaughan recht gehabt: Amity zeigte alle Symptome einer sterbenden Stadt. Es war nicht nur der Grundstücksmarkt, obgleich seine Krankheit ansteckend war wie die Pocken. Evelyn Bixby, die Frau eines von Brodys Beamten, hatte ihre Stellung in einer Immobilienfirma verloren und war jetzt Serviererin in einem Schnellimbiß.

Zwei neue Boutiquen, die am folgenden Tag eröffnen sollten, hatten den Termin auf den 3. Juli verschoben, und die beiden Besitzer hatten Brody eigens besucht, um ihm zu sagen, wenn die Strände bis dahin nicht freigegeben waren, würden sie ihre Geschäfte überhaupt nicht eröffnen. Einer von ihnen suchte bereits ein Pachtgrundstück in East Hampton. Die Sportgeschäfte hatten Plakate angebracht, auf denen ein Ausverkauf angekündigt wurde, der normalerweise erst am Labour-Day-Wochenende stattfand. Das einzige Gute an der Wirtschaftslage, soweit sie Brody betraf, war, daß Henry Kimble wegen des schlechten Geschäftsgangs bei Saxon entlassen worden war. Da er jetzt seinen Barkeeper-Job nicht mehr hatte, schlief er tagsüber und konnte gelegentlich einen Polizeieinsatz ohne Nickerchen überstehen.

Seit Montag morgen – dem ersten Tag der Strandsperrung – hatte Brody zwei Beamte an den Stränden postiert. Sie erlebten siebzehn Zusammenstöße mit Leuten, die unbedingt schwimmen wollten. Einer war ein Mann namens Robert Dexter, der behauptete, die Verfassung garantiere ihm das Recht, vor seinem Privatstrand zu schwimmen, und der seinen Hund auf den diensttuenden Beamten hetzte, bis der die Pistole zog und drohte, den Hund zu erschießen. Einen anderen Krach gab es am öffentlichen Strand, als ein New Yorker Rechtsanwalt einem Polizisten und einer johlenden Bande Jugendlicher die Verfassung der Vereinigten Staaten vorlas.

Brody war jedoch überzeugt – zumindest einstweilen –, daß niemand schwimmen gegangen war.

Am Mittwoch hatten zwei Jungen eine Jolle gemietet und ruderten etwa dreihundert Meter von der Küste weg, wo sie eine Stunde lang Blut, Hühnerdärme und Entenköpfe über Bord schöpften. Ein vorüberfahrendes Fischerboot bemerkte sie und verständigte Brody über Bordfunk. Brody rief Hooper an, und beide fuhren in der *Flicka* hinaus und brachten die Jolle im Schlepptau zurück. Die Jungen hatten einen Haken an einer zweihundert Meter langen Wäscheleine angebracht, die mit einem Knoten am Bug festgemacht war. Sie wollten den Hai mit dem Haken fangen und eine »Nantucket-Schlittenfahrt« machen. Brody schwor, wenn sie dieses Kunststück noch mal probierten, würde er sie wegen versuchten Selbstmords verhaften lassen.

Vier Berichte über die Sichtung von Haien waren eingegangen. Der eine hatte sich als treibender Baumstamm herausgestellt. Zwei betrafen, nach Aussage der Fischer, die den Berichten nachgingen, Schwärme springender Köderfische. Und einer war, soweit sich überhaupt etwas sagen ließ, eine glatte Fehlanzeige.

Dienstag abend, es fing gerade an zu dämmern, hatte Brody einen anonymen Anruf erhalten, mit dem ihm gemeldet wurde, ein Mann kippe Hai-Köder vor dem öffentlichen Strand ins Wasser. Es stellte sich heraus, daß es kein Mann, sondern eine Frau war, die einen Herrenmantel trug – Jessie Parker, eine Angestellte des Waldenschen Schreibwarenladens. Zuerst leugnete sie, überhaupt etwas ins Wasser geworfen zu haben, schließlich aber gab sie zu, daß es eine Tüte gewesen war, die drei leere Wermut-Flaschen enthalten hatte.

»Warum haben Sie sie nicht in den Mülleimer geworfen?« fragte Brody.

»Ich wollte nicht, daß der Müllmann mich für eine Trinkerin hält.«

»Warum haben Sie sie dann nicht in einen fremden Mülleimer geworfen?«

»Das wäre nicht anständig gewesen«, erwiderte sie. »Müll ist ... äh ... etwas Privates, finden Sie nicht auch?«

Brody sagte ihr, sie solle von jetzt an ihre leeren Flaschen in einen Plastikbeutel tun, diesen Beutel in einen Packpapierbeutel stecken und dann die Flaschen mit einem Hammer in kleine Stücke zerschlagen. Dann konnte niemand wissen, daß es einmal Flaschen gewesen waren.

Brody sah auf die Uhr. Es war nach neun, zu spät, um Sally Gardner einen Besuch abzustatten. Hoffentlich schlief sie schon. Vielleicht hatte Grace Finley ihr eine Pille oder ein Glas Whisky gegeben, damit sie einschlafen konnte. Ehe er sein Büro verließ, rief er die Küstenwachstation in Montauk an und erzählte dem diensthabenden Beamten von Ben Gardner. Der Beamte sagte, er werde beim ersten Morgenlicht ein Patrouillenboot ausschicken, um die Leiche suchen zu lassen.

»Danke«, sagte Brody. »Hoffentlich finden Sie sie, ehe sie angeschwemmt wird.« Plötzlich war Brody über sich selbst entsetzt. »Sie«, das war Ben Gardner, ein Freund. Was würde Sally sagen, wenn sie Brody von ihrem Mann als »sie« sprechen hörte? Eine fünfzehnjährige Freundschaft ausgewischt, vergessen. Es gab keinen Ben Gardner mehr. Nur noch eine »sie«, eine Leiche, die gefunden werden sollte, ehe sie zum blutbefleckten Ärgernis wurde.

»Wir werden's versuchen«, sagte der Beamte. »Junge, Junge, ich fühle mit euch. Ihr müßt einen scheußlichen Sommer haben.«

»Ich hoffe bloß, es ist nicht unser letzter«, entgegnete Brody. Er legte auf, machte das Licht in seinem Büro aus und ging zu seinem Wagen.

Als er in seine Auffahrt einbog, sah er das vertraute, blaugraue Licht durch die Fenster des Wohnzimmers scheinen. Die Jungen saßen vor dem Fernseher. Er knipste das Außenlicht aus und steckte den Kopf ins dunkle Wohnzimmer. Der Älteste, Billy, lag auf der Couch, auf einen Ellbogen gestützt. Martin, der Mittlere, 12, rekelte sich in einem Sessel, die unbeschuhten Füße auf das Kaffeetischchen gestützt. Der achtjährige Sean saß auf dem Boden, den Rücken an die Couch gelehnt, eine Katze in seinem Schoß streichelnd. »Wie geht's?« fragte Brody.

»Gut, Dad«, sagte Bill, ohne die Augen vom Fernseher zu nehmen.

»Wo ist eure Mom?«

»Oben. Wir sollen dir sagen, dein Essen steht in der Küche.«

»Okay. Nicht zu lange, Sean, ja? Es ist fast halb zehn.«

»Okay, Dad«, sagte Sean.

Brody ging in die Küche, machte den Kühlschrank auf und nahm ein Bier heraus. Die Reste des Schmorbratens standen, von gestockter Bratensoße umgeben, in einer Bratpfanne auf dem Küchentisch. Das Fleisch war braun-grau und faserig. »Dinner?« murmelte Brody in sich hinein. Er suchte im Kühlschrank nach Brotbelag. Es waren ein paar Hamburger da, entbeinte Hühnerkeulen, ein Dutzend Eier, ein Glas Mixed Pickles und zwölf Dosen Sprudel. Er fand eine Scheibe Käse, ausgetrocknet und gewellt, die er zu einer Kugel zusammenrollte und sich in den Mund steckte. Er fragte sich, ob er den Schmorbraten aufwärmen sollte, sagte dann aber laut: »Zum Teufel damit.« Er bestrich zwei Scheiben Brot mit Mostrich, nahm ein Tranchiermesser von einem Magnet-Brett an der Wand und schnitt sich eine dicke Scheibe von dem Braten herunter. Er legte das Fleisch auf eine der Brotscheiben, verteilte ein paar Pickles darüber, deckte die andere Scheibe Brot darauf und drückte das Ganze mit dem Handballen zusammen. Dann nahm er Teller und Bier und ging die Treppe zu seinem Schlafzimmer hinauf.

Ellen saß im Bett und las *Cosmopolitan*. »Hallo«, sagte sie, »'n schwerer Tag? Am Telefon hast du nichts gesagt.«

»Ein schwerer Tag. Aber das sind fast alle, die wir gegenwärtig haben. Hast du das mit Ben Gardner gehört? Ich wußte es noch nicht genau, als ich mit dir sprach.« Er stellte Bier und Teller auf die Frisierkommode und setzte sich auf den Bettrand, um die Schuhe auszuziehen.

»Ja. Grace Finley fragte mich am Telefon, ob ich wisse, wo Dr. Craig ist. Seine Sprechstundenhilfe konnte es nicht sagen, und Grace wollte Sally ein Beruhigungsmittel geben.«

»Hast du ihn gefunden?«

»Nein. Aber ich schickte einen der Jungen mit Seconol zu ihr hinüber.«

»Was ist Seconol?«

»Schlaftabletten.«

»Ich wußte gar nicht, daß du Schlaftabletten nimmst.«

»Nicht oft. Nur gelegentlich.«

»Wo hast du sie her?«

»Von Dr. Craig, als ich das letzte Mal wegen meiner Nerven zu ihm ging. Ich hab' dir's doch erzählt.«

»Oh.« Brody warf seine Schuhe in eine Ecke, stand auf und zog die Hose aus, die er ordentlich über die Rücklehne eines Stuhles legte. Sein Hemd hängte er auf einen Bügel und in den Wandschrank. In Unterhemd und kurzer Unterhose setzte er sich aufs Bett und machte sich an seine Mahlzeit. Das Fleisch war trocken und rissig. Er schmeckte bloß Mostrich.

»Hast du den Schmorbraten nicht entdeckt?« fragte Ellen.

Brody hatte den Mund voll, also nickte er.

»Was ißt du denn da?«

Er schluckte. »Schmorbraten.«

»Hast du ihn aufgewärmt?«

»Nein. Es macht mir nichts aus, wenn er kalt ist.«

Ellen verzog das Gesicht und sagte: »Puh.«

Brody aß schweigend, während Ellen ziellos die Seiten ihres Magazins durchblätterte. Nach einigen Augenblicken schlug sie das Magazin zu, legte es in den Schoß und sagte: »O Gott.«

»Was ist?«

»Ich dachte gerade an Ben Gardner. Es ist entsetzlich. Was wird Sally jetzt bloß anfangen?«

»Ich weiß es nicht«, antwortete Brody. »Ich mache mir Sorgen um sie. Hast du je mit ihr über Geld geredet?«

»Nie. Aber es kann nicht viel da sein. Ich glaube nicht, daß ihre Kinder im letzten Jahr neue Sachen bekommen haben, und sie sagt immer, sie würde viel darum geben, wenn sie sich mehr als einmal die Woche Fleisch leisten könnten, statt den Fisch essen zu müssen, den Ben fängt. Wird sie Rente bekommen?«

»Ich glaube schon, aber viel wird's nicht sein. Dann gibt's noch die Wohlfahrt.«

»Oh, das könnte sie nicht«, sagte Ellen.

»Wart's ab. Stolz wird sie sich nicht leisten können. Jetzt wird's nicht mal mehr Fisch geben.«

»Können wir etwas tun?«

»Wir selbst? Ich wüßte nicht, wie. Wir schwimmen auch nicht gerade im Geld. Aber vielleicht kann die Stadtverwaltung etwas tun. Ich werde mit Vaughan reden.«

»Hast du Fortschritte gemacht?«

»Meinst du mit dem verdammten Biest? Nein. Meadows ließ seinen Ozeanographenfreund von Woods Hole kommen. Ich wüßte nicht, was der uns nützen könnte.«

»Wie ist er?«

»In Ordnung, denke ich. Er ist ein junger, gutaussehender Bursche. Ein Neunmalkluger, aber das ist nicht erstaunlich. Er scheint die Gegend ziemlich gut zu kennen.«

»Wie kommt das?«

»Er hat als Junge jeden Sommer in Southampton verbracht.«

»Mit Arbeit?«

»Ich weiß nicht, wahrscheinlich war er mit seinen Eltern dort. Er wirkt wie dieser Typ.«

»Was für ein Typ?«

»Reich. Gute Familie. Der Southampton-Sommertyp. Du solltest ihn weiß Gott kennen.«

»Werd' nicht gleich böse. Ich habe ja bloß gefragt.«

»Ich bin nicht böse. Ich sagte nur, du solltest den Typ eigentlich kennen, das ist alles. Ich meine, du bist selbst der Typ.«

Ellen lächelte. »War ich mal. Jetzt bin ich nur noch eine alte Schachtel.«

»Das ist Quatsch«, sagte Brody. »Neun von zehn Sommerweibern in dieser Stadt füllen ihren Badeanzug nicht so schön aus wie du.« Er war glücklich, daß sie nach Komplimenten fischte, und glücklich, daß er sie ihr machen konnte. Es war eines ihrer rituellen Vorspiele zum Sex, und bei Ellens Anblick im Bett sehnte Brody sich nach ihr. Ihr Haar fiel in einer Innenrolle lang auf die Schultern. Ihr Nachthemd war so tief ausgeschnitten, daß ihre Brüste, mit Ausnahme der Brustwarzen, sichtbar waren, und es war so durchsichtig, daß es Brody schien, als könne er das dunkle Fleisch der Warzen tatsächlich sehen. »Ich putze mir jetzt die Zähne«, sagte er. »Bin gleich wieder da.«

Als er aus dem Badezimmer zurückkam, hatte er eine Erektion. Er ging zum Toilettentisch, um das Licht auszumachen.

»Weißt du«, sagte Ellen, »wir sollten den Jungen Tennisunterricht geben lassen.«

»Wozu? Wollen sie Tennis spielen?«

»Nein, nicht unbedingt. Aber es ist ein guter Sport für sie. Er wird ihnen nützlich sein, wenn sie erwachsen sind. Es ist eine Art Eintrittskarte.«

»Wofür?«

»Für den Kreis der Leute, die sie kennen sollten. Wenn man gut Tennis spielt, wird man in jeden Klub aufgenommen und lernt wichtige Leute kennen. Wir sollten jetzt damit anfangen.«

»Wo sollen sie Unterricht nehmen?«

»Ich dachte an den Field Club.«

»Soviel ich weiß, sind wir nicht Mitglied.«

»Ich glaube, wir könnten es werden. Ich kenne noch ein paar Leute, die Mitglieder sind. Wenn ich sie bitte, schlagen sie uns vor.«

»Vergiß es.«

»Warum?«

»Erstens können wir's uns nicht leisten. Ich wette, es kostet tausend Dollar Eintritt und dann mindestens ein paar Hunderter Jahresbeitrag. Soviel Geld haben wir nicht.«

»Wir haben gespart.«

»Aber nicht für Tennisunterricht, um Himmels willen! Komm, lassen wir's.« Er langte nach dem Lichtschalter.

»Es wäre gut für die Jungen.«

Brody schlug mit der Hand auf den Toilettentisch. »Hör zu, wir sind keine Tennis-Leute. Wir würden uns dort nicht wohl fühlen. *Ich* würde mich dort nicht wohl fühlen. Die wollen uns nicht haben.«

»Woher weißt du das? Wir haben es nie versucht.«

»Bitte, laß das.« Er knipste das Licht aus, ging zum Bett, zog die Decke zurück und glitt neben Ellen. »Außerdem«, sagte er, die Nase an Ellens Nacken reibend, »gibt es einen Sport, der mir besser liegt.«

»Die Jungen sind noch wach.«

»Die sitzen vor dem Fernseher. Die würden es nicht merken, wenn hier oben eine Bombe explodierte.« Er küßte ihren Nacken und begann, mit der Hand kreisförmig ihren Bauch zu reiben, mit jeder Drehung höher hinauftastend.

Ellen gähnte: »Ich bin so schläfrig«, sagte sie. »Ich habe eine Tablette genommen, ehe du kamst.«

Brody hörte auf zu reiben. »Weshalb, zum Teufel?«

»Ich habe schon gestern nacht schlecht geschlafen und wollte heute nicht aufwachen, wenn du spät nach Hause kämst. Deshalb habe ich eine Tablette genommen.«

»Ich werde diese verdammten Tabletten wegwerfen.« Er küßte sie auf die Wange und wollte sie dann auf den Mund küssen, doch sie gähnte mittendrin.

»Verzeih«, sagte sie. »Aber ich fürchte, es wird nicht klappen.«

»Es wird klappen. Du brauchst bloß ein bißchen mitzumachen.«

»Ich bin so müde. Aber mach weiter, wenn du willst. Ich werde versuchen wachzubleiben.«

»Scheiße«, sagte Brody. Er rollte auf seine Bettseite zurück. »Ich bin nicht sehr gut im Vögeln von Leichen.«

»Das war überflüssig.«

Brody sagte nichts darauf. Er lag auf dem Rücken, starrte an die Decke und fühlte seine Erektion schwinden. Aber der Druck im Innern war noch da, ein dumpfer Schmerz in der Leistengegend.

Einen Augenblick später fragte Ellen: »Wie heißt der Freund von Harry Meadows?«

»Hooper.«

»Nicht David Hooper?«

»Nein, ich glaube, er heißt Matt.«

»Oh. Vor langer Zeit ging ich mal mit einem David Hooper aus. Ich erinnere mich ...« Ehe sie den Satz zu Ende führen konnte, fielen ihr die Augen zu, und bald atmete sie tief und war eingeschlafen.

Ein paar Häuserblocks weiter, in einem kleinen Holzhaus, saß ein Schwarzer am Bett seines Sohnes. »Was für eine Geschichte möchtest du lesen?« fragte er.

»Ich möchte keine Geschichte lesen«, sagte der siebenjährige Junge. »Ich möchte eine Geschichte *erzählen.*«

»Okay. Was für eine wollen wir erzählen?«

»Über einen Hai. Erzählen wir eine über einen Hai.«

Der Mann zuckte zusammen. »Nein, erzählen wir eine über ... einen Bär.«

»Nein, einen Hai. Ich möchte was über Haie wissen.«

»Meinst du eine Es-war-einmal-Geschichte?«

»Klar. Etwa so: Es war einmal ein Hai, der Menschen fraß.«

»Das ist aber keine hübsche Geschichte.«

»Warum fressen Haie Menschen?«

»Wohl, weil sie Hunger haben. Ich weiß es nicht.«

»Blutet man, wenn man von einem Hai gefressen wird?«

»Ja«, antwortete der Mann. »Nun komm schon, erzählen wir eine Geschichte über ein anderes Tier. Du wirst böse Träume kriegen, wenn wir von einem Hai erzählen.«

»Nein, werd' ich nicht. Wenn ein Hai versucht, mich zu fressen, geb' ich ihm eins auf die Schnauze.«

»Kein Hai wird versuchen, dich zu fressen.«

»Warum nicht? Wenn ich schwimmen gehe, wette ich, daß er's versucht. Fressen Haie keine Schwarzen?«

»Jetzt hör aber auf! Ich will nichts mehr von Haien hören.« Der Mann hob einen Bücherstapel vom Nachttisch. »Da. Lesen wir *Peter Pan.*«

Zweiter Teil

6

Am Freitag mittag, nach ihrem freiwilligen Vormittagsdienst im Southampton-Hospital, ging Ellen auf dem Rückweg schnell aufs Postamt, um einen Bogen Briefmarken zu kaufen und die Post abzuholen. Es gab in Amity keine private Postzustellung. Theoretisch wurden nur Eilbotenbriefe an die Haustür gebracht – an jede Haustür im Umkreis von einer Meile vom Postamt; in Wirklichkeit aber wurden selbst Eilsendungen (außer solchen, die deutlich als Sendungen der Bundesregierung gekennzeichnet waren) auf dem Postamt behalten, bis jemand sie abholte.

Das Postamt war ein kleines, quadratisches Gebäude in der Teal Street, einer Seitenstraße der Main Street. Es hatte 500 Postfächer, 340 davon waren an Ortsansässige vermietet, die anderen 160 waren für Sommergäste bestimmt, je nach Laune der Postmeisterin Minnie Eldridge. Leute, die ihr sympathisch waren, durften Fächer für den Sommer mieten. Diejenigen, die sie nicht mochte, mußten sich am Schalter anstellen. Da sie sich weigerte, ein Fach das ganze Jahr über an einen Sommergast zu vermieten, wußten die von einem Jahr zum andern nie, ob sie bei ihrer Ankunft im Juni ein Postfach bekamen oder nicht.

Es wurde allgemein angenommen, daß Minnie Eldridge Anfang Siebzig war und die Behörde in Washington irgendwie davon überzeugt hatte, sie sei noch weit unter dem Pensionierungsalter. Sie war klein und sah zart aus, aber der Schein trog: Sie konnte mit Paketen und Schachteln fast ebenso flott umgehen wie die beiden jungen Männer, die mit ihr auf dem Postamt arbeiteten. Sie sprach nie über ihre Vergangenheit oder ihr Privatleben. Es war nur bekannt, daß sie auf Nantucket Island geboren und bald nach dem Ersten Weltkrieg von dort weggezogen war. In Amity lebte sie schon so lange, wie jeder dort sich erinnern konnte, und sie hielt sich nicht nur für eine Einheimische, sondern auch für *die* ansässige Sachverständige auf dem Gebiet der Stadtgeschichte. Sie brauchte nicht erst gebeten zu werden, um sich des langen und breiten über Amity Hopewell auszulassen, eine Frau aus dem 17. Jahrhundert, die der Hexerei schuldig gesprochen worden war. Nach ihr war die Stadt benannt. Mit großem Vergnügen führte Minnie die Hauptereignisse der Stadtgeschichte auf: die Landung britischer Truppen während der Revolution und ihr mißglückter Versuch, die Kolonialstreitkräfte seitlich zu umgehen (die Briten verirrten sich und wanderten ziellos auf Long Island hin und her); das große Feuer 1823, das jedes Gebäude mit Ausnahme der einzigen Kirche der Stadt vernichtete; 1921 der Schiffbruch eines Rumschmugglerschiffes (das Schiff wurde schließlich wieder flottgemacht, aber die ganze Fracht, die abgeladen worden war, um das Schiff leichter zu machen, war inzwischen verschwunden); der Wirbelsturm 1938 und die weithin bekannte (wenn auch nie ganz bestätigte) Landung dreier deutscher Spione am Scotch-Road-Strand im Jahre 1942.

Ellen und Minnie gingen sich auf die Nerven. Ellen spürte, daß Minnie sie nicht mochte, und sie hatte recht. Minnie fühlte sich Ellen gegenüber unbehaglich, weil sie sie nicht einordnen konnte. Ellen gehörte weder zum Sommervolk noch zum Wintervolk. Sie hatte sich ihr ganzjähriges Postfach nicht verdient, sie hatte es erheiratet.

Minnie war allein im Postamt und sortierte Post, als Ellen hereinkam.

»Morgen, Minnie«, sagte Ellen.

Minnie blickte zur Uhr über den Schalter auf und sagte: »Tag.«

»Könnte ich einen Bogen Achter haben, bitte?« Ellen legte eine Fünf-Dollar-Note und drei Einer auf den Schaltertisch.

Minnie schob noch ein paar Briefe in Fächer, legte ihr Bündel hin und kam an den Schalter. Sie gab Ellen einen Bogen Briefmarken und legte die Noten in eine Schublade. »Was will Martin gegen diesen Hai tun?« fragte sie.

»Ich weiß es nicht. Sie werden wohl versuchen, ihn zu fangen.«

»Kannst du den Leviathan ziehen mit dem Hamen und seine Zunge mit einer Schnur fassen?«

»Wie bitte?«

»Buch Hiob«, sagte Minnie. »Kein Sterblicher wird diesen Fisch fangen.«

»Warum sagen Sie das?«

»Weil es uns nicht bestimmt ist, ihn zu fangen, darum. Wir werden vorbereitet.«

»Worauf?«

»Das werden wir wissen, wenn die Zeit gekommen ist.«

»Aha.« Ellen steckte die Briefmarken in ihr Portemonnaie. »Nun, vielleicht haben Sie recht. Danke, Minnie.« Sie drehte sich um und ging zur Tür.

»Darauf können Sie sich verlassen«, rief Minnie hinter Ellen her.

Ellen ging zur Main Street und bog hinter einer Boutique und einem Antiquitätenladen rechts ab. Vor Amitys Eisenwarengeschäft blieb sie stehen und ging hinein. Auf das Klingeln des Türglöckchens erfolgte zunächst nichts. Sie wartete ein paar Sekunden und rief dann: »Albert?«

Sie ging in den hinteren Teil des Ladens zu einer offenen Tür, die ins Kellergeschoß führte. Unten hörte sie zwei Männer sprechen.

»Ich komme gleich hinauf«, rief die Stimme von Albert Morris. »Hier ist eine ganze Schachtel voll«, sagte Morris zu dem anderen Mann. »Sehen Sie sie durch, vielleicht finden Sie, was Sie brauchen.«

Morris kam zum Fuß der Treppe und stieg hinauf – langsam und bedächtig, eine Stufe nach der anderen, sich am Geländer festhaltend. Er war Anfang Sechzig und hatte vor zwei Jahren einen Herzinfarkt gehabt.

»Klampen«, sagte er, als er oben angekommen war.

»Was?« fragte Ellen.

»Klampen. 'n Bursche will Klampen für ein Boot. Nach der Größe zu schließen, die er sucht, muß er Kapitän eines Schlachtschiffes sein. Nun, was kann ich für Sie tun?«

»Die Gummitülle von meinem Wasserhahn in der Küche hat überall Risse. Sie wissen, die Sorte mit dem Umschalter auf Sprühen. Ich möchte eine neue.«

»Kein Problem. Die sind da drüben.« Morris führte Ellen zu einem Schaukasten in der Mitte des Ladens. »Dachten Sie an so etwas?« Er hielt ihr eine Gummitülle hin.

»Ausgezeichnet.«

»Achtzig Cents. Auf Rechnung oder bar?«

»Ich zahle gleich. Wegen achtzig Cents brauchen Sie keinen Zettel auszuschreiben.«

»Hab' sie schon für 'ne Menge geringerer Beträge ausgeschrieben«, sagte Morris. »Ich könnte Ihnen Geschichten erzählen, daß Ihnen die Ohren schlackern.«

Sie gingen durch den schmalen Laden zur Registrierkasse, und während er den Betrag eintippte, sagte Morris: »Die Leute sind beunruhigt über dieses Biest von Hai.«

»Ich weiß. Kann man ihnen nachfühlen.«

»Sie meinen, die Strände sollten wieder freigegeben werden.«

»Nun, ich . . . äh . . .«

»Wenn Sie mich fragen, es ist – entschuldigen Sie den Ausdruck – alles Scheiße. Ich finde, Martin macht's richtig.«

»Das freut mich zu hören, Albert.«

»Vielleicht findet dieser neue Mann einen Ausweg.«

»Wer?«

»Der Fisch-Sachverständige aus Massachusetts.«

»O ja. Ich hörte, er sei in der Stadt.«

»Er ist hier!«

Ellen blickte sich um und sah niemanden. »Wie meinen Sie das?«

»Im Keller. Der will die Klampen.«

In diesem Augenblick hörte Ellen Schritte auf der Treppe. Sie drehte sich um, sah Hooper durch die Tür kommen, und plötzlich spürte sie eine Art mädchenhafter Nervosität, als sähe sie einen Liebhaber wieder, den sie jahrelang nicht getroffen hatte. Der Mann war ihr fremd, und doch hatte er etwas Vertrautes.

»Ich habe sie gefunden«, sagte Hooper, zwei rostfreie Stahlklampen emporhaltend. Er kam an den Ladentisch, lächelte Ellen höflich zu und sagte zu Morris: »Die werden gut passen.« Er legte die Klampen auf den Ladentisch und reichte Morris eine Zwanzig-Dollar-Note.

Ellen sah Hooper an und versuchte, Licht in ihre Erinnerung zu bringen. Sie hoffte, Albert Morris würde sie einander vorstellen, aber anscheinend hatte er nicht die Absicht. »Entschuldigen Sie«, sagte sie zu Hooper, »ich muß Sie etwas fragen.«

Hooper sah sie an und lächelte wieder – ein freundliches Lächeln, das seine harten Züge entschärfte und seine hellblauen Augen strahlen ließ. »Bitte sehr«, sagte er. »Schießen Sie los.«

»Sind Sie vielleicht mit David Hooper verwandt?«

»Der ist mein älterer Bruder. Kennen Sie David?«

»Ja«, sagte Ellen, »oder ich habe ihn mal gekannt. Ich bin vor langer Zeit mit ihm ausgegangen. Ich bin Ellen Brody. Früher hieß ich Ellen Shepherd. Damals, meine ich.«

»O ja, ich erinnere mich an Sie.«

»Aber nein.«

»Doch, doch, im Ernst. Ich werde es Ihnen beweisen. Warten Sie mal ... Sie trugen das Haar damals kürzer, so eine Art Pagenfrisur. Sie hatten immer ein Armband mit einem Anhänger um. Ich erinnere mich besonders daran, weil es ein großer Anhänger war, der wie der Eiffelturm aussah. Und Sie haben oft ein Lied gesungen – wie hieß es gleich – ›Shiboom‹ oder so ähnlich. Stimmt's?«

Ellen lachte. »Mein Gott, haben Sie aber ein gutes Gedächtnis. Dieses Lied hatte ich völlig vergessen.«

»Es ist verrückt, was für Dinge Kinder beeindrucken. Wie lange gingen Sie mit David aus – zwei Jahre?«

»Zwei Sommer«, sagte Ellen. »Es hat Spaß gemacht. Ich habe in den letzten paar Jahren nicht oft daran gedacht.«

»Erinnern Sie sich an mich?«

»Undeutlich. Ich erinnere mich, daß David einen jüngeren Bruder hatte. Sie müssen damals neun oder zehn gewesen sein.«

»So ungefähr; David ist zehn Jahre älter als ich. An noch etwas erinnere ich mich: Jeder nannte mich Matt. Ich dachte, es klinge erwachsen. Aber Sie nannten mich Matthew. Sie sagten, das klinge würdevoller. Wahrscheinlich war ich in Sie verliebt.«

»Oh?« Ellen wurde rot, und Albert Morris lachte.

»Irgendwann verliebte ich mich immer in die Mädchen, mit denen David ausging.«

»Oh.«

Morris gab Hooper das Wechselgeld heraus, und Hooper sagte zu Ellen: »Ich fahre zum Dock hinunter. Kann ich Sie irgendwo absetzen?«

»Danke, nein. Ich habe den Wagen mit.« Sie dankte Morris und ging, Hooper hinter sich, aus dem Laden. »Und jetzt sind Sie also Naturwissenschaftler«, sagte sie, als sie draußen waren.

»Ja, eigentlich durch Zufall. Ich fing mit Englisch als Hauptfach an. Dann aber belegte ich Meeresbiologie, um mein naturwissenschaftliches Bedürfnis zu befriedigen, und – päng! – schon war ich gefangen.«

»Vom Meer?«

»Nein, das heißt: ja und nein. Ich war schon immer auf das Meer versessen. Mit zwölf oder dreizehn war meine Vorstellung von schöner Freizeit die, daß ich mit einem Schlafsack zum Strand hinunterging, die Nacht im Sand liegend verbrachte, auf den Wellenschlag horchte und mich dabei fragte, woher die Wellen gekommen und an was für phantastischen Dingen sie unterwegs vorübergerauscht waren. Womit man mich im College fing, waren Fische oder, um es deutlicher zu sagen, Haie.«

Ellen lachte. »Schrecklich, sich in Haie zu verlieben. Als ob man eine Leidenschaft für Ratten hätte.«

»Das denken die meisten«, sagte Hooper. »Aber sie irren sich. Die Haie haben alles, wovon ein Naturwissenschaftler träumt. Sie sind schön – Gott, wie schön sie sind! Sie sind ein vollkommen funktionierendes Räderwerk. Sie sind graziös wie ein Vogel und so geheimnisvoll wie nur je ein Tier auf der Erde. Niemand weiß genau, wie alt sie werden oder auf welche Impulse – außer Hunger – sie reagieren. Es gibt mehr als 250 Hai-Arten, und jede Art unterscheidet sich von der anderen. Naturwissenschaftler verbringen ihr ganzes Leben damit, Erklärungen für die Verhaltensweisen von Haien zu finden, und sobald sie eine hübsche Patentlösung gefunden haben, wird sie von einer neuen Entdeckung über den Haufen geworfen. Seit über zweitausend Jahren haben die Menschen versucht, eine wirksame Abwehr gegen Haie zu finden, aber nie eine gefunden, die wirklich brauchbar ist.« Er hielt inne, sah Ellen an und lächelte. »Verzeihung, ich wollte nicht dozieren. Wie Sie sehen, bin ich ein Hai-Narr.«

»Und wie *Sie* sehen«, entgegnete Ellen, »weiß ich nicht, wovon ich überhaupt rede. Ich nehme an, Sie haben in Yale studiert.«

»Natürlich. Wo sonst? In vier Generationen war der einzige Mann in unserer Familie, der nicht nach Yale ging, ein Onkel von mir, der aus Andover hinausflog und schließlich an der Uni von Miami oder Ohio landete. Nach Yale ging ich auf die Universität von Florida, und danach verbrachte ich ein paar Jahre auf der Jagd nach Haien.«

»Das muß interessant gewesen sein.«

»Für mich war's das Paradies. Als hätte man einem Alkoholiker die Schlüssel zu einer Brennerei gegeben. Ich numerierte Haie im Roten Meer und tauchte mit ihnen vor der Küste von Australien. Je mehr ich über sie erfuhr, desto mehr wußte ich, daß ich nichts wußte.«

»Sie tauchten mit ihnen?«

Hooper nickte. »Meistens in einem Käfig, manchmal aber auch ohne. Ich weiß, was Sie jetzt denken. Viele Leute glauben, ich sei lebensmüde – besonders meine Mutter. Wenn man es aber richtig anpackt, kann man die Gefahr auf beinahe Null reduzieren.«

»Sie müssen der größte lebende Hai-Experte der Welt sein.«

»Wohl kaum«, sagte Hooper lachend. »Aber ich strebe es an. Die einzige Expedition, die ich verpaßt und an der teilzunehmen mein größter Wunsch gewesen wäre, war die von Peter Gimbel. Es wurde ein Film darüber gemacht. Ich träume von dieser Expedition. Sie waren mit zwei Großen Weißen im Wasser, derselben Hai-Art, die jetzt hier ist.«

»Ich bin doch ganz froh, daß Sie nicht mitgingen«, meinte Ellen. »Wahrscheinlich hätten Sie wissen wollen, wie's im Innern eines Hais aussieht. Aber erzählen Sie mir von David. Wie geht es ihm?«

»Den Umständen entsprechend gut. Er ist Makler in San Francisco.«

»Wie meinen Sie das, ›den Umständen entsprechend‹?«

»Nun, er ist zum zweiten Mal verheiratet. Seine erste Frau war – vielleicht wissen Sie's – Patty Fremont.«

»O ja. Ich habe Tennis mit ihr gespielt. Sie hat David sozusagen von mir geerbt. Und das ist noch liebenswürdig ausgedrückt.«

»Die Ehe dauerte drei Jahre, bis sie sich an jemanden mit einem Familienunternehmen und einem Haus in Antibes hängte. Worauf David sich ein Mädchen schnappte, dessen Vater die Aktienmajorität in einer Ölgesellschaft besitzt. Sie ist ganz nett, aber sie hat den Intelligenz-Quotienten einer Artischocke. Hätte David Verstand gehabt, hätte er gewußt, was er an Ihnen hatte, und wäre mit Ihnen zusammengeblieben.«

Ellen wurde rot und sagte leise: »Nett von Ihnen, das zu sagen.«

»Im Ernst. Das hätte ich an seiner Stelle getan.«

»Und was taten Sie? Welches Mädchen hatte schließlich das Glück, Sie zu kriegen?«

»Keines bis jetzt. Es muß wohl Mädchen geben, die einfach nicht wissen, wo ihr Glück liegt.« Hooper lachte. »Erzählen Sie mir von sich. Nein, nicht. Lassen Sie mich raten. Drei Kinder. Richtig?«

»Richtig. Ich wußte gar nicht, daß es so deutlich zu sehen ist.«

»Nein, nein. Das meine ich nicht. Es ist überhaupt nicht zu sehen. Ganz und gar nicht. Ihr Mann ist – sagen wir – Rechtsanwalt. Sie haben ein Apartment in der Stadt und ein Haus am

Strand von Amity. Sie sind natürlich glücklich. Und genau das wünsche ich Ihnen.«

Ellen schüttelte lächelnd den Kopf. »Stimmt nicht ganz. Ich meine nicht das mit dem Glücklichsein, sondern das andere. Mein Mann ist der Polizeichef von Amity.«

Die Überraschung zeigte sich in Hoopers Augen nur einen Augenblick. Dann schlug er sich an die Stirn und sagte: »Was für ein Esel ich bin! Natürlich. Brody. Ich habe nicht geschaltet. Großartig. Ich habe Ihren Mann gestern abend kennengelernt. Er scheint ein feiner Bursche zu sein.«

Ellen glaubte, einen Funken Ironie in Hoopers Stimme wahrgenommen zu haben, aber dann sagte sie sich: Sei nicht blöd – du phantasierst. »Wie lange werden Sie bleiben?« fragte sie.

»Ich weiß es nicht. Kommt darauf an, was mit diesem Fisch passiert. Wenn er verschwindet, gehe ich auch.«

»Wohnen Sie in Woods Hole?«

»Nein, aber nicht weit entfernt. In Hyannisport. Ich habe ein Häuschen am Wasser. Mein Tick, immer in Wassernähe zu sein. Wenn ich mehr als zehn Meilen im Binnenland bin, bekomme ich Zustände.«

»Leben Sie allein?«

»Ganz allein. Nur ich und Stereo-Anlagen im Wert von ungefähr 100 Millionen Dollar und eine Million Bücher. Übrigens – tanzen Sie noch?«

»Tanzen?«

»Ja. Ich erinnere mich daran. David pflegte zu sagen, Sie seien die beste Tänzerin, mit der er je ausging. Sie haben in einem Tanzturnier gewonnen, nicht wahr?«

Die Vergangenheit – wie ein in einen Käfig gesperrter und plötzlich freigelassener Vogel – flog auf, umschwirrte ihren Kopf und überschüttete sie mit Sehnsucht. »Es war ein Samba-Turnier«, sagte sie. »Im Beach Club. Ich hatte es ganz vergessen. Nein, ich tanze nicht mehr. Martin tanzt nicht, und selbst wenn er's täte, glaube ich nicht, daß noch jemand diese Art Musik spielt.«

»Zu schade. David sagte, Sie waren toll.«

»Das war ein wundervoller Abend«, sagte Ellen, ließ ihre Gedanken schweifen und die kleinen Erinnerungen hervorholen. »Es war eine Lester Lanin Band. Der Beach Club war mit Krepppapier und Ballons geschmückt. David trug sein Lieblingsjackett

– rote Seide.«

»Ich habe es jetzt«, sagte Hooper. »*Das* habe ich von ihm geerbt.«

»Sie spielten alle diese wundervollen Songs. ›Mountain Greenery‹ hieß einer. Er konnte den Two-Step so gut, ich konnte kaum mit ihm Schritt halten. Das einzige, was er nicht tanzte, war Walzer. Er sagte, Walzer mache ihn schwindlig. Alle waren braungebrannt. Ich glaube, den ganzen Sommer lang hat es nicht ein einziges Mal geregnet. Ich erinnere mich, daß ich an diesem Abend ein gelbes Kleid wählte, weil es gut zu meiner Sonnenbräune paßte. Es gab zwei Konkurrenzen, eine im Charleston, die Susie Kendall und Chip Fogarty gewannen. Und die Samba-Konkurrenz. Sie spielten ›Brazil‹ am Schluß, und wir tanzten, als ob unser Leben davon abhinge. Wissen Sie, was wir als ersten Preis bekamen? Ein Huhn in der Dose. Ich behielt es in meinem Zimmer, bis der Dosendeckel anfing, sich zu wölben, und Daddy sagte, ich solle es wegwerfen.« Ellen lächelte. »Das waren schöne Zeiten. Ich versuche, nicht zu viel an sie zu denken.«

»Warum?«

»Zurückblickend erscheint die Vergangenheit immer besser, als sie es war. Und die Gegenwart sieht nie so gut aus, wie sie in der Zukunft aussehen wird. Es ist deprimierend, wenn man zu viel Zeit darauf verwendet, alte Freuden wiederzuerleben. Man glaubt, so etwas Gutes wird man nie mehr bekommen.«

»Für mich ist es leicht, die Vergangenheit zu vergessen.«

»Wirklich? Warum?«

»Sie war nicht besonders schön. David war der Erstgeborene und ich sozusagen ein nachträglicher Einfall. Ich glaube, mein Lebenszweck war, die Ehe meiner Eltern zu kitten. Und das schlug fehl. Es ist ziemlich mies, wenn man bei der ersten Aufgabe, die einem gestellt wird, versagt. David war zwanzig, als unsere Eltern sich scheiden ließen, ich noch nicht mal elf. Und die Scheidung war nicht gerade angenehm. Die paar Jahre davor waren es auch nicht. Es ist die alte Geschichte – nichts Besonderes –, aber viel Spaß hat es nicht gemacht. Wahrscheinlich übertreibe ich ein wenig. Auf jeden Fall blicke ich nach vorn und nicht oft zurück.«

»Ich nehme an, das ist gesünder.«

»Weiß nicht. Wenn ich vielleicht eine tolle Vergangenheit gehabt hätte, würde ich die ganze Zeit in ihr leben. Aber ... genug davon. Ich muß jetzt zum Dock hinunter. Kann ich Sie wirklich nicht irgendwo absetzen?«

»Nein, danke schön. Mein Wagen steht auf der gegenüberliegenden Straßenseite.«

»Okay. Nun ...« Hooper streckte die Hand aus. »Es war wirklich großartig, Sie wiederzusehen; hoffentlich sehe ich Sie noch mal, ehe ich abfahre.«

»Das würde mich freuen«, sagte Ellen, ihm die Hand schüttelnd.

»Mit einem Tennisspiel an einem Spätnachmittag kann ich Sie wohl nicht reizen, oder?«

Ellen lachte. »Oje! Ich habe eine Ewigkeit keinen Tennisschläger mehr in der Hand gehabt. Aber vielen Dank für die Einladung.«

»Okay. Dann auf Wiedersehen.« Hooper drehte sich um und lief die paar Meter zu seinem Wagen, einem grünen Ford Pinto, hinunter.

Ellen blieb stehen und sah zu, wie Hooper den Wagen startete, aus dem Parkplatz rangierte und auf die Straße hinausfuhr. Als er an ihr vorbeikam, hob sie die Hand bis zur Schulter und winkte zaghaft, schüchtern. Hooper steckte die Linke zum Seitenfenster hinaus und winkte. Dann fuhr er um die Ecke und war fort.

Eine schreckliche, schmerzende Traurigkeit überfiel Ellen. Mehr als je zuvor fühlte sie, daß ihr Leben – zumindest der beste Teil, in dem es Frische und Fröhlichkeit gegeben hatte – hinter ihr lag. Bei diesem Gedanken spürte sie ein Schuldgefühl, denn sie interpretierte ihn als Beweis, daß sie eine unbefriedigende Mutter und eine unbefriedigte Frau war. Sie haßte ihr Leben und haßte sich selbst dafür, daß sie es haßte. Sie dachte an den Text aus einem Lied, das Billy immer auflegte: »Ich gäbe alle meine Morgen für ein einziges Gestern hin.« Würde sie das auch tun? Sie hätte es gern gewußt. Aber was nützte das? Das Gestern war vorbei, es wirbelte immer weiter einen Schacht ohne Boden hinunter. Nichts von der Fülle, von der Geselligkeit konnte je wieder zurückgeholt werden.

Hoopers lächelndes Gesicht huschte an ihrem inneren Auge vorbei. Vergiß es, sagte sie sich. Es ist dumm. Schlimmer: es ist selbstzerstörerisch.

Sie überquerte die Straße und stieg in ihren Wagen. Als sie sich in den Verkehr einfädelte, sah sie Larry Vaughan an der Ecke stehen. Mein Gott, dachte sie, er sieht so elend aus, wie ich mich fühle.

7

Das Wochenende war so ruhig wie sonst nur die Wochenenden im Spätherbst. Die Strände waren gesperrt, die Polizei patrouillierte sie tagsüber ab, und Amity war praktisch ausgestorben. Hooper fuhr in Ben Gardners Boot an der Küste auf und ab, aber die einzigen Lebenszeichen, die er im Wasser bemerkte, waren Schwärme von Köderfischen und ein kleiner Schwarm Blaufische. Sonntag abend, nachdem er sich tagsüber auf der Höhe von East Hampton aufgehalten hatte – die Strände dort waren überfüllt, und es bestand die Möglichkeit, daß der Hai auftauchte, wo Menschen herumschwammen –, erklärte er Brody, er sei zu der Überzeugung gekommen, der Fisch habe sich in die Tiefsee zurückgezogen.

»Wie kommen Sie darauf?« hatte Brody gefragt.

»Kein Anzeichen von ihm«, erwiderte Hooper. »Aber andere Fische sind da. Wenn ein Großer Weißer in der Nachbarschaft wäre, würde alles andere verschwinden. Das haben Taucher bei den Weißen festgestellt: Wenn sie in der Nähe sind, herrscht unheilvolle Ruhe im Wasser.«

»Ich bin nicht ganz überzeugt«, sagte Brody. »Wenigstens nicht genug, um die Strände daraufhin freizugeben. Noch nicht.«

Er wußte, daß nach einem ergebnislosen Wochenende Druck auf ihn ausgeübt werden würde – von Vaughan, von anderen Immobilienhändlern, von Geschäftsleuten –, die Strände zu öffnen. Beinahe wünschte er, Hooper hätte den Fisch gesichtet. Das wäre wenigstens etwas Konkretes gewesen. So gab es nur einen negativen Beweis, und seinem Polizeihirn genügte das nicht.

Am Montag nachmittag saß Brody in seinem Büro, als Bixby einen Anruf von Ellen meldete.

»Entschuldige, daß ich dich störe«, sagte sie, »ich wollte bloß etwas mit dir besprechen. Was hieltest du davon, wenn wir eine Dinner-Party gäben?«

»Wozu?«

»Bloß so. Wir haben jahrelang keine gegeben. Ich kann mich nicht mal entsinnen, wann die letzte war.«

»Nein«, sagte Brody, »Ich auch nicht.« Das war eine Lüge. Er erinnerte sich nur zu gut an ihre letzte Dinner-Party: vor drei Jahren, als Ellen sich mitten in ihrem Kreuzzug zur Wiederherstellung ihrer Verbindung mit der Sommergemeinde befand. Sie hatte drei Sommerehepaare eingeladen. Es waren ganz nette Leute, entsann sich Brody, aber die Unterhaltung war steif, forciert und unerfreulich gewesen. Brody und seine Gäste hatten sich gegenseitig nach gemeinsamen Interessen oder gemeinsamen Erfahrungen abgetastet, und das war mißlungen. Nach einer Weile hatten die Gäste sich nur noch untereinander unterhalten, hatten Ellen natürlich verlegen-höflich mit einbezogen, wenn sie etwa sagte: »Oh, ich erinnere mich an ihn!« Sie war nervös und fahrig gewesen, und nachdem die Gäste gegangen waren und sie abgewaschen und zweimal zu Brody gesagt hatte: »*War* das nicht ein reizender Abend!«, hatte sie sich ins Badezimmer eingeschlossen und geweint.

»Nun, was meinst du?« fragte Ellen.

»Ich weiß nicht. Mir ist's recht, wenn du willst. Wen wirst du einladen?«

»Zuerst sollten wir Matt Hooper bitten.«

»Wieso denn? Der ißt doch im Abelard, nicht wahr? Es ist im Zimmerpreis inbegriffen.«

»Darauf kommt's nicht an, Martin. Das weißt du. Er ist allein hier und außerdem sehr nett.«

»Woher weißt du das? Ich wußte gar nicht, daß du ihn kennst.«

»Hab' ich dir's nicht erzählt? Ich begegnete ihm zufällig am Freitag in Albert Morris' Laden. Ich habe es doch bestimmt erwähnt.«

»Nein, aber macht nichts. Spielt keine Rolle.«

»Es stellte sich heraus, daß er der Bruder des Hooper ist, den ich früher mal kannte. Er erinnerte sich an viel mehr über mich, als ich mich an ihn entsinnen konnte. Aber er ist natürlich auch beträchtlich jünger.«

»Aha. Für wann hast du diesen Rummel vor?«

»Ich dachte an morgen abend. Und es wird kein Rummel werden, einfach eine nette kleine Party mit einigen Paaren. Vielleicht sechs oder acht Leute.«

»Meinst du, sie kommen auf eine so kurzfristige Einladung hin?«

»O ja. Kein Mensch tut was die Woche über. Ein paar Bridge-Parties, das ist alles.«

»Hm«, sagte Brody. »Du meinst natürlich Sommerleute.«

»Das hatte ich im Sinn. Matt würde sich in ihrer Gesellschaft sicherlich wohl fühlen. Wie wär's mit den Baxters?«

»Die kenne ich gar nicht.«

»Natürlich kennst du sie, Dummchen. Clem und Cici Baxter. Cici Davenport. Sie wohnen am Scotch. Er macht ein paar Tage Urlaub. Ich weiß es, weil ich ihn heute morgen auf der Straße sah.«

»Gut, gut. Versuch's, wenn du willst.«

»Wen noch?«

»Jemand, mit dem ich mich unterhalten kann. Die Meadows vielleicht?«

»Aber er kennt Harry schon.«

»Er kennt Dorothy nicht. Die ist ganz unterhaltsam.«

»Gut«, sagte Ellen. »Ich schätze, ein bißchen Lokalkolorit kann nicht schaden. Und Harry weiß über alles Bescheid, was sich hier abspielt.«

»Ich dachte weniger an Lokalkolorit«, sagte Brody spitz. »Es sind unsere Freunde.«

»Ich weiß. Ich habe nichts damit andeuten wollen.«

»Wenn du Lokalkolorit willst, brauchst du bloß auf die andere Seite deines Bettes zu gucken.«

»Ich *weiß*. Ich habe mich ja entschuldigt.«

»Wie wär's mit einem Mädchen?« sagte Brody. »Ich finde, du solltest ein nettes junges Ding für Hooper organisieren.«

Es entstand eine Pause, ehe Ellen erwiderte: »Wenn du meinst?«

»An sich ist es mir gleichgültig. Er wird sich aber vielleicht besser amüsieren, wenn er sich mit jemandem seines eigenen Alters unterhalten kann.«

»*So* jung ist er nun auch wieder nicht, Martin. Und wir sind nicht *so* alt. Aber gut. Ich werde sehen, ob ich auf jemanden komme, der ihm gefallen könnte.«

»Also, Wiedersehen«, sagte Brody und legte auf. Er war deprimiert, denn er sah etwas Verhängnisvolles in dieser Dinner-Party. Er war sich zwar nicht sicher, glaubte aber – und je mehr er darüber nachdachte, desto stärker wurde der Glaube –, daß Ellen einen neuerlichen Feldzug zum Wiedereintritt in die Welt unternahm, der er sie entrissen hatte, und diesmal hatte sie einen Hebel, mit dem sie ihren Eintritt erzwingen konnte: Hooper.

Am nächsten Abend kam Brody kurz nach fünf nach Hause. Ellen deckte den Tisch im Eßzimmer. Brody küßte sie auf die Wange und sagte: »Junge, Junge, ist das lange her, seit ich dieses Silber gesehen habe.« Es war Ellens Hochzeitssilber, ein Geschenk ihrer Eltern.

»Ich weiß. Hab' Stunden gebraucht, es zu polieren.«

»Und das hier?« Brody hob ein Kelchglas. »Wo hast du die her?«

»Ich habe sie im Lure gekauft.«

»Was haben sie gekostet?« Brody stellte das Glas auf den Tisch zurück.

»Nicht viel«, sagte sie, eine Serviette faltend und sie ordentlich unter eine Eßgabel und eine Salatgabel legend.

»Wieviel?«

»Zwanzig Dollar. Aber das ganze Dutzend.«

»Du nimmst es ziemlich ernst, wenn du eine Party gibst.«

»Wir hatten keine anständigen Weingläser mehr«, sagte sie defensiv. »Das letzte alte zerbrach vor Monaten, als Sean das Sideboard umkippte.«

Brody zählte die Stühle um den Tisch. »Nur sechs?« fragte er. »Nanu!«

»Die Baxters können nicht kommen. Cici rief an. Clem mußte geschäftlich in die Stadt, und sie wollte gern mit. Sie übernachten dort.« In ihrer Stimme lag etwas gekünstelt Fröhliches, eine unechte Gleichgültigkeit.

»Oh«, sagte Brody. »Zu schade.« Er wagte nicht zu zeigen, daß er sich darüber freute. »Wen hast du für Hooper aufgetan, ein nettes junges Küken?«

»Daisy Wicker. Sie arbeitet bei Gibby im Bibelot. Ein nettes Mädchen.«

»Wann kommen die Gäste?«

»Die Meadows und Daisy um halb acht. Matthew bat ich zu sieben.«

»Ich dachte, er heißt Matt.«

»Oh, das ist nur ein alter Witz, an den er mich erinnerte. Offenbar nannte ich ihn Matthew, als er jung war. Ich bat ihn, früher zu kommen, damit die Kinder ihn kennenlernen können. Ich glaube, sie werden hingerissen sein.«

Brody sah auf die Uhr. »Wenn unsere Gäste erst um halb acht kommen, bedeutet das, daß wir nicht vor halb neun oder neun essen. Wahrscheinlich bin ich bis dahin verhungert. Ich glaube, ich werde mir ein Brot machen.« Er ging auf die Küche zu.

»Stopf dich nicht voll«, sagte Ellen. »Es gibt ein köstliches Dinner.«

Brody schnüffelte die Küchengerüche, besah sich den Wirrwarr von Töpfen und Packungen und fragte: »Was kochst du?«

»Es nennt sich Schmetterlingslamm«, sagte sie. »Hoffentlich mach' ich keine Dummheiten und verpfusche es.«

»Riecht gut«, sagte Brody. »Was ist das Zeug neben der Spüle? Soll ich es ausschütten und den Topf waschen?«

Aus dem Wohnzimmer rief Ellen: »Was für Zeug?«

»Das Zeug in dem Topf.«

»Was – o mein Gott!« sagte sie und rannte in die Küche. »Wag ja nicht, es wegzuschütten.« Sie sah das Lächeln auf Brodys Gesicht. »Oh, du Ratte!« Sie gab ihm einen Klaps auf den Po. »Das ist Gazpacho. Suppe.«

»Bist du sicher, daß sie noch eßbar ist?« neckte er sie. »Sie sieht so schleimig aus.«

»So soll sie doch aussehen, du Esel.«

Brody schüttelte den Kopf. »Freund Hooper wird wünschen, im Abelard gegessen zu haben.«

»Du bist gemein«, sagte sie. »Wart erst mal, bis du sie kostest. Dann wirst du einen anderen Ton anschlagen.«

»Vielleicht. Wenn ich's erlebe.« Er lachte und ging zum Kühlschrank, er stöberte herum und fand Mettwurst und Käse für sein Brot. Er machte sich eine Dose Bier auf und ging ins Wohnzimmer. »Ich glaube, ich werde mir eine Weile die Nachrichten ansehen und dann duschen und mich umziehen«, sagte er.

»Ich habe saubere Unterwäsche für dich aufs Bett gelegt. Außerdem könntest du dich rasieren. Du hast einen häßlichen Fünf-Uhr-Schatten im Gesicht.«

»Großer Gott, wer kommt denn zum Essen – Prinz Philip und Jackie Onassis?«

»Ich möchte bloß, daß du gut aussiehst, das ist alles.«

Fünf Minuten nach sieben läutete es an der Haustür, und Brody öffnete. Er trug ein blaues Madras-Hemd, blaue Uniformhose und schwarze Korduanlederschuhe. Er fühlte sich frisch und sauber. Schick, hatte Ellen gesagt. Aber als er Hooper die Tür öffnete, fühlte er sich, wenn auch nicht zerknittert, doch zumindest deklassiert. Hooper trug ausgestellte blaue Jeans, Mokassins ohne Socken und ein rotes Lacoste-Hemd mit einem Alligator auf der Brust. Es war die Uniform der Jungen und Reichen von Amity.

»Hallo«, sagte Brody, »kommen Sie rein.«

»Hallo«, sagte Hopper. Er streckte die Hand aus, und Brody ergriff sie.

Ellen kam aus der Küche. Sie trug einen langen Batikrock, dazu eine blaue Seidenbluse und Slippers. Als Schmuck eine Kette Zuchtperlen, die Brody ihr zur Hochzeit geschenkt hatte. »Matthew«, sagte sie, »freut mich, daß Sie gekommen sind.«

»Ich freue mich, daß Sie mich eingeladen haben«, sage Hooper, Ellen die Hand schüttelnd. »Entschuldigen Sie, daß ich nicht respektabler aussehe, aber ich habe mir nur Arbeitskleidung eingepackt. Das einzige, was ich zu ihrer Ehrenrettung sagen kann – sie ist sauber.«

»Unsinn«, sagte Ellen. »Sie sehen großartig aus. Das Rot paßt ausgezeichnet zu Ihrer Sonnenbräune und Ihrem Haar.«

Hooper lachte. Er wandte sich um und sagte zu Brody: »Hätten Sie etwas dagegen, wenn ich Ellen etwas gäbe?«

»Wie meinen Sie das?« fragte Brody. Bei sich dachte er: Was, einen Kuß? Eine Schachtel Pralinen? Einen Nasenstüber?

»Ein Geschenk. Nur eine Kleinigkeit, die ich mal aufstöberte.«

»Nein, ich habe nichts dagegen«, sagte Brody, immer noch verblüfft über die Frage.

Hooper langte in die Tasche seiner Jeans und holte ein in Seidenpapier gewickeltes Päckchen heraus. Er reichte es Ellen. »Für die Gastgeberin«, sagte er, »zum Ausgleich für meinen schlampigen Anzug.«

Ellen kicherte und wickelte das Seidenpapier sorgfältig ab. Zum Vorschein kam so etwas wie ein Amulett oder ein Anhänger, etwa zweieinhalb Zentimeter breit. »Wie hübsch«, sagte sie. »Was ist das?«

»Ein Haizahn«, antwortete Hooper. »Ein Tigerhaizahn, um es genau zu sagen. Die Fassung ist Silber.«

»Wo haben Sie ihn her?«

»Aus Macao. Vor ein paar Jahren kam ich dort auf einer beruflichen Reise durch. In einer hinteren Gasse war ein kleiner Laden, in dem ein noch kleinerer Chinese sein ganzes Leben damit verbrachte, Haizähne zu polieren und die Silberkappen dafür zu formen. Ich konnte nicht widerstehen.«

»Macao«, sagte Ellen. »Ich glaube, ich könnte Macao nicht mal auf der Karte finden. Es muß faszinierend gewesen sein.«

Brody sagte: »Das liegt in der Nähe von Hongkong.«

»Jawohl«, sagte Hooper. »Jedenfalls ist ein Aberglaube damit verbunden. Wenn man so etwas bei sich trägt, ist man sicher vor einem Haibiß. Unter den gegenwärtigen Umständen hielt ich es für ganz geeignet.«

»Aber ja«, sagte Ellen. »Haben Sie auch einen?«

»Ich habe einen«, antwortete Hooper, »aber ich weiß nicht, wo ich ihn lassen soll. Ich trage nicht gern etwas um den Hals, und schleppt man einen Haizahn in der Hosentasche mit, geht man zwei ernste Risiken ein. Entweder sticht er einen ins Bein, oder er schneidet einem die Hose entzwei. Es ist, als ob man ein aufgeklapptes Messer in der Hosentasche trüge. In meinem Fall rangiert also das Praktische vor dem Aberglauben, zumindest wenn ich an Land bin.«

Ellen lachte und sagte zu Brody: »Martin, würdest du mir einen riesigen Gefallen tun und schnell nach oben gehen und mir die dünne Silberkette aus meinem Schmuckkasten bringen? Ich werde Matthews Haizahn gleich tragen.« Sie wandte sich Hooper zu und sagte: »Man weiß nicht, ob man beim Dinner nicht auf einen Hai trifft.« Brody ging zur Treppe, und Ellen sagte: »Oh, und Martin, sag doch den Jungen, sie sollen herunterkommen.«

Als Brody am Ende der Treppe um die Ecke bog, hörte er Ellen sagen: »Es ist wirklich reizend, Sie wiederzusehen.«

Brody ging ins Schlafzimmer und setzte sich auf den Bettrand. Er holte tief Atem, ballte und öffnete seine rechte Hand. Er kämpfte gegen Zorn und Verwirrung an und verlor. Er fühlte sich bedroht, als ob ein Eindringling in sein Heim gekommen wäre, der heimtückische, nicht greifbare Waffen besaß, mit denen er es nicht aufnehmen konnte: gutes Aussehen, Jugend, Weltgewandtheit und vor allem eine Gemeinsamkeit mit Ellen, die auf eine Zeit zurückging, von der Ellen wünschte, sie wäre nie zu Ende gegangen; das wußte Brody. Wenn er vorher geglaubt hatte, Ellen wolle sich Hooper zunutze machen, um andere Sommergäste zu beeindrucken, kam er jetzt zu dem Schluß, daß sie versuchte, Hooper selbst zu imponieren. Er wußte nicht, warum. Vielleicht irrte er sich. Schließlich hatten Ellen und Hooper sich vor langer Zeit gekannt. Vielleicht schloß er zuviel daraus, und zwei alte Freunde versuchten nur, sich wieder näherzukommen. Freunde? Verdammt, Hooper mußte zehn Jahre jünger sein als Ellen, oder fast. Warum also benahm sie sich so hochgestochen! Es erniedrigte sie, dachte Brody; und es erniedrigte Brody, daß Ellen mit ihrer Haltung versuchte, ihr Leben mit ihm zu verleugnen.

»Zum Teufel!« sagte er laut. Er stand auf, zog eine Schublade im Toilettentisch auf und wühlte darin, bis er Ellens Schmuckkasten fand. Er nahm die Silberkette heraus, schloß die Schublade und ging wieder in die Diele. Er steckte den Kopf ins Zimmer der Jungen, sagte: »Kommt, Kameraden!« und ging nach unten.

Ellen und Hooper saßen, jeder an einem Ende, auf der Couch, und als Brody ins Wohnzimmer trat, hörte er Ellen sagen: »Wäre es Ihnen lieber, wenn ich Sie nicht Matthew nenne?«

Hooper lachte und erwiderte: »Mir ist es gleich. Es weckt natürlich Erinnerungen, und trotz allem, was ich neulich sagte, ist das nicht übel.«

Neulich? dachte Brody. In dem Eisenwarengeschäft? Das muß eine ziemlich lange Unterhaltung gewesen sein. »Da«, sagte er zu Ellen und gab ihr die Kette.

»Danke«, sagte sie. Sie hakte die Perlenkette ab und warf sie auf das Kaffeetischchen. »Bitte, Matthew, zeigen Sie mir, wie das gemacht werden soll.« Brody nahm die Perlenschnur vom Tisch und steckte sie in die Tasche.

Die Jungen kamen hintereinander die Treppe herunter, sauber in Sporthemden und Hosen gekleidet. Ellen legte sich die Silberkette um den Hals, lächelte Hooper zu und sagte: »Kommt her, Jungs. Begrüßt Mr. Hooper. Das ist Billy Brody. Billy ist vierzehn.« Billy gab Hooper die Hand. »Und das ist Martin junior. Er ist zwölf. Und das ist Sean. Er ist neun . . . beinahe neun. Mr. Hooper ist Meereskundler.«

»Eigentlich Fischkundler«, warf Hooper ein.

»Was ist das?« fragte Martin junior.

»Ein Zoologe, der sich auf das Leben der Fische spezialisiert.«

»Was ist ein Zoologe?« fragte Sean.

»Das weiß ich«, sagte Billy. »Das ist einer, der Tiere erforscht.«

»Richtig«, sagte Hooper. »Prima.«

»Werden Sie den Hai fangen?« fragte Martin.

»Ich versuche erst mal, ihn zu finden«, entgegnete Hooper. »Aber ich weiß nicht, vielleicht ist er schon fort.«

»Haben Sie je einen Hai gefangen?«

»Ja, aber keinen so großen wie diesen.«

Sean fragte: »Legen Haie Eier?«

»Das, junger Mann, ist eine kluge Frage und außerdem eine sehr komplizierte. Nicht wie ein Huhn, wenn du das meinst. Aber ja, einige Haie haben Eier.«

Ellen sagte: »Nun laßt Mr. Hooper ein bißchen verschnaufen, Herrschaften.« Sie wandte sich an Brody. »Martin, könntest du uns einen Drink mixen?«

»Natürlich«, sagte Brody. »Was soll's sein?«

»Ein Gin und Tonic wäre großartig«, sagte Hooper.

»Und du, Ellen?«

»Hm – ich glaube, ich trinke Wermut on the Rocks.«

»He, Mom«, sagte Billy. »Was hast du da um den Hals?«

»Einen Haizahn, Lieber. Mr. Hooper schenkte ihn mir.«

»Oh, das ist ja toll. Kann ich mal sehen?«

Brody ging in die Küche. Der Alkohol wurde in einem Wandschränkchen über der Spüle aufbewahrt. Die Tür klemmte. Er riß an dem Metallgriff, der ging ab und blieb ihm in der Hand. Ohne zu überlegen, warf er ihn in den Abfalleimer. Dann nahm er einen Schraubenzieher aus einer Schublade und brach die Tür des Schränkchens auf. Wermut. Was, zum Teufel, hatte die Flasche für eine Farbe? Niemand trank Wermut on the Rocks. Wenn Ellen etwas trank, und das war selten, dann Whisky und Ginger. Grün. Da war's, ganz hinten. Brody packte die Flasche, drehte die Kapsel auf und roch. Es roch wie einer dieser billigen, fruchtigen Weine für neunundsechzig Cents der Liter.

Brody machte die beiden Drinks und mixte sich dann selbst einen Whisky mit Ginger. Aus Gewohnheit maß er zuerst den Whisky mit einem Schnapsgläschen, besann sich dann aber und goß das Glas ein Drittel voll. Darauf gab er Ginger Ale, tat ein paar Eiswürfel hinein und langte nach den beiden anderen Gläsern. Die einzig praktische Art, sie in einer Hand zu tragen, war, eines mit dem Daumen und den letzten drei Fingern zu greifen und dann das andere gegen das erste abzustützen, indem man den Zeigefinger ins Glas hineinsteckte. Er nahm einen Schluck aus seinem eigenen Glas und ging ins Wohnzimmer zurück.

Billy und Martin hatten sich mit Ellen und Hooper auf der Couch zusammengedrängt. Sean saß auf dem Boden. Brody hörte Hooper etwas von seinem Schwein erzählen, und Martin sagte: »Toll!«

»Hier«, sagte Brody und reichte Ellen das vordere Glas – in dem er den Finger hatte.

»Kein Trinkgeld für dich, mein Junge«, sagte sie. »Ein Glück, daß du nicht Kellner werden wolltest.«

Brody sah sie an, überlegte sich eine Reihe grober Bemerkungen, ließ es aber dann bei »Verzeihung, Herzogin«, bewenden. Er gab Hooper das andere Glas und sagte: »Ich glaube, das meinten Sie.«

»Großartig. Danke.«

»Matt erzählte uns soeben von einem Hai, den er gefangen hat«, sagte Ellen. »Er hatte fast ein ganzes Schwein drin.«

»Tatsächlich?« sagte Brody und setzte sich auf einen Stuhl gegenüber der Couch.

»Und das ist noch nicht alles, Dad«, sagte Martin. »Es war noch eine Rolle Dachpappe drin.«

»Und ein menschlicher Knochen«, sagte Sean.

»Ich sagte, es sah wie ein menschlicher Knochen aus«, fiel Hooper ein. »Man konnte es damals nicht einwandfrei feststellen. Es hätte auch eine Rinderrippe sein können.«

Brody sagte: »Ich dachte, ihr Naturwissenschaftler könntet solche Dinge sofort bestimmen.«

»Nicht immer«, entgegnete Hooper. »Besonders, wenn es nur ein rippenähnliches Knochenstück ist.«

Brody nahm einen großen Schluck und sagte: »Oh.«

»He, Dad«, sagte Billy, »weißt du, wie ein Tümmler einen Hai tötet?«

»Mit einer Pistole?«

»Nein, Mann, er stößt ihn zu Tode. Das sagt Mr. Hooper.«

»Phantastisch«, sagte Brody und leerte sein Glas. »Ich schenk' mir noch einen ein. Noch jemand?«

»An einem Wochentag?« sagte Ellen. »Oje!«

»Warum nicht? Schließlich geben wir nicht jeden Abend eine gottverdammte Dinner-Party.« Er ging auf die Küche zu, wurde aber durch das Klingeln der Haustürglocke aufgehalten. Er öffnete die Tür und sah Dorothy Meadows, klein und schmächtig, wie immer in einem dunkelblauen Kleid mit einer einreihigen Perlenschnur. Hinter ihr stand ein Mädchen, von dem Brody annahm, daß es Daisy Wicker war – ein großes schlankes Mädchen mit langem, glattem Haar. Sie trug Hose und Sandalen und kein Make-up. Als letzter kam der unverkennbare, massige Harry Meadows.

»Hallo«, sagte Brody. »Immer herein!«

»Guten Abend, Martin«, sagte Dorothy Meadows. »Wir trafen Miss Wicker, als wir in die Auffahrt einbogen.«

»Ich ging zu Fuß«, sagte Daisy Wicker. »Es war nett.«

»Tüchtig, tüchtig. Kommen Sie herein. Ich bin Martin Brody.«

»Ich weiß, ich habe Sie am Steuer Ihres Wagens gesehen. Sie müssen einen interessanten Beruf haben.«

Brody lachte. »Ich würde Ihnen gern alles darüber erzählen, aber ich fürchte, Sie würden dabei einschlafen.«

Brody führte sie ins Wohnzimmer und reichte sie an Ellen weiter, damit sie sie mit Hooper bekannt machte. Er nahm ihre Wünsche entgegen – Bourbon on the Rocks für Harry, Klubsoda mit einem Tropfen Zitrone für Dorothy und einen Gin und Tonic für Daisy Wicker. Doch ehe er ihre Drinks mixte, machte er einen neuen für sich und nippte daran, während er die anderen zubereitete. Als er soweit war, ins Wohnzimmer zurückzugehen, hatte er seinen Drink etwa halb ausgetrunken, worauf er noch einen großzügigen Schluck Whisky und einen Schuß Ginger Ale zugoß.

Zuerst brachte er Dorothy und Daisy die Getränke und ging in die Küche zurück, um die Gläser für die Meadows und für sich zu holen. Er nahm gerade einen letzten Schluck, ehe er wieder hineinging, als Ellen in die Küche kam.

»Meinst du nicht, du solltest etwas weniger Tempo vorlegen?« fragte sie.

»Ich fühle mich wohl«, sagte er. »Mach dir um mich keine Sorgen.«

»Du bist nicht gerade liebenswürdig.«

»Nein? Ich dachte, ich sei bezaubernd.«

»Wohl kaum.«

Er lächelte sie an und sagte: »Verdammter Mist«, aber während er es sagte, merkte er, daß sie recht hatte: Er mußte sich mit dem Trinken zurückhalten. Er ging ins Wohnzimmer.

Die Kinder waren nach oben gegangen. Dorothy Meadows saß

neben Hooper auf der Couch und plauderte mit ihm über seine Arbeit in Woods Hole. Meadows im Stuhl gegenüber hörte schweigend zu. Daisy Wicker stand allein auf der anderen Seite des Zimmers neben dem Kamin und blickte sich mit einem unterdrückten Lächeln auf dem Gesicht um. Brody reichte Meadows sein Getränk und schlenderte zu Daisy hinüber.

»Sie lächeln«, sagte er.

»Ich? Hab' ich gar nicht gemerkt.«

»Denken Sie an etwas Komisches?«

»Nein. Ich glaube, ich war einfach interessiert. Ich bin noch nie im Haus eines Polizisten gewesen.«

»Was haben Sie erwartet? Gitterfenster? Wachen vor der Tür?«

»Nein, nein. Ich war nur neugierig.«

»Und zu welchem Schluß sind Sie gekommen? Es sieht wie das Haus eines normalen Menschen aus, nicht wahr?«

»J-a, so ungefähr.«

»Was soll das heißen?«

»Nichts.«

»Mhmm.«

Sie nippte an ihrem Getränk und sagte: »Sind Sie gern bei der Polizei?«

Brody konnte nicht ausmachen, ob etwas Feindseliges in der Frage lag oder nicht. »Ja«, antwortete er. »Es ist ein guter Beruf, und er hat einen Sinn.«

»Und welchen Sinn?«

»Was denken Sie wohl?« fragte er leicht gereizt. »Gesetz und Ordnung aufrechtzuerhalten.«

»Kommen Sie sich nicht entfremdet vor?«

»Warum, zum Teufel, sollte ich mir entfremdet vorkommen? Entfremdet wem gegenüber?«

»Den Menschen. Ich meine, das einzige, was Ihr Leben rechtfertigt, ist, den Leuten zu sagen, was sie nicht tun dürfen. Finden Sie das nicht grotesk?«

Einen Augenblick glaubte Brody, er werde verhöhnt, aber das Mädchen lächelte oder grinste nicht, hielt auch seinen Blick aus. »Nein, ich finde es nicht grotesk«, sagte er. »Ich sehe nicht ein, weshalb ich meinen Beruf grotesker finden sollte als Sie den Ihren bei dieser Firma Wie-heißt-sie-gleich.«

»Bibelot.«

»Ja. Was verkaufen Sie denn da?«

»Wir verkaufen den Leuten ihre Vergangenheit. Das gibt ihnen Trost.«

»Was meinen Sie mit ›ihre Vergangenheit‹?«

»Antiquitäten. Sie werden von Menschen gekauft, die ihre Gegenwart hassen und die Sicherheit ihrer Vergangenheit brauchen. Oder wenn nicht ihrer Vergangenheit, so die anderer. In dem Augenblick, in dem sie sie kaufen, wird sie die ihre. Ich wette, das ist auch für Sie wichtig.«

»Was, die Vergangenheit?«

»Nein, die Sicherheit. Ist das nicht eines der gewichtigen Dinge im Beruf eines Polypen?«

Brody warf einen Blick durchs Zimmer und stellte fest, daß Meadows' Glas leer war. »Entschuldigen Sie mich«, sagte er. »Ich muß mich um die anderen Gäste kümmern.«

»Natürlich. Es war nett, sich mit Ihnen zu unterhalten.«

Brody nahm Meadows' Glas und sein eigenes in die Küche. Ellen füllte eine Schale mit Tortilla Chips.

»Wo, zum Teufel, hast du dieses Mädchen aufgetrieben?« fragte er. »Unter einem Felsen?«

»Wen? Daisy? Ich sagte dir doch, sie ist bei Bibelot.«

»Hast du dich je mit ihr unterhalten?«

»Ein bißchen. Sie scheint sehr nett und intelligent zu sein.«

»Sie ist ein Alptraum. Wie einige dieser Burschen, die wir hochgehen lassen, wenn sie uns auf dem Revier frech kommen.« Er mixte einen Drink für Meadows und goß sich dann selbst einen ein. Er blickte auf und sah, daß Ellen ihn anstarrte. »Was ist eigentlich mit dir los?« fragte sie.

»Ich mag fremde Leute nicht, die mich in meinem eigenen Haus beleidigen.«

»Ehrlich gesagt, Martin, ich bin sicher, daß sie dich nicht beleidigen wollte. Wahrscheinlich war sie nur offen. Offenheit ist heute ›in‹, weißt du.«

»Nun, wenn sie mir gegenüber noch offener wird, dann fliegt sie raus, das kann ich dir sagen.« Er nahm die beiden Gläser und ging auf die Tür zu.

Ellen sagte: »Martin . . .«, und er blieb stehen. »Mir zuliebe . . . bitte.«

»Keine Sorge. Alles wird großartig gehen. Wie es in den Werbetexten heißt: *Beruhigen Sie sich.*«

Er füllte Hoopers und Daisy Wickers Gläser wieder, jedoch

nicht sein eigenes Glas. Dann setzte er sich und nippte an seinem Getränk, während Meadows Daisy eine lange Geschichte erzählte. Brody fühlte sich wohl – sehr wohl, tatsächlich – und wußte, wenn er vor dem Dinner nichts mehr trank, würde er sich weiter großartig fühlen.

Um halb neun brachte Ellen die Suppentassen aus der Küche und stellte sie auf den Tisch. »Martin«, sagte sie, »würdest du bitte den Wein öffnen, ich weise inzwischen unseren Gästen die Plätze an.«

»Wein?«

»In der Küche sind drei Flaschen. Ein Weißwein im Kühlschrank und zwei Rote auf dem Tisch. Am besten, du machst sie alle auf. Die Roten brauchen Sauerstoff.«

»Natürlich«, sagte Brody aufstehend. »Wer braucht den nicht?«

»Oh, und der *tire-bouchin* liegt auf dem Tisch neben den Rotweinflaschen.«

»Der was?«

Daisy Wicker sagte: »Es heißt *tire-bouchon*. Korkenzieher.«

Schadenfroh sah Brody Ellen rot werden, denn das befreite ihn aus seiner eigenen Verlegenheit. Er fand den Korkenzieher und machte sich an die beiden Rotweinflaschen. Den einen Korken zog er sauber heraus, aber der andere bröckelte beim Herausziehen, und Stückchen fielen in die Flasche. Er nahm die Weißweinflasche aus dem Kühlschrank, und als er sie entkorkte, brach er sich fast die Zunge beim Aussprechen des Namens ab: Montrachet. Schließlich brachte er es zu einer seiner Meinung nach akzeptablen Aussprache, wischte die Flasche mit einem Küchentuch trocken und nahm sie ins Eßzimmer.

Ellen saß am Tischende, der Küche am nächsten. Hooper saß links von ihr, Meadows rechts. Neben Meadows Daisy Wicker, dann kam ein leerer Platz für Brody am anderen Tischende, und gegenüber Daisy saß Dorothy Meadows.

Brody nahm die linke Hand auf den Rücken und schenkte, über Ellens rechte Schulter gebeugt, ein. »Ein Glas Mount Ratchet«, sagte er. »Sehr gutes Jahr, 1970. Ich erinnere mich gut daran.«

»Genug«, sagte Ellen und schnippte den Flaschenhals nach oben. »Nicht so voll!«

»Verzeihung«, sagte Brody und goß Meadows als nächstem ein.

Als Brody überall eingeschenkt hatte, setzte er sich. Er besah sich die vor ihm stehende Suppe. Dann blickte er verstohlen um sich und stellte fest, daß die anderen sie tatsächlich aßen: Es war kein Witz. Also nahm er einen Löffel voll. Sie war kalt und schmeckte überhaupt nicht nach Suppe, aber schlecht war sie nicht.

»Ich liebe Gazpacho«, sagte Daisy, »aber es ist so umständlich, sie zu kochen, daß ich sie nicht oft mache.«

»Mmmmmm«, meinte Brody, seine Suppe löffelnd.

»Essen Sie sie oft?«

»Nein, nicht sehr.«

»Haben Sie je G und G versucht?«

»Kann ich nicht behaupten.«

»Sollten Sie aber mal. Natürlich kann es sein, daß sie Ihnen nicht schmeckt, weil sie gesetzwidrig ist.«

»Sie meinen, das Zeug zu essen ist gesetzwidrig? Wieso? Was ist es denn?«

»Gras und Gazpacho. Statt Kräuter streut man etwas Marihuana darüber. Dann raucht man ein bißchen, ißt ein bißchen, raucht ein bißchen, ißt ein bißchen. Es ist wirklich irre.«

Es dauerte einen Augenblick, bis Brody merkte, wovon sie redete, und selbst als er begriff, antwortete er nicht sofort. Er kippte seine Tasse, löffelte den Rest Suppe heraus, trank seinen Wein in einem Schluck aus und wischte sich den Mund mit der Serviette. Dann sah er Daisy an, die ihn freundlich anlächelte, und Ellen, die über eine Bemerkung Hoopers lachte.

»Wirklich«, sagte Daisy.

Brody beschloß, sich zusammenzunehmen – onkelhaft zwar und keineswegs verärgert, aber zurückhaltend, um Ellen nicht zu verstimmen. »Wissen Sie«, sagte er, »ich finde nicht . . .«

»Ich wette, Matt hat schon eine versucht.«

»Vielleicht. Ich verstehe aber nicht, was das . . .«

Daisy hob die Stimme und sagte: »Matt, entschuldigen Sie.« Die Unterhaltung am anderen Tischende brach ab. »Ich wollte bloß wissen: Haben Sie je G und G versucht? Übrigens, Mrs. Brody, das ist eine großartige Gazpacho.«

»Danke«, sagte Ellen. »Aber was ist G und G?«

»Ich hab' mal eine versucht«, sagte Hooper. »Aber mir eigentlich nie was draus gemacht.«

»Das müssen Sie mir erzählen«, sagte Ellen. »Was ist es?«

»Matt wird es Ihnen erklären«, sagte Daisy, und in dem Augenblick, als Brody sich zu ihr umwandte, um etwas zu sagen, beugte sie sich zu Meadows hinüber und sagte: »Erzählen Sie mir mehr über den Grundwasserspiegel.«

Brody stand auf und räumte die Suppentassen ab. Als er in die Küche ging, spürte er einen leichten Anflug von Übelkeit und Schwindel, und Schweiß trat ihm auf die Stirn. Als er dann die Tassen in die Spüle stellte, war das Gefühl schon vorüber.

Ellen folgte ihm in die Küche und band sich eine Schürze um. »Ich werde Hilfe beim Tranchieren brauchen«, meinte sie.

»Klar«, sagte Brody und suchte in einer Schublade nach dem Tranchierbesteck. »Was hältst du eigentlich davon?«

»Wovon?«

»Dieser G-und-G-Masche. Hat Hooper dir erklärt, was es ist?«

»Ja. Ziemlich komisch, nicht wahr? Ich muß schon sagen, es klingt schmackhaft.«

»Woher willst du das wissen?«

»Du weißt nie, was wir Damen tun, wenn wir uns im Krankenhaus zusammensetzen. Da, schneid auf.« Mit einer zweizinkigen Gabel hob sie den Lammbraten auf ein Tranchierbrett. »Scheiben etwa dreiviertel Zoll dick, wenn du kannst – wie man ein Steak schneidet.«

In einem hatte dieses Luder Wicker recht, dachte Brody, als er das Fleisch schnitt: Ich fühle mich im Augenblick wirklich entfremdet. Eine Scheibe Fleisch fiel ab, und Brody sagte: »He, ich dachte, das sei Lamm.«

»Ist es auch.«

»Es ist nicht mal durch. Da, schau dir das an.« Er hielt die Scheibe hoch, die er abgeschnitten hatte. Sie war rosa und in der Mitte fast rot.

»So soll es sein.«

»Aber nicht bei Lamm. Lamm soll durch sein, gut durch.«

»Martin, glaube mir. Es ist richtig, Schmetterlingslamm halb durchzubraten. Glaube mir.«

Brody hob die Stimme: »Ich esse kein rohes Lamm!«

»Psst! Um Himmels willen. Kannst du nicht leiser sprechen?«

Brody sagte heiser flüsternd: »Dann tu das gottverdammte Ding zurück, bis es durch ist.«

»Es ist durch!« sagte Ellen. »Wenn du es nicht essen willst, dann laß es, aber so werde ich es auf den Tisch bringen.«

»Dann tranchiere es selbst.« Brody warf Messer und Gabel auf das Tranchierbrett, nahm die zwei Flaschen Rotwein und ging aus der Küche.

»Es wird noch eine kurze Weile dauern«, sagte er, an den Tisch tretend, »bis die Köchin unser Dinner gekillt hat. Sie wollte es auftragen, wie es war, aber es war noch lebendig genug, um sie zu beißen.« Er hob eine Flasche Wein über eines der sauberen Gläser und sagte: »Ich frage mich, warum man Rotwein nicht im selben Glas, in dem Weißwein war, servieren darf.«

»Das Bukett«, sagte Meadows, »paßt nicht zusammen.«

»Sie wollen sagen, es gibt Blähungen.« Brody füllte die sechs Gläser und setzte sich. Er nahm einen kleinen Schluck Wein, sagte: »Gut«, nahm dann noch einen und noch einen. Dann füllte er sein Glas wieder.

Ellen kam mit dem Tranchierbrett aus der Küche. Sie stellte es auf das Büfett neben einen Stapel Teller. Dann ging sie wieder in die Küche und kam mit zwei Schüsseln Gemüse zurück. »Ich hoffe, es ist gut«, sagte sie. »Ich habe es noch nicht probiert.«

»Was ist es denn?« fragte Dorothy Meadows. »Es duftet köstlich.«

»Schmetterlingslamm. Mariniert.«

»Ja? Was ist in der Marinade?«

»Ingwer, Sojasauce, ein Haufen anderer Sachen.« Sie legte eine dicke Scheibe Lamm, etwas Spargel und Kürbis auf jeden Teller und reichte die Teller Meadows, der sie um den Tisch herum weitergab.

Als jeder bedient war und Ellen sich gesetzt hatte, hob Hooper sein Glas und sagte: »Ein Toast auf die Köchin!«

Die anderen hoben die Gläser, und Brody sagte: »Viel Glück.«

Meadows nahm einen Bissen Fleisch, kaute es, schmeckte es und sagte: »Phantastisch. Es ist wie das zarteste Steak, nur besser. Was für ein wunderbares Aroma.«

»Da Sie es sagen, Harry«, meinte Ellen, »ist es ein besonderes Kompliment.«

»Es ist köstlich«, sagte Dorothy. »Versprechen Sie, mir das Rezept zu geben? Harry wird mir nie verzeihen, wenn ich ihm das nicht mindestens einmal pro Woche vorsetze.«

»Dann soll er lieber eine Bank ausrauben«, sagte Brody.

»Aber es ist doch delikat, Martin, finden Sie nicht?«

Brody antwortete nicht. Er hatte gerade angefangen, ein Stück

Fleisch zu kauen, als eine neue Welle von Übelkeit in ihm hochkam. Und wieder trat ihm der Schweiß auf die Stirn. Er kam sich entrückt vor, als würde sein Körper von jemand anderem kontrolliert. Eine panische Angst ergriff ihn. Seine Gabel fühlte sich schwer an, und einen Augenblick fürchtete er, sie würde ihm aus den Fingern gleiten und klappernd auf den Tisch fallen. Er packte sie fester. Er war sicher, daß seine Zunge ihn im Stich lassen würde, wenn er zu sprechen versuchte. Es war natürlich der Wein. Es mußte der Wein sein. Mit übertriebener Genauigkeit langte er nach seinem Weinglas und schob es von sich weg. Er fuhr mit den Fingern auf dem Tischtuch entlang, um die Möglichkeit, das Glas umzuwerfen, auf ein Mindestmaß zu reduzieren. Dann lehnte er sich zurück und holte tief Atem. Sein Blick verschwamm. Er versuchte, seine Augen auf ein Gemälde über Ellens Kopf scharf einzustellen, wurde aber von dem Bild Ellens in Unterhaltung mit Hooper abgelenkt. Jedesmal, wenn sie etwas sagte, berührte sie Hooper am Arm – leicht, aber, wie Brody glaubte, vertraut, als tauschten sie Geheimnisse aus. Er hörte nicht, was die anderen sagten. Das letzte, was er gehört hatte, war: »Finden Sie nicht?« Vor wie langer Zeit war das? Wer hatte es gesagt? Er wußte es nicht. Er sah Meadows an, der sich angeregt mit Daisy unterhielt. Dann sah er Dorothy an und sagte dumpf: »Ja.«

»Was sagten Sie, Martin?« Sie blickte auf. »Sagten Sie etwas?«

Er konnte nicht sprechen. Er wollte aufstehen und in die Küche gehen, aber er traute seinen Beinen nicht. Er würde es nie schaffen, ohne sich irgendwo festzuhalten. Bleib einfach sitzen, sagte er sich. Es wird vorbeigehen.

Und es ging vorbei. Sein Kopf wurde wieder klar, Ellen berührte Hooper abermals. Reden und berühren, reden und berühren. »Junge, ist das heiß!« sagte er. Er stand auf und ging vorsichtig, aber fest auf den Beinen zu einem Fenster und riß es auf. Er lehnte sich an den Sims und drückte das Gesicht gegen das Fliegengitter. »Schöne Nacht«, sagte er. Dann richtete er sich auf. »Ich hole mir nur ein Glas Wasser.« Er ging in die Küche und schüttelte den Kopf, drehte den Kaltwasserhahn auf und rieb sich die Stirn mit Wasser. Er füllte das Glas und trank es aus, dann füllte er es wieder und leerte es. Ein paarmal holte er tief Atem, ging ins Eßzimmer zurück und setzte sich. Er warf einen Blick auf das Essen auf seinem Teller. Dann unterdrückte er einen Schauder und lächelte Dorothy an.

»Will noch jemand etwas?« fragte Ellen. »Es ist noch viel da.«

»Jawohl«, sagte Meadows. »Aber geben Sie lieber zuerst den anderen. Wenn ich mir selbst überlassen wäre, würde ich alles aufessen.«

»Und wissen Sie, was Sie morgen sagen würden?« fragte Brody.

»Nun?«

Brody sagte ernst und mit tiefer Stimme: »Ich kann nicht glauben, daß ich alles aufaß.«

Meadows und Dorothy lachten, und Hooper sagte mit hoher Fistelstimme. »Nein, Ralph, *ich* aß es.« Da lachte sogar Ellen. Es würde alles gutgehen.

Als der Nachtisch serviert wurde – Kaffee-Eis in Kakao-Creme –, fühlte Brody sich wieder wohl. Er nahm sich zweimal Eiscreme, plauderte liebenswürdig mit Dorothy und lächelte, als Daisy ihm eine Geschichte von dem letzten Thanksgiving-Truthahn erzählte, in dessen Füllung sie Marihuana getan hatte.

»Mein einziger Kummer war«, sagte Daisy, »daß meine unverheiratete Tante mich am Thanksgiving-Morgen anrief und fragte, ob sie zum Dinner kommen könne. Der Truthahn war schon gemacht und gefüllt.«

»Was passierte?« fragte Brody.

»Ich versuchte, ihr ein Stück Truthahn ohne Füllung unterzuschieben, aber sie bat ausdrücklich darum, da sagte ich mir, ach was, und gab ihr einen großen Löffel voll.«

»Und?«

»Gegen Ende der Mahlzeit kicherte sie wie ein kleines Mädchen. Sie wollte sogar tanzen. Zu *Hair*.«

»Ein Glück, daß ich nicht da war«, meinte Brody. »Sonst hätte ich Sie wegen sittlicher Gefährdung einer Jungfrau verhaftet.«

Sie tranken den Kaffee im Wohnzimmer, und Brody bot Getränke an, doch nur Meadows nahm an. »Einen winzigen Brandy, wenn Sie einen haben«, sagte er.

Brody sah Ellen an, als wollte er fragen, haben wir welchen? »Im Schrank, glaube ich«, sagte sie.

Brody schenkte Meadows ein und spielte kurz mit dem Gedanken, auch sich einen einzuschenken. Aber er widerstand und sagte sich: Überspann den Bogen nicht.

Kurz nach zehn gähnte Meadows und sagte: »Dorothy, ich

glaube, wir sollten uns jetzt empfehlen. Ich kann das Vertrauen der Öffentlichkeit in mich nicht zu sehr strapazieren.«

»Ich muß auch aufbrechen«, sagte Daisy. »Muß um acht bei der Arbeit sein. Obgleich wir augenblicklich nicht sehr viel verkaufen.«

»Sie sind nicht die einzige, meine Liebe«, sagte Meadows.

»Ich weiß. Aber wenn man auf Provision arbeitet, spürt man es wirklich.«

»Nun, hoffen wir, daß das Schlimmste vorüber ist. Nach unserem Fachmann hier zu schließen, besteht gute Aussicht, daß der Leviathan fort ist.« Meadows stand auf.

»Aussicht«, sagte Hooper. »Hoffentlich.« Er stand auf, um zu gehen. »Ich sollte mich jetzt auch auf den Weg machen.«

»Oh, gehen Sie noch nicht!« sagte Ellen zu Hooper. Die Worte kamen viel lauter heraus, als sie beabsichtigt hatte. Statt einer freundlichen Bitte klangen sie wie ein schriller Einspruch. Sie war verlegen und fügte schnell hinzu: »Ich meine, es ist noch nicht spät, erst zehn.«

»Ich weiß«, sagte Hooper. »Aber wenn das Wetter morgen einigermaßen gut ist, möchte ich früh aufs Wasser. Außerdem habe ich einen Wagen und kann Daisy auf dem Heimweg absetzen.«

Daisy sagte: »Das wäre reizend.« Ihre Stimme klang wie üblich ton- und farblos, deutete nichts an.

»Die Meadows können sie absetzen«, sagte Ellen.

»Stimmt«, sagte Hooper, »aber ich sollte wirklich gehen, damit ich früh aufstehen kann. Vielen Dank jedenfalls für die freundliche Absicht.«

An der Haustür verabschiedeten sie sich – flüchtige Komplimente, überfließende Dankesworte. Hooper war der letzte, und als er Ellen die Hand hinhielt, nahm sie sie in beide Hände und sagte: »Vielen, vielen Dank für den Haizahn.«

»Nichts zu danken. Es freut mich, daß er Ihnen gefällt.«

»Und Dank auch, daß Sie so nett zu den Kindern waren. Sie waren ganz begeistert, Sie kennenzulernen.«

»Ich auch. Aber es war ein bißchen sonderbar. Ich muß etwa in Seans Alter gewesen sein, als ich Sie damals kannte. Sie haben sich nicht sehr verändert.«

»Nun, *Sie* bestimmt.«

»Hoffentlich. Ich wäre nicht gern mein Leben lang neun.«

»Werden wir Sie noch einmal sehen, ehe Sie abfahren?«

»Verlassen Sie sich darauf.«

»Wunderbar.« Sie ließ seine Hand los. Er sagte schnell gute Nacht zu Brody und ging zu seinem Wagen.

Ellen wartete an der Haustür, bis der letzte Wagen die Auffahrt hinuntergefahren war, dann schaltete sie das Außenlicht aus. Wortlos begann sie, die Gläser, Kaffeetassen und Aschenbecher aus dem Wohnzimmer abzuräumen.

Brody trug das restliche Geschirr vom Nachtisch in die Küche, stellte es in die Spüle und sagte: »Nun, das ist gutgegangen.« An sich meinte er mit dieser Bemerkung nichts und suchte nur mechanisch Zustimmung.

»Nein, dank dir«, sagte Ellen.

»Was?«

»Du warst schrecklich.«

»War ich?« Er war aufrichtig überrascht über die Heftigkeit ihres Angriffs. »Ich weiß, ich wurde einen Augenblick ein bißchen überempfindlich, aber ich glaube nicht –«

»Den ganzen Abend über warst du schrecklich.«

»Das ist glatter Unsinn!«

»Du wirst noch die Kinder wecken.«

»Ist mir vollkommen wurscht. Ich lasse mir nicht gefallen, daß du deine Komplexe los wirst, indem du mir erzählst, ich sei ein Scheißkerl.«

Ellen lächelte bitter. »Siehst du? Du fängst schon wieder an.«

»Wieso fange ich schon wieder an? Wovon redest du?«

»Ich will nicht darüber sprechen.«

»Genau. Du willst nicht darüber sprechen. Hör mal zu ... Okay, ich hatte unrecht mit dem gottverdammten Fleisch. Ich hätte nicht meckern sollen. Entschuldige. Jetzt ...«

»Ich sagte, ich will nicht darüber sprechen!«

Brody war zu einem Streit bereit, aber er hielt sich zurück, denn er war nüchtern genug, um zu begreifen, daß seine einzigen Waffen Grausamkeit und boshafte Stiche waren und Ellen den Tränen nahe war. Und Tränen, ob im Orgasmus oder im Zorn vergossen, brachten ihn aus der Fassung. Er sagte also nur: »Schon gut, es tut mir leid.« Er ging aus der Küche und die Treppe hinauf.

Im Schlafzimmer, während er sich auszog, kam ihm der Gedanke, daß die Ursache all dieser Unstimmigkeit, die Quelle des ganzen Schlamassels, ein Fisch war: ein hirnloses Biest, das er noch nie gesehen hatte. Über die Lächerlichkeit des Gedankens grinste er.

Er kroch ins Bett, und kaum war sein Kopf auf das Kissen gesunken, fiel er in einen traumlosen Schlaf.

Ein Junge und seine Freundin saßen Bier trinkend am Ende der langen Mahagonibar im Randy Bear. Der Junge war achtzehn und der Sohn des Apothekenbesitzers von Amity.

»Mal wirst du's ihm sagen müssen«, meinte das Mädchen.

»Weiß ich. Und wenn ich's tue, wird er überschnappen.«

»Du kannst doch nichts dafür.«

»Weißt du, was er sagen wird? Ich hätte schuld. Ich müsse etwas verbrochen haben, sonst hätten sie mich behalten und jemand anderen rausgeschmissen.«

»Aber sie feuerten eine Menge Jungs.«

»Sie behielten auch eine Menge.«

»Wie entschieden sie, wen sie behalten wollten?«

»Sagten sie nicht. Sie sagten bloß, sie bekämen nicht genug Gäste, um eine große Belegschaft zu rechtfertigen, sie würden also einigen von uns kündigen. Junge, Junge, mein Alter fährt glatt durch den Schornstein.«

»Kann er sie nicht anrufen? Er muß doch jemanden kennen. Wenn er sagt, du brauchst das Geld fürs College . . .«

»Das würde er nicht tun. Das wäre Betteln.« Der Junge trank sein Bier aus. »Es gibt nur eines für mich! Mit Hasch handeln.«

»O Michael, tu das nicht. Es ist zu gefährlich. Du könntest ins Gefängnis kommen.«

»Was für eine Wahl!« sagte der Junge bitter. »College oder Gefängnis.«

»Was würdest du deinem Vater sagen?«

»Weiß ich noch nicht. Vielleicht sage ich ihm, ich verkaufe Gürtel.«

8

Brody erwachte mit einem Ruck, von einem Signal aufgeschreckt, das ihm sagte, daß etwas nicht stimmte. Er streckte den Arm zu Ellen hinüber aus. Sie war nicht da. Er setzte sich auf und sah sie im Sessel neben dem Fenster sitzen. Regen klatschte gegen die Fensterscheiben, und er hörte den Wind durch die Bäume peitschen.

»Mieser Tag, was?« fragte er. Sie antwortete nicht, starrte weiter auf die am Fenster hinunterrinnenden Regentropfen. »Wieso bist du schon so früh auf?«

»Ich konnte nicht schlafen.«

Brody gähnte. »Ich hatte keine Schwierigkeiten.«

»Überrascht mich nicht.«

»Herrje, fangen wir schon wieder an?«

Ellen schüttelte den Kopf. »Nein. Entschuldige. Ich wollte nichts damit sagen.« Sie schien gedrückt, traurig.

»Was ist los?«

»Nichts.«

»Wie du meinst.« Brody stieg aus dem Bett und ging ins Badezimmer.

Als er rasiert und angezogen war, ging er in die Küche hinunter. Die Jungen frühstückten zu Ende, und Ellen briet ihm ein Ei. »Was macht ihr Jungs an einem so trüben Tag?« fragte er.

»Rasenmäher säubern«, sagte Billy, der im Sommer bei einem Gärtner arbeitete. »Junge, wie ich Regentage hasse.«

»Und ihr zwei?« sagte Brody zu Martin und Sean.

»Martin geht in den *Boys Club*«, sagte Ellen, »und Sean verbringt den Tag bei den Santos.«

»Und du?«

»Ich habe einen vollen Tag im Krankenhaus. Das erinnert mich übrigens: Ich werde zum Lunch nicht zu Hause sein. Kannst du dir in der Stadt etwas besorgen?«

»Klar. Ich wußte gar nicht, daß du mittwochs ganztägig arbeitest.«

»Im allgemeinen nicht. Aber eines der Mädchen ist krank, und ich sagte, ich würde es vertreten.«

»Aha.«

»Zum Abendbrot bin ich zurück.«

»Fein.«

»Glaubst du, du könntest Sean und Martin unterwegs absetzen? Ich möchte auf dem Weg zum Krankenhaus etwas einkaufen.«

»Kein Problem.«

»Ich hole sie dann auf dem Heimweg ab.«

Brody und die zwei jüngeren Kinder brachen zuerst auf. Dann fuhr Billy, von Kopf bis Fuß in Regenzeug gehüllt, mit seinem Fahrrad zur Arbeit.

Ellen sah auf die Küchenuhr an der Wand. Ein paar Minuten vor acht. Zu früh? Vielleicht. Aber es war besser, ihn jetzt zu erwischen, ehe er fortging und die Chance vertan war. Sie streckte die rechte Hand aus und versuchte, ihre Finger ruhig zu halten, aber sie zitterten unkontrolliert. Sie lächelte über ihre Nervosität und sagte leise zu sich selbst: »Du wärst mir der richtige Swinger.« Sie ging ins Schlafzimmer hinauf, setzte sich aufs Bett und nahm sich das Telefonbuch vor. Sie fand die Nummer des Abelard Arms Inn, legte die Hand auf den Apparat, zögerte einen Augenblick, hob dann den Hörer und wählte.

»Abelard Arms.«

»Mr. Hoopers Zimmer bitte, Matt Hooper.«

»Einen Augenblick, bitte. Ich verbinde.«

Ellen hörte das Telefon einmal, dann wieder klingeln. Sie konnte ihr Herz klopfen hören und sah sogar den Puls an ihrem rechten Handgelenk schlagen. Leg auf, sagte sie sich. Leg auf. Es ist immer noch Zeit.

»Hallo?« Hoopers Stimme.

»Oh.« Sie dachte, großer Gott, vielleicht hat er Daisy Wicker bei sich.

»Hallo?«

Ellen schluckte und sagte: »Hallo. Ich bin's . . . Ellen.«

»Oh, hallo.«

»Hoffentlich habe ich Sie nicht geweckt.«

»Nein. Ich mache mich gerade fertig, um zum Frühstück hinunterzugehen.«

»Gut. Kein schöner Tag heute, was?«

»Nein, aber mir ist es eigentlich gleich. Für mich ist es ein Luxus, so lange schlafen zu können.«

»Können Sie . . . Werden Sie heute arbeiten können?«

»Ich weiß es nicht. Ich war gerade dabei, es mir zu überlegen. Auf jeden Fall kann ich nicht mit dem Boot hinausfahren und irgend etwas unternehmen.«

»Oh.« Sie machte eine Pause, kämpfte gegen das Schwindelgefühl an, das in ihr aufstieg. Los, weiter, sagte sie sich. Frage schon. »Ich frage mich . . .« Nein, vorsichtig, tu's ganz zwanglos. »Ich wollte Ihnen für das schöne Amulett danken.«

»Nichts zu danken. Es freut mich, daß es Ihnen gefällt. Aber ich müßte Ihnen danken. Es war ein reizender Abend.«

»Ich fand ... Wir fanden ihn auch nett. Ich freue mich, daß Sie gekommen sind.«

»Ja.«

»Es war wie in alten Zeiten.«

»Ja.«

Jetzt, sagte sie sich. Tu's. Die Worte sprudelten ihr von den Lippen. »Ich frage mich, wenn Sie heute nicht arbeiten können, ich meine, wenn Sie nicht mit dem Boot hinausfahren können, fragte ich mich ... Ob Sie vielleicht zum Lunch frei wären.«

»Lunch?«

»Ja. Wenn Sie sonst nichts zu tun haben, dachte ich, wir könnten vielleicht zusammen essen.«

»Wir? Meinen Sie, Sie und der Chef und ich?«

»Nein, nur Sie und ich. Martin nimmt gewöhnlich einen kleinen Imbiß im Büro. Ich möchte mich nicht in Ihre Pläne einmischen. Ich meine, wenn Sie eine Menge Arbeit haben ...«

»Nein, nein. Das ist in Ordnung. Zum Teufel, warum nicht? Klar. Was schlagen Sie vor?«

»Es gibt ein wunderhübsches Lokal in Sag Harbour, Banner. Kennen Sie es?« Sie hoffte, er würde es nicht kennen. Auch sie kannte es nicht, was bedeutete, daß niemand dort sie erkennen würde. Aber sie hatte gehört, es sei gut, ruhig und dämmrig.

»Nein, ich bin nie da gewesen«, sagte Hooper. »Aber Sag Harbour – das ist reichlich weit für einen Lunch.«

»Es ist nicht so schlimm, nur etwa fünfzehn oder zwanzig Minuten. Ich könnte mich dort mit Ihnen treffen, wann Sie wollen.«

»Mir ist jede Zeit recht.«

»Sagen wir dann, um halb eins?«

»Halb eins, in Ordnung. Bis dann.«

Ellen legte den Hörer auf. Ihre Hände zitterten noch, aber sie war besserer Stimmung, war erregt. Ihre Sinne schienen belebt und unglaublich geschärft. Jedesmal, wenn sie einatmete, nahm sie die Gerüche um sich auf. In ihren Ohren klang eine Symphonie kleiner Hausgeräusche – Knarren, Rascheln und dumpfe Schläge. Sie fühlte sich so intensiv weiblich wie seit Jahren nicht – ein warmes, feuchtes Gefühl, gleichermaßen köstlich und unangenehm.

Sie ging ins Badezimmer und duschte. Sie rasierte sich die

Beine und Achselhöhlen. Sie wunschte, sie hätte eines dieser deodorierenden Intimsprays gekauft, für die immer so viel Reklame gemacht wurde. Aber da sie nun mal keines hatte, puderte sie sich und tupfte Eau de Cologne hinter die Ohren, in die Armbeuge, die Kniekehlen, auf Brustwarzen und Scham.

Im Schlafzimmer hing ein bis zum Boden reichender Spiegel. Sie stellte sich davor und betrachtete sich. War die Ware gut? Würde das Angebot angenommen werden? Sie hatte sich angestrengt, in Form zu bleiben, die jugendliche Glätte und Geschmeidigkeit zu bewahren. Der Gedanke einer Zurückweisung war ihr unerträglich.

Die Ware war gut. Die Fältchen an ihrem Hals waren ganz vereinzelt und kaum zu sehen. Ihr Gesicht war makellos und ohne Narben. Nichts hing, sackte ab oder war aufgequollen. Sie stellte sich gerade hin und bewunderte die Konturen ihrer Brüste. Ihre Taille war schlank, ihr Bauch flach – Lohn endloser Gymnastikstunden nach der Geburt jedes Kindes. Das einzige Problem, als sie ihren Körper kritisch abschätzte, waren ihre Hüften. Wenn man noch so viel Phantasie aufbrachte, mädchenhaft konnte man sie nicht nennen. Sie verrieten die Mutterschaft. Es waren, wie Brody einmal gesagt hatte, Gebärhüften. Die Erinnerung daran ließ sie einen Augenblick Gewissensbisse und Reue empfinden, aber die Erregung schob sie schnell beiseite. Ihre Beine waren lang und – unterhalb des Fettpolsters ihres Gesäßes – schlank. Ihre Fußknöchel waren zart, und ihre Füße – die Zehennägel tadellos geschnitten – waren so vollkommen, daß sie vor dem kritischen Auge eines jeden Pediphilen bestehen konnten.

Sie zog ihre Krankenhauskleider an. Aus ihrem Wandschrank holte sie von hinten eine Plastik-Einkaufstasche hervor, in die sie ein Bikini-Höschen, einen BH, ein sauber gefaltetes, lavendelfarbenes Sommerkleid, Pumps mit niedrigen Absätzen, eine Dose Deodorant-Spray, eine Plastikflasche Körperpuder, eine Zahnbürste und eine Tube Zahnpasta packte. Sie trug die Tasche in die Garage, warf sie auf den Rücksitz ihres Volkswagen-Käfers, fuhr rückwärts aus der Ausfahrt heraus und schlug die Richtung zum Southampton-Hospital ein.

Die langweilige Fahrt steigerte die Müdigkeit, die sie schon seit Stunden empfunden hatte. Sie hatte die ganze Nacht nicht geschlafen. Zuerst hatte sie im Bett gelegen, sich dann ans Fenster gesetzt und hatte sich mit dem ganzen Geflecht von Gefühl und Gewissensbissen, von Verlangen und Reue, von Sehnsucht und Selbstbeschuldigung abgemüht. Sie wußte nicht genau, wann sie den offensichtlich überstürzten, gefährlichen Plan gefaßt hatte. Sie hatte darüber nachgedacht – und hatte versucht, nicht darüber nachzudenken – seit dem Tag, an dem sie Hooper zum ersten Mal begegnet war. Sie hatte die Risiken abgewogen und war irgendwie zu dem Schluß gekommen, daß sie es wert waren, obgleich sie nicht gänzlich sicher war, was sie durch das Abenteuer gewinnen konnte. Sie wußte, daß sie einen Wandel, eine Veränderung, beinahe jeden Wechsel wollte. Sie wollte beruhigt werden und sich versichern lassen, daß sie noch begehrenswert war – nicht bloß für ihren Mann, denn darin war sie gleichgültig geworden, sondern für die Menschen, die sie als ihre wahren Ebenbürtigen, ihre Gleichgestellten ansah, zu denen sie sich immer noch zählte. Sie war überzeugt, daß der Teil von ihr, der ihr am wichtigsten war, ohne eine Arznei, ohne ein Gegenmittel sterben würde. Vielleicht konnte die Vergangenheit nie wiedererweckt werden. Aber vielleicht konnte sie physisch und geistig zurückgerufen werden. Sie wollte eine Injektion, eine Transfusion des wesentlichen Teiles ihrer Vergangenheit und sah in Matt Hooper den einzig möglichen Spender. Der Gedanke an Liebe kam ihr nie in den Sinn, noch wollte oder erwartete sie eine tiefe oder dauernde Beziehung. Sie wollte nur aufgefüllt, wiederhergestellt werden.

Sie war dankbar, daß die ihr bei ihrer Ankunft im Krankenhaus zugewiesene Arbeit Konzentration und Gespräch verlangte, denn sie hinderte sie am Grübeln. Sie und eine andere freiwillige Schwester bezogen die Betten der älteren Patienten frisch, für die die Krankenhausgemeinschaft ein Ersatz und – in manchen Fällen – das letzte Heim war. Sie mußte sich an die Namen von Kindern in fernen Städten erinnern, mußte sich immer neue Entschuldigungen ausdenken, weshalb sie nicht geschrieben hatten. Sie mußte so tun, als erinnerte sie sich an die Handlungen von Fernsehshows, und mußte Vermutungen anstellen, warum der oder jener Mitwirkende seine Frau wegen einer offenkundigen Abenteurerin verlassen hatte.

Um 11.45 Uhr erklärte Ellen der Leiterin der freiwilligen Helferinnen, sie fühle sich nicht wohl. Ihre Schilddrüse mache ihr wieder zu schaffen, und sie bekomme ihre Periode. Sie wolle sich eine Weile im Mitarbeiter-Aufenthaltsraum hinlegen. Und wenn ein kurzer Schlaf nichts nütze, sagte sie, würde sie wahrscheinlich nach Hause gehen. Wenn sie also gegen 13.30 Uhr nicht wieder auf ihrem Posten sei, könne man annehmen, daß sie heimgefahren sei. Sie hoffte, diese Erklärung war vage genug, um jeden zu entmutigen, tatsächlich nach ihr zu suchen.

Sie ging in den Aufenthaltsraum, zählte bis zwanzig und öffnete die Tür einen Spalt, um zu sehen, ob der Gang leer war. Er war leer; die meisten waren in der Cafeteria auf der anderen Seite des Gebäudes oder auf dem Weg dahin. Sie trat in den Gang, schloß die Tür leise hinter sich und eilte um eine Ecke und durch eine Seitentür des Krankenhauses hinaus zum Parkplatz des Mitarbeiterstabes.

Sie fuhr den größten Teil der Strecke nach Sag Harbour und hielt dann an einer Tankstelle. Als der Tank voll und das Benzin bezahlt war, bat sie, die Damentoilette benutzen zu dürfen. Der Tankwart gab ihr den Schlüssel, und sie fuhr den Wagen an die Seite der Tankstelle, wo sie neben der Tür der Damentoilette hielt. Sie öffnete die Tür, doch ehe sie hineinging, gab sie dem Tankwart den Schlüssel zurück. Sie ging zu ihrem Wagen, nahm die Plastiktasche vom Rücksitz, ging in die Damentoilette und drückte auf den Knopf, der die Tür verschloß.

Sie zog sich aus, und als sie barfuß auf dem kalten Boden stand und ihr Bild im Spiegel über dem Waschbecken sah, fühlte sie den Nervenkitzel des Riskanten. Sie sprühte Deodorant unter ihre Arme und auf ihre Füße. Sie nahm das frische Höschen aus der Plastiktasche und stieg hinein. Sie schüttelte ein bißchen Puder in jede Schale ihres BHs und zog ihn an. Sie nahm das Kleid aus der Tasche und zog es sich über den Kopf. Sie schüttete Puder in jeden ihrer Schuhe, rieb die Sohle jedes Fußes mit einem Papierhandtuch ab und zog die Schuhe an. Dann putzte sie sich die Zähne, kämmte sich das Haar, stopfte ihre Hospitalkleider in die Plastiktasche und öffnete die Tür. Sie blickte nach beiden Seiten, sah, daß niemand sie beobachtete, trat dann aus der Damentoilette, warf die Tasche in den Wagen und stieg ein.

Als sie aus der Tankstelle hinausfuhr, duckte sie sich in ihren Sitz, damit der Tankwart, wenn er sie zufällig bemerken sollte, nicht sehen konnte, daß sie sich umgezogen hatte.

Es war 12.15 Uhr, als sie bei Banner ankam, ein kleines Steak- und Meeresfrüchte-Restaurant am Wasser in Sag Harbour. Der

Parkplatz lag hinten, wofür sie dankbar war. Es konnte immerhin sein, daß jemand, den sie kannte, die Straße in Sag Harbour hinunterfuhr, und sie wollte ihren Wagen nicht in voller Sicht stehen lassen.

Sie hatte Banner gewählt, weil es als beliebtes Abendrestaurant für Sportsegler und Sommergäste bekannt war, was bedeutete, daß es wahrscheinlich wenig Lunchkundschaft hatte. Und es war teuer, fast eine Garantie dafür, daß keine Einheimischen, keine ansässigen Geschäftsleute zum Lunch dahin gingen. Ellen prüfte den Inhalt ihrer Brieftasche. Sie hatte beinahe fünfzig Dollar – den ganzen Notgroschen, den sie und Brody im Haus hatten. Sie merkte sich die Scheine: ein Zwanziger, zwei Zehner, ein Fünfer und drei Einer. Sie wollte das, was sie aus der Kaffeedose im Küchenschrank genommen hatte, genau wieder zurücklegen.

Es standen noch zwei Wagen auf dem Parkplatz, ein Chevrolet Vegas und ein größerer brauner. Sie erinnerte sich, daß Hoopers Wagen grün und nach einem Tier benannt war. Sie stieg aus und trat ins Restaurant, die Hände über den Kopf haltend, um ihr Haar vor dem leichten Regen zu schützen.

Das Restaurant war dunkel, da der Tag aber trübe war, brauchten ihre Augen nur ein paar Sekunden, um sich an das dämmerige Licht zu gewöhnen. Es war nur ein Raum; er hatte rechts, von ihr aus gesehen, eine Bar und in der Mitte etwa zwanzig Tische. Die Wand links war mit acht Nischen gesäumt. Die Wände waren mit dunklem Holz getäfelt und mit Stierkampf- und Filmplakaten geschmückt.

Ein Paar – Ende Zwanzig, schätzte Ellen – trank etwas an einem Tisch am Fenster. Der Barkeeper, ein junger Mann mit Van-Dyck-Bart und Button-down-Hemd, saß neben der Registrierkasse und las die New Yorker *Daily News*. Sie waren die einzigen Menschen im Raum. Ellen sah auf ihre Uhr. Beinahe 12.30 Uhr.

Der Barkeeper blickte auf und sagte: »Hallo! Kann ich etwas für Sie tun?«

Ellen trat an die Bar. »Ja . . . ja. Gleich. Zuerst möchte ich aber . . . Können Sie mir sagen, wo die Damentoilette ist?«

»Am Ende der Bar rechts. Erste Tür links.«

»Danke.« Ellen ging schnell an der Bar vorbei und wandte sich nach rechts in die Damentoilette.

Sie stellte sich vor den Spiegel und streckte die rechte Hand aus. Sie zitterte, und sie machte eine Faust. Beruhige dich, sagte sie sich. Du mußt dich beruhigen, oder es hat keinen Zweck. Es ist aus. Sie spürte, daß sie schwitzte, als sie aber mit der Hand in ihr Kleid fuhr und ihre Achselhöhle befühlte, war sie trocken. Sie kämmte sich das Haar und betrachtete prüfend ihre Zähne. Sie erinnerte sich, daß ein Junge, mit dem sie einmal ausgegangen war, gesagt hatte: Nichts dreht mir den Magen schneller um als ein Mädchen mit Speiseresten zwischen den Zähnen. Sie sah auf die Uhr: 12.35.

Sie ging ins Restaurant zurück und sah sich um. Dasselbe Paar, der Barkeeper und eine Kellnerin, die an der Bar stand und Servietten faltete.

Die Kellnerin sah Ellen um die Ecke der Bar biegen und sagte: »Hallo. Kann ich etwas für Sie tun?«

»Ja. Ich hätte gern einen Tisch. Zum Lunch.«

»Für eine Person?«

»Nein. Zwei.«

»Fein«, sagte die Kellnerin. Sie legte eine Serviette zurück, nahm ihren Notizblock und führte Ellen an einen Tisch in der Mitte des Raumes. »Ist der recht?«

»Nein, ich meine, ja. Ausgezeichnet. Aber ich möchte diesen Tisch in der Ecknische, wenn Sie nichts dagegen haben.«

»Klar«, sagte die Kellnerin. »Jeden Tisch, den Sie haben wollen. Wir sind nicht gerade voll.« Sie führte Ellen an den Tisch, und Ellen glitt in die Nische mit dem Rücken zur Tür. Hooper würde sie schon finden. Wenn er kam. »Möchten Sie etwas trinken?«

»Ja. Einen Gin und Tonic, bitte.« Als die Kellnerin davonging, lächelte Ellen. Es war das erste Mal seit ihrer Hochzeit, daß sie tagsüber einen Drink bestellt hatte.

Die Kellnerin brachte den Gin-Tonic, und Ellen trank sofort die Hälfte aus, begierig, die entspannende Wärme des Alkohols zu spüren. Alle paar Sekunden blickte sie zur Tür und sah auf die Uhr. Er wird nicht kommen, dachte sie. Es war fast 12.45 Uhr. Er hat kalte Füße bekommen. Er hat Angst vor Martin. Vielleicht hat er auch Angst vor mir. Was werde ich tun, wenn er nicht kommt? Vielleicht etwas essen und dann zur Arbeit zurückfahren. Er muß kommen! Das kann er mir nicht antun.

»Hallo.«

Das Wort ließ Ellen aufschrecken. Sie fuhr auf ihrem Sitz

hoch und sagte: »Oh!«

Hooper glitt auf den Platz ihr gegenüber und sagte: »Ich wollte Sie nicht erschrecken. Und es tut mir leid, daß ich so spät komme. Ich mußte unterwegs noch tanken, und an der Tankstelle war ein Mordsgedränge. Der Verkehr war schrecklich. Das sind meine Entschuldigungen. Ich hätte mir mehr Zeit nehmen sollen. Es tut mir wirklich leid.« Er blickte ihr in die Augen und lächelte.

Sie sah auf das Glas hinunter. »Sie brauchen sich nicht zu entschuldigen. Ich kam selbst zu spät.«

Die Kellnerin trat an den Tisch. »Möchten Sie etwas trinken?« fragte sie Hooper.

Er bemerkte Ellens Glas und antwortete: »O ja, sicher. Einen Gin und Tonic, bitte.«

»Ich nehme noch einen«, sagte Ellen. »Der ist schon beinahe leer.«

Die Kellnerin ging, und Hooper sagte: »Normalerweise trinke ich nichts zum Lunch.«

»Ich auch nicht.«

»Nach drei Drinks rede ich dummes Zeug. Ich habe Alkohol nie sehr gut vertragen.«

Ellen nickte. »Das Gefühl kenne ich. Ich neige dann dazu ...«

»Hemmungslos zu werden? Ich auch.«

»Wirklich? Das kann ich mir bei Ihnen gar nicht vorstellen. Ich dachte, Wissenschaftler werden nie hemmungslos.«

Hooper lächelte und sagte theatralisch: »Es scheint nur so, Madam, daß wir mit unseren Reagenzgläsern verheiratet sind. Aber unter dem kalten Äußeren schlagen die Herzen einiger der schamlosesten Menschen auf der Welt.«

Ellen lachte. Die Kellnerin brachte die Getränke und legte zwei Speisekarten auf den Tischrand. Sie unterhielten sich – schwatzten eigentlich – über alte Zeiten, über Leute, die sie gekannt hatten, und was diese Leute heute machten, über Hoopers Berufspläne. Von dem Hai oder Brody oder Ellens Kindern sprachen sie nicht. Es war eine Unterhaltung im Plauderton, die Ellen zusagte. Ihr zweiter Drink lockerte sie, und sie fühlte sich wohl und beherrscht.

Sie wollte, daß Hooper noch einen Drink nähme, wußte aber, daß er wahrscheinlich nicht die Initiative ergreifen und einen bestellen würde. Sie nahm eine der Speisekarten, hoffte dabei, daß die Kellnerin dies bemerken würde, und sagte: »Wollen mal sehen. Was sieht verlockend aus?«

Hooper nahm die andere Speisekarte und fing an zu lesen, und nach ein oder zwei Minuten schlenderte die Kellnerin an den Tisch. »Möchten Sie bestellen?«

»Wir sind noch nicht ganz soweit«, sagte Ellen. »Es sieht alles verlockend aus. Schon gewählt, Matthew?«

»Noch nicht«, sagte Hooper.

»Wie wär's mit noch einem Drink, während wir die Karte durchsehen?«

»Beide?« fragte die Kellnerin.

Hooper schien einen Augenblick zu überlegen. Dann nickte er und sagte: »Klar. Eine besondere Gelegenheit.«

Sie saßen schweigend da und gingen die Speisekarte durch. Ellen versuchte, ihre Gefühle zu analysieren. Drei Drinks würden eine ziemlich schwere Ladung sein, und sie wollte sichergehen, daß sie nicht beschwipst wurde und Unsinn redete. Wie hieß die Redensart doch gleich? Alkohol erhöht das Verlangen, verringert aber die Potenz. Aber das gilt ja nur für Männer, dachte sie. Ich bin froh, daß ich mir *darüber* keine Sorgen zu machen habe. Aber er? Wenn er nicht kann ... Kann ich dabei etwas tun? Blödsinn. Nicht nach zwei Drinks. Es müßten schon fünf oder sechs oder sieben sein, um einen Mann außer Gefecht zu setzen. Es sei denn, er hätte Angst. Sieht er so aus? Sie linste über den Rand ihrer Speisekarte zu Hooper hinüber. Er sah nicht nervös aus. Vielleicht etwas bestürzt.

»Was ist los?« fragte sie.

Er blickte auf. »Wie meinen Sie das?«

»Ihre Augenbrauen waren ganz zusammengezogen. Sie sahen bestürzt aus.«

»Oh, nichts. Ich sah gerade die Muscheln oder was die so Muscheln nennen. Wahrscheinlich sind es Flundern, mit einem Küchenmesser zurechtgeschnitten.«

Die Kellnerin brachte die Getränke und sagte: »Sind Sie soweit?«

»Ja«, sagte Ellen. »Ich nehme den Krabbencocktail und Hühnchen.«

»Wie möchten Sie Ihren Salat angemacht haben? Französisch, Roquefort, Thousand Islands, Essig und Öl?«

»Roquefort, bitte.«

Hooper sagte: »Sind es wirklich frische Muscheln?«

»Ich glaube schon«, sagte die Kellnerin. »So steht's da.«

»All right. Ich nehme die Muscheln und den Salat französisch.«

»Noch was vorweg?«

»Nein«, sagte Hooper, das Glas hebend. »Das reicht mir.«

Nach einigen Minuten brachte die Kellnerin Ellens Krabbencocktail. Als sie gegangen war, sagte Ellen: »Wissen Sie, was ich gern hätte? Wein.«

»Ein sehr verlockender Vorschlag«, sagte Hooper, sie anblickend. »Aber vergessen Sie nicht, was ich über die Hemmungslosigkeit sagte. Kann sein, daß ich unzurechnungsfähig werde.«

»Da habe ich keine Angst.« Während Ellen sprach, spürte sie, daß sie rot wurde.

»Okay, aber zuerst muß ich das Schatzamt befragen.« Er langte in die Gesäßtasche nach seiner Börse.

»O nein. Das geht auf meine Rechnung.«

»Nicht doch!«

»Nein, wirklich. Ich habe Sie zum Lunch gebeten.« Sie bekam einen panischen Schreck. Es war ihr gar nicht eingefallen, daß er darauf bestehen würde zu bezahlen. Sie wollte ihn nicht mit einer großen Rechnung verärgern und in Verlegenheit bringen. Andererseits wollte sie nicht gönnerhaft erscheinen und seinen Mannesstolz beleidigen.

»Ich weiß«, sagte er. »Aber ich möchte *Sie* gerne zum Lunch ausführen.«

War dies ein erster Schritt? Sie wußte es nicht. Wenn es das war, wollte sie nicht ablehnen, wenn es aber nur eine Höflichkeitsfloskel war ... »Sie sind reizend«, sagte sie, »aber ...«

»Im Ernst. Bitte.«

Sie sah hinunter und spielte mit der einen noch auf dem Teller liegenden Krabbe. »Nun ...«

»Ich weiß, Sie sind nur rücksichtsvoll«, sagte Hooper, »aber Sie brauchen es nicht zu sein. Hat David Ihnen nie von unserem Großvater erzählt?«

»Nicht, daß ich wüßte. Was ist mit ihm?«

»Der alte Matt wurde – und nicht gerade liebevoll – ›der Bandit‹ genannt. Wenn er heute noch lebte, wäre ich wahrscheinlich an der Spitze der Meute, die seinen Skalp verlangte. Aber er lebt nicht mehr, ich brauche mir also nur darum Gedanken zu machen, ob ich den Packen Geld, den er mir hinterließ, behalten oder verschenken sollte. Es war kein besonders schwieriges Dilemma. Mir scheint, ich kann es genausogut ausgeben wie der, dem ich es schenken würde.«

»Hat David auch eine Menge Geld?«

»Ja. Das ist eines der Dinge, die mich an ihm immer wieder verblüfft haben. Er besitzt genug, um sich und jede Anzahl Frauen ein Leben lang zu unterhalten. Warum hat er sich dann beim zweiten Mal für dieses Fleischklößchen von einer Frau entschieden? Weil sie mehr Geld hat als er. Ich weiß es nicht. Vielleicht fühlt Geld sich nicht wohl, wenn es nicht mit Geld verheiratet ist.«

»Was hat Ihr Großvater gemacht?«

»Eisenbahnen und Bergwerke. Was die Branche betrifft. Im Grunde war er ein Räuberbaron. Einmal gehörte ihm der größte Teil von Denver. Er war der Besitzer des ganzen Bordellviertels.«

»Das muß sehr einträglich gewesen sein.«

»Nicht so sehr, wie Sie denken«, sagte Hooper lachend. »Mir hat man erzählt, er habe seine Mieten gern in Ware kassiert.«

Das kann ein erster Vorstoß sein, dachte Ellen. Was sollte sie darauf sagen? »Das soll der Wunschtraum jedes Schulmädchens sein«, sagte sie scherzhaft.

»Was?«

»Eine ... Sie wissen schon, eine Prostituierte zu werden. Mit einer Menge verschiedener Männer zu schlafen.«

»War es Ihrer?«

Ellen lachte und hoffte, damit ihr Erröten zu kaschieren. »Ich erinnere mich nicht mehr so genau«, sagte sie. »Aber ich nehme an, wir alle haben Wunschträume der einen oder anderen Art.«

Hooper lächelte und lehnte sich in seinem Stuhl zurück. Er rief die Kellnerin und sagte: »Bringen Sie uns eine Flasche Chablis, kalt, bitte.«

Es ist etwas geschehen, dachte Ellen. Sie fragte sich, ob er die Aufforderung, die sie ausgesprochen hatte, fühlen, wie ein Tier wittern konnte. Was immer es war, er hatte die Offensive ergriffen. Sie durfte ihn jetzt nur nicht entmutigen.

Das Essen kam, einen Augenblick später kam auch der Wein. Hoopers Muscheln hatten die Größe von Makronen. »Flundern«, sagte er, nachdem die Kellnerin gegangen war. »Hätte ich wissen müssen.«

»Woran sehen Sie das?« fragte Ellen. Und im selben Augenblick wünschte sie, sie hätte nichts gesagt. Sie wollte die Unterhaltung nicht abgleiten lassen.

»Erstens mal sind sie zu groß. Und die Ränder sind zu sauber, zu perfekt. Offensichtlich sind sie geschnitten worden.«

»Ich nehme an, Sie könnten sie zurückgeben.« Sie hoffte, er würde es nicht tun, ein Streit mit der Kellnerin konnte ihnen die Stimmung verderben.

»Könnte ich«, sagte Hooper und grinste Ellen an. »Unter anderen Umständen.« Er schenkte Ellen ein Glas Wein ein, füllte dann sein eigenes und hob es zu einem Trinkspruch: »Auf die Wunschträume«, sagte er. »Erzählen Sie mir von Ihren.« Seine Augen strahlten, waren wässerig-blau, und seine Lippen waren in einem halben Lächeln geöffnet.

Ellen kicherte. »Oh, die meinen sind nicht sehr interessant. Ich vermute, es sind halt die alten, schon x-mal durchgekauten Geschichten.«

»Das gibt's nicht«, sagte Hooper. »Erzählen Sie mir.« Er bat, forderte nicht, aber Ellen spürte, das von ihr begonnene Spiel verlangte, daß sie antwortete.

»Ach, Sie wissen schon«, sagte sie. Im Magen fühlte sie sich wohlig-warm, und ihr Nacken war heiß. »Halt die normalen Sachen. Vergewaltigung, schätze ich, ist eine davon.«

»Wie spielt sie sich ab?«

Sie überlegte und erinnerte sich an die Zeiten, da sie allein war, ihre Gedanken wandern ließ und die sinnlosen Wunschbilder heraufbeschwor. Meist war sie im Bett, oft schlief ihr Mann neben ihr. Manchmal überraschte sie sich, wie sie unbewußt mit der Hand ihre Scheide gerieben und sich liebkost hatte.

»Auf verschiedene Weise«, antwortete sie.

»Nennen Sie eine.«

»Manchmal bin ich morgens in der Küche, nachdem alle fort sind, und ein Handwerker aus einem der Nachbarhäuser kommt an meine Hintertür. Er will telefonieren oder bittet um ein Glas Wasser.« Sie hielt inne.

»Und dann?«

»Ich lasse ihn herein, und er droht mir, mich umzubringen, wenn ich ihm nicht zu Willen bin.«

»Tut er Ihnen weh?«

»O nein. Ich meine, er sticht nicht auf mich ein oder so.«

»Schlägt er Sie?«

»Nein. Er – vergewaltigt mich einfach.«

»Macht's Spaß?«

»Zuerst nicht. Es ist erschreckend. Aber nach einer Weile, wenn er . . .«

»Wenn er Sie richtig . . . willig gemacht hat.«

Ellens Augen suchten in den seinen nach Humor, Ironie oder Grausamkeit. Sie sah nichts dergleichen. Hooper fuhr sich mit der Zunge über die Lippen und beugte sich vor, bis sein Gesicht dem ihren ganz nahe war.

Ellen dachte: Jetzt ist die Tür offen; du brauchst nur durchzugehen. Sie sagte: »Ja.«

»Dann macht's Spaß.«

»Ja.« Sie rückte hin und her, denn die Erinnerung wurde körperlich.

»Haben Sie je einen Orgasmus?«

»Manchmal«, erwiderte sie. »Nicht immer.«

»Ist er groß?«

»Hochgewachsen? Nein . . .«

Sie hatte sehr leise gesprochen, und jetzt senkte Hooper die Stimme zu einem Flüstern. »Ich meine nicht hochgewachsen. Ist er . . . Sie wissen schon . . . groß?«

»Gewöhnlich ja«, sagte Ellen und kicherte. »Riesig.«

»Ist er schwarz?«

»Nein. Ich habe gehört, manche Frauen hätten Wunschträume, in denen sie von Schwarzen vergewaltigt werden. Aber ich nie.«

»Erzählen Sie mir noch einen.«

»O nein«, sagte sie lachend. »Jetzt sind Sie an der Reihe.«

Sie hörten Schritte, drehten sich um und sahen die Kellnerin auf ihren Tisch zukommen. »Sind Sie mit allem zufrieden?« fragte sie.

»Sehr«, sagte Hooper kurz. »Alles ist gut.« Die Kellnerin ging wieder.

Ellen fragte flüsternd: »Glauben Sie, daß sie etwas gehört hat?«

Hooper beugte sich vor. »Ausgeschlossen. Jetzt erzählen Sie mir noch einen.«

Es wird passieren, dachte Ellen und wurde plötzlich nervös.

Sie wollte ihm sagen, warum sie sich so benehme, wollte erklären, daß sie so etwas sonst nicht mache. Wahrscheinlich hält er mich für eine Hure. Na, wenn schon. Werd nicht schwach, sonst verpfuschst du alles. »Nein«, sagte sie lächelnd, »Sie sind dran.«

»Bei mir sind es gewöhnlich Orgien«, sagte er. »Oder zumindest Dreier.«

»Was sind Dreier?«

»Drei Personen. Ich und zwei Mädchen.«

»Wie gierig. Was machen Sie?«

»Das variiert. Alles Erdenkliche.«

»Sind Sie . . . groß?« fragte sie.

»Jede Minute größer. Und Sie?«

»Ich weiß es nicht. Verglichen womit?«

»Mit anderen Frauen. Es gibt Frauen mit ganz engen.«

Ellen kicherte. »Sie reden wie ein Vergleichskäufer.«

»Ich bin nur ein gewissenhafter Konsument.«

»Ich weiß nicht, wie ich bin«, sagte sie. »Ich habe keine Vergleichsmöglichkeiten.« Sie blickte auf ihr halbgegessenes Hühnchen hinunter und lachte.

»Was ist so komisch?« fragte er.

»Ich fragte mich gerade«, sagte sie, noch mehr lachend, »ich dachte gerade daran, ob – o Gott, mir tun die Seiten weh –, ob Hühner auch . . .«

»Natürlich!« sagte Hooper. »Und wie enge!«

Sie lachten beide, und als das Lachen verklang, sagte Ellen impulsiv: »Denken wir uns einen Wunschtraum aus.«

»Okay. Wie wollen Sie anfangen?«

»Was würden Sie mit mir machen, wenn wir . . . nun ja.«

»Eine sehr interessante Frage«, sagte er mit gespieltem Ernst. »Ehe wir uns das Was überlegen, müßten wir über das Wo nachdenken. Ich nehme an, wir können immer noch auf mein Zimmer zurückgreifen.«

»Zu gefährlich. Jeder kennt mich im Abelard. In ganz Amity wäre es zu gefährlich.«

»Und in Ihrem Haus?«

»O Gott, nein. Stellen Sie sich vor, eines meiner Kinder käme nach Hause. Außerdem . . .«

»Ich weiß. Keine Entweihung des Ehebettes. Gut, wo dann?«

»Es muß zwischen hier und Montauk Motels geben. Oder noch besser, zwischen hier und Orient Point.«

»Hört sich ganz gut an. Selbst wenn's keine gibt, haben wir immer noch den Wagen.«

»Am hellichten Tag? Sie haben vielleicht eine blühende Phantasie.«

»In Wunschträumen ist alles möglich.«

»Gut. Das ist klar. Was würden Sie also machen?«

»Ich glaube, wir sollten chronologisch vorgehen. Vor allem würden wir hier in einem Wagen abfahren. Wahrscheinlich in meinem, weil er am wenigsten bekannt ist. Und später kommen wir zurück, um den Ihren zu holen.«

»Okay.«

»Dann, auf der Fahrt . . . Nein, sogar früher, ehe wir hier abführen, würde ich Sie in die Damentoilette schicken und Ihnen sagen, Sie sollen Ihr Höschen ausziehen.«

»Warum?«

»Damit ich Sie unterwegs . . . erforschen könnte. Bloß, um die Motoren weiter warm zu halten.«

»Aha«, sagte sie so sachlich wie möglich. Es war ihr heiß, sie war erregt und fühlte, daß ihr Geist irgendwo außerhalb ihres Körpers schwebte. Sie war eine dritte Person, die sich eine Unterhaltung anhörte. Sie mußte sich bezähmen, nicht auf der Kunstlederbank hin und her zu rutschen. Sie wollte sich winden, ihre Schenkel auf und ab bewegen. Aber sie fürchtete, einen Fleck auf dem Sitz zu hinterlassen.

»Dann«, sagte Hooper, »während wir dahinführen, würden Sie sich vielleicht auf meine rechte Hand setzen, und ich würde Sie massieren. Vielleicht hätte ich den Hosenschlitz offen. Vielleicht auch nicht, weil Sie auf dumme Gedanken kommen könnten, was mich ohne Zweifel vom Fahren ablenken würde, und *das* würde wahrscheinlich einen schweren Unfall verursachen, und wir wären beide tot.«

Ellen fing wieder an zu kichern, als sie sich Hooper stocksteif am Straßenrand liegend vorstellte und sich daneben, das Kleid bis zur Taille hochgeschoben, ihre Scheide gähnend-weit offen, glänzend naß, und jeder könnte es sehen.

»Wir würden versuchen, ein Motel zu finden«, sagte Hooper, »in dem die Zimmer entweder in Bungalows oder wenigstens nicht Wand an Wand nebeneinander liegen.«

»Warum?«

»Geräusche. Die Wände sind meistens aus Kleenex und

Spucke, und wir würden uns nicht von dem Gedanken hemmen lassen wollen, daß im Zimmer nebenan ein Schuhvertreter liegt, der das Ohr an die Wand preßt und sich einen ablauscht.«

»Und wenn Sie kein solches Motel finden?«

»Wir würden schon eines finden«, sagte Hooper. »Wie gesagt, in der Phantasie ist alles möglich.«

Warum wiederholt er das? dachte Ellen. Er kann doch nicht ein Wortspiel machen und ein Wunschbild aufbauen, das er nicht zu verwirklichen beabsichtigt. Sie überlegte krampfhaft, was sie jetzt fragen konnte, um die Unterhaltung in Gang zu halten. »Unter was für einem Namen würden Sie uns einschreiben?«

»Ah, ja. Das hatte ich vergessen. Heutzutage kann ich es mir zwar kaum vorstellen, daß jemand an einer solchen Kleinigkeit Anstoß nimmt, aber Sie haben recht: Einen Namen sollten wir schon haben, nur für den Fall, daß wir auf einen altmodischen Wirt treffen. Wie wär's mit Mr. und Mrs. Al Kinsey? Wir könnten sagen, wir befänden uns auf einer ausgedehnten Forschungstour.«

»Und wir würden ihm sagen, wir schickten ihm ein Exemplar unseres Berichtes mit Autogramm.«

»Wir würden ihn ihm widmen!«

Sie lachten beide, und Ellen sagte: »Und nachdem wir uns eingetragen hätten?«

»Nun, wir würden zu unserem Zimmer fahren, würden auskundschaften, ob jemand in den benachbarten Zimmern ist – außer, wir hätten einen Bungalow für uns –, und dann würden wir hineingehen.«

»Und dann?«

»Jetzt erweitern sich unsere Auswahlmöglichkeiten. Wahrscheinlich wäre ich so aufgedreht, daß ich Sie packen und vögeln würde – vielleicht auf dem Bett, vielleicht auch nicht. Dies wäre meine Zeit. Ihre Zeit käme später.«

»Wie meinen Sie das?«

»Das erste Mal wäre ohne Kontrolle – eine Drauflosbumserei – danke, Madam. Danach hätte ich mehr Beherrschung, und das zweite Mal könnte ich Sie bereitmachen.«

»Wie?«

»Mit Zartheit und Feingefühl.«

Die Kellnerin näherte sich dem Tisch, sie setzten sich also zurück und schwiegen.

»Wünschen Sie noch etwas?«

»Nein«, sagte Hooper, »nur die Rechnung.«

Ellen nahm an, die Kellnerin würde zur Bar zurückgehen, um die Rechnung zusammenzustellen, aber sie blieb am Tisch stehen, kritzelte und addierte. Ellen glitt von ihrem Sitz und sagte aufstehend: »Entschuldigung, ich möchte mir noch die Nase pudern, ehe wir gehen.«

»Ich weiß«, entgegnete Hooper lächelnd.

»Sie wissen's?« fragte die Kellnerin, als Ellen an ihr vorbeiging. »Junge, Junge, das macht also eine Ehe aus einem. Ich hoffe bloß, daß mich keiner je so gut kennt.«

Kurz vor halb fünf kam Ellen nach Hause. Sie ging nach oben ins Badezimmer und drehte den Badewannenhahn auf. Sie zog alle Kleider aus und stopfte sie in den Wäschekorb zu der anderen, bereits im Korb liegenden Wäsche. Sie sah in den Spiegel und prüfte Gesicht und Hals. Keine Flecken.

Nach ihrem Bad puderte sie sich, putzte sich die Zähne und gurgelte mit Mundwasser. Sie ging ins Schlafzimmer, zog sich Höschen und ein Nachthemd an, schlug die Bettdecke zurück und stieg ins Bett. Sie schloß die Augen und hoffte auf Schlaf.

Aber der Schlaf konnte die Erinnerung nicht verdrängen, die ihr unaufhörlich in den Sinn kam. Es war das Bild von Hooper, der mit aufgerissenen Augen auf die Wand starrte – aber nichts sah –, als er sich dem Orgasmus näherte. Die Augen schienen anzuschwellen, bis Ellen gefürchtet hatte, sie würden kurz vor der Ejakulation tatsächlich aus den Höhlen platzen. Hoopers Zähne waren zusammengebissen, und er knirschte damit, wie Leute es manchmal im Schlaf tun. Er ließ ein gurgelndes Wimmern hören, das mit jedem wilden Stoß höher wurde. Selbst nach seinem offenbar heftigen Höhepunkt hatte Hoopers Benehmen sich nicht geändert. Seine Zähne waren immer noch zusammengebissen, seine Augen starrten nach wie vor auf die Wand, und er fuhr fort, wie wild daraufloszupumpen. Er war sich des Wesens unter ihm nicht bewußt, und als er eine volle Minute nach seinem Orgasmus immer noch nicht aufhörte, hatte Ellen Angst bekommen – wovor, wußte sie nicht genau, aber die Wildheit und Heftigkeit seines Ansturms schien ihr eine Betätigung, bei der sie nur ein Medium war. Nach einer Weile hatte sie ihm auf den Rücken getippt und leise gesagt: »He, ich bin auch noch da«, und im selben

Augenblick schlossen sich seine Augen, und sein Kopf sank auf ihre Schulter. Später, bei ihrer zweiten Paarung, war er sanfter gewesen, beherrschter, weniger abwesend. Doch die Wildheit des ersten Zusammenstoßes haftete noch beunruhigend in Ellens Gedanken.

Schließlich übermannte sie die Müdigkeit, und sie schlief ein. Beinahe unmittelbar danach, schien es, wurde sie von einer Stimme geweckt. Die Stimme sagte: »Heda, fehlt dir was?« Sie schlug die Augen auf und sah Brody auf dem Bettende sitzen.

Sie gähnte. »Wie spät ist es?«

»Fast sechs.«

»Oh. Ich muß Sean abholen. Phyllis Santos wird Zustände kriegen.«

»Ich habe ihn mitgebracht«, sagte Brody. »Ich hielt es für besser, nachdem ich dich nicht erreichen konnte.«

»Du hast versucht, mich zu erreichen?«

»Ein paarmal. Ich versuchte es im Krankenhaus gegen zwei. Man sagte mir, du seist offenbar nach Hause gegangen.«

»Stimmt. Ich fühlte mich miserabel. Meine Schilddrüsenpillen wirken nicht richtig. Deshalb fuhr ich nach Hause.«

»Dann versuchte ich, dich hier zu erreichen.«

»Meine Güte, das muß aber wichtig gewesen sein.«

»Nein, es war nichts Wichtiges. Wenn du's wissen willst, ich rief an, um mich für mein Benehmen gestern abend zu entschuldigen.«

Es gab Ellen einen Stich, aber das Gefühl von Scham ging vorüber, und sie sagte: »Du bist lieb, aber mach dir keine Sorgen. Ich hatte schon alles vergessen.«

»So«, sagte Brody. Er wartete einen Augenblick, ob sie noch etwas sagen wollte, und fragte, als nichts mehr kam: »Wo warst du also?«

»Ich sagte dir doch, hier!« Die Worte kamen barscher heraus, als sie beabsichtigt hatte. »Ich kam nach Hause und legte mich ins Bett!«

»Und du hast das Telefon nicht klingeln hören? Es steht dort.« Brody zeigte auf den Nachttisch an der anderen Seite des Bettes.

»Nein, ich . . .« Sie wollte sagen, sie habe den Apparat abgestellt, dann erinnerte sie sich, daß dieser hier nicht ganz abgestellt werden konnte. »Ich habe eine Schlaftablette genommen. Nicht einmal das Wehklagen der Verdammten könnte mich wecken, wenn ich eines dieser Dinger genommen habe.«

Brody schüttelte den Kopf. »Weißt du was? Ich werde diese verfluchten Tabletten ins Klo werfen. Du wirst schon regelrecht süchtig.« Dann ging er ins Badezimmer.

Ellen hörte, wie er den Klosettdeckel hochklappte und zu urinieren begann – ein lauter, kräftiger, steter Strom, der ewig floß. Sie lächelte. Bis heute hatte sie angenommen, Brody sei eine Art Urinmonstrum: Er konnte es fast den ganzen Tag ohne zu urinieren aushalten. Wenn er dann aber pißte, schien er nie wieder aufhören zu wollen. Vor langer Zeit hatte sie daraus geschlossen, seine Blase müsse die Größe einer Wassermelone haben. Jetzt wußte sie, daß ein großes Blasenfassungsvermögen einfach ein männliches Merkmal war. Nun, sagte sie sich, bin ich eine Frau mit Erfahrung.

»Hast du was von Hooper gehört?« rief Brody über das Geräusch des endlosen Stromes hinweg.

Ellen überlegte einen Augenblick, was sie antworten sollte, und sagte dann: »Er rief heute morgen an, um sich zu bedanken. Warum?«

»Ich habe heute auch versucht, ihn zu erreichen. Gegen Mittag und ein paarmal am Nachmittag. Die Rezeption im Hotel sagte mir, sie wüßte nicht, wo er sei. Wann hat er hier angerufen?«

»Kurz nachdem du weggegangen bist.«

»Hat er gesagt, was er vorhatte?«

»Er sagte . . . Er sagte, vielleicht würde er auf dem Boot arbeiten, glaube ich. Ich kann mich wirklich nicht erinnern.«

»Oh. Das ist komisch.«

»Was ist komisch?«

»Auf dem Nachhauseweg fuhr ich am Dock vorbei. Der Hafenmeister sagte, er habe Hooper den ganzen Tag nicht gesehen.«

»Vielleicht hat er sich's anders überlegt.«

»Wahrscheinlich hat er Daisy Wicker in irgendeinem Hotelzimmer gebumst.«

Ellen hörte, wie der Strom schwächer wurde und dann in Tröpfchen versiegte. Dann hörte sie die Toilettenspülung.

9

Donnerstag morgen bekam Brody einen Anruf, der ihn zu einer Sitzung des Stadtrates in Vaughans Büro lud. Er kannte das Thema der Sitzung: Öffnung der Strände zum Wochenende des 4. Juli, das übermorgen beginnen würde. Als er von seinem Büro zum Rathaus aufbrach, hatte er jedes mögliche Argument durchdacht und geprüft.

Er wußte, daß seine Argumente subjektiv, negativ, auf Intuition, Vorsicht und auf ein beständiges, nagendes Schuldgefühl gegründet waren. Aber Brody war überzeugt, daß er recht hatte. Die Strände zu öffnen, war weder eine Lösung noch ein Schlußstrich unter die Angelegenheit. Es war ein Glücksspiel, das Amity – und Brody – nie wirklich gewinnen konnten. Sie würden von einem Tag zum anderen warten und auf ein anhaltendes Unentschieden hoffen. Und eines Tages würden sie verlieren, dessen war Brody sicher.

Das Rathaus stand am Kopf der Main Street, wo diese als Sackgasse endete und von der Water Street überquert wurde. Das Gebäude krönte das von der Main und Water Street gebildete T. Es war eine imposante, pseudogeorgianische Angelegenheit – roter Backstein, weiß abgesetzt, mit zwei den Eingang einrahmenden, weißen Säulen. Eine Haubitze aus dem Zweiten Weltkrieg stand auf dem Rasen davor, das Kriegerdenkmal für die Gefallenen von Amity.

Das Gebäude war der Stadt in den späten Zwanzigern von einem Bankier geschenkt worden, der sich eingeredet hatte, Amity würde eines Tages das Handelszentrum des östlichen Long Island werden. Er war der Meinung, die Beamten der Stadtverwaltung sollten in einem ihnen gemäßen Gebäude arbeiten – nicht, wie es bis dahin der Fall gewesen war, in einer kleinen Flucht dumpfer Räume über einer Bar namens The Mill. (Im Februar 1930 versuchte der ruinierte Bankier, der sich bei der Voraussage seines eigenen Schicksals ebenso geirrt hatte wie bei dem von Amity, ohne Erfolg, das Gebäude zurückzufordern, mit der Begründung, er habe es der Stadt nur leihweise überlassen wollen.)

Die Räume im Innern waren so grotesk prunkvoll wie das Äußere. Sie waren riesig und hoch, und in jedem hing ein kunstvoller Kronleuchter. Statt Geld auszugeben und die großen Räume in kleinere unterteilen zu lassen, hatten darauffolgende Amity-Verwaltungen einfach immer mehr Beamte in jeden großen Raum gepfercht. Nur der Bürgermeister durfte noch seinen Halbtagsdienst in einsamer Pracht ausüben. Vaughans Büro lag in der Südostecke des zweiten Stockwerkes mit Ausblick auf den größten Teil der Stadt und auf den Atlantik in der Ferne.

Vaughans Sekretärin, eine angenehme, hübsche Frau namens Janet Sumner, saß an einem Schreibtisch im Vorzimmer des Bürgermeisterbüros. Obgleich er sie selten sah, empfand Brody väterliche Sympathie für Janet und war etwas verblüfft, daß sie – im Alter von sechsundzwanzig – immer noch unverheiratet war. Gewöhnlich versäumte er es nicht, sich nach ihrem Liebesleben zu erkundigen, ehe er in Vaughans Büro trat. Heute fragte er nur: »Sind alle drin?«

»Alle, die kommen sollten.« Brody wollte hineingehen, als Janet ihn fragte: »Wollen Sie denn nicht wissen, mit wem ich ausgehe?«

Er blieb stehen, lächelte und sagte: »Natürlich. Entschuldigung. Ich bin heute ganz durcheinander. Wer ist es also?«

»Niemand. Ich befinde mich in zeitweiligem Ruhestand. Aber ich will Ihnen was sagen.« Sie senkte die Stimme und beugte sich vor. »Ich hätte nichts gegen diesen Mr. Hooper.«

»Ist er auch drin?«

Janet nickte.

»Ich frage mich, wann er zum Stadtrat gewählt wurde.«

»Das weiß ich nicht«, sagte sie. »Aber er ist bestimmt reizend.«

»Tut mir leid, Jan, aber er ist bereits vergeben.«

»An wen?«

»Daisy Wicker.«

Janet lachte.

»Was ist daran so komisch? Ich habe Ihnen soeben das Herz gebrochen.«

»Wissen Sie über Daisy Wicker nicht Bescheid?«

»Ich glaube nicht.«

Wieder senkte Janet die Stimme. »Sie ist schwul. Sie hat eine Zimmergenossin und so was. Eine echte Lesbierin.«

»Hol mich der Henker!« sagte Brody. »Sie haben wirklich einen interessanten Posten, Jan.« Als er ins Büro trat, sagte Brody zu sich: Okay, wo, zum Teufel, *war* Hooper denn nun gestern?

Kaum hatte er das Büro betreten, wußte er, daß er allein kämpfen mußte. Die einzigen anwesenden Stadträte waren langjährige Freunde und Verbündete Vaughans: Tony Catsoulis, ein Bauunternehmer, der wie ein Feuerhydrant aussah; Ned Thatcher, ein gebrechlicher alter Mann, dessen Familie drei Generationen lang das Abelard Arms Inn im Besitz gehabt hatte; Paul Conover, Besitzer von Amity Liquors, und Rafe Lopez, ein dunkelhaariger Portugiese, der von der schwarzen Gemeinde der Stadt in den Stadtrat gewählt worden und ihr wortgewaltiger Interessenvertreter war.

Die vier Stadträte saßen um einen Kaffeetisch herum, Vaughan an seinem Schreibtisch am anderen Ende des riesigen Zimmers. Hooper stand am Fenster und blickte aufs Meer hinaus.

»Wo ist Albert Morris?« fragte Brody Vaughan, nachdem er die anderen flüchtig gegrüßt hatte.

»Er konnte nicht kommen«, sagte Vaughan. »Ich glaube, er fühlte sich nicht wohl.«

»Und Fred Potter?«

»Genau dasselbe. Es muß irgendein Virus grassieren.« Vaughan stand auf. »Nun, ich glaube, wir sind alle da. Schnappen Sie sich einen Stuhl, und schieben Sie ihn an den Kaffeetisch.«

Gott, er sieht furchtbar aus, dachte Brody, als er beobachtete, wie Vaughan einen Sessel mit gerader Rückenlehne durchs Zimmer zog. Vaughans Augen waren eingesunken und dunkel, sein Teint sah wie Mayonnaise aus. Entweder hat er einen Mordskater, schloß Brody, oder er hat einen Monat lang nicht richtig geschlafen.

Als alle Platz genommen hatten, sagte Vaughan: »Sie wissen, warum wir hier sind. Und ich glaube, man kann ohne Zögern sagen, daß es nur einen unter uns gibt, der überzeugt werden muß, was wir tun sollten.«

»Sie meinen mich«, sagte Brody.

Vaughan nickte. »Betrachten Sie es von unserem Gesichtspunkt aus, Martin. Die Stadt liegt im Sterben. Die Leute sind arbeitslos. Geschäfte, die eröffnen wollten, lassen es bleiben. Die Leute mieten keine Häuser, von kaufen ganz zu schweigen. Und jeden Tag, an dem wir die Strände gesperrt halten, schlagen wir einen Nagel in unseren eigenen Sarg. Wir erklären amtlich: Diese Stadt ist unsicher – bleiben Sie weg! Und die Leute folgen dem Rat.«

»Angenommen, Sie öffnen die Strände wirklich zum Vierten, Larry«, sagte Brody. »Und angenommen, es kommt jemand um.«

»Es ist ein kalkuliertes Risiko, aber ich glaube – wir glauben –, man kann es eingehen.«

»Wieso?«

Vaughan sagte: »Mr. Hooper?«

»Aus mehreren Gründen«, sagte Hooper. »Vor allem ist der Fisch eine ganze Woche nicht gesichtet worden.«

»Es ist auch niemand im Wasser gewesen«, wandte Brody ein.

»Das ist wahr. Aber ich bin jeden Tag – mit einer Ausnahme – draußen gewesen und habe ihn gesucht.«

»Ach ja, das wollte ich Sie noch fragen. Wo waren Sie gestern?«

»Es regnete«, sagte Hooper. »Entsinnen Sie sich?«

»Was machten Sie also?«

»Ich ... äh ...« Er machte eine kurze Pause und sagte dann: »Ich untersuchte einige Wasserproben. Und las.«

»Wo? In Ihrem Hotelzimmer?«

»Zeitweise ja. Was soll das eigentlich?«

»Ich rief Ihr Hotel an. Man sagte mir, Sie seien den ganzen Nachmittag aus gewesen.«

»Na wenn schon, ich war also aus!« sagte Hooper böse. »Ich habe mich doch nicht alle fünf Minuten bei Ihnen zu melden, oder?«

»Nein, aber Sie sind hier, um eine Aufgabe zu erfüllen, nicht, um sich in all den Landklubs herumzutreiben, deren Mitglied Sie einmal waren.«

»Hören Sie zu, Mister, Sie bezahlen mich nicht. Ich kann tun und lassen, was ich will!«

Vaughan unterbrach. »Unsinn, Herrschaften, so kommen wir nicht weiter.«

»Auf jeden Fall«, sagte Hooper, »habe ich keine Spur von diesem Fisch entdeckt. Kein Anzeichen. Dann muß man das Wasser berücksichtigen. Es wird jeden Tag wärmer. Die Temperatur beträgt jetzt beinahe 21 Grad. In der Regel – ich weiß, Regeln sind dazu da, gebrochen zu werden – ziehen die Großen Weißen kühleres Wasser vor.«

»Sie meinen also, er ist weiter nach Norden gezogen?«

»Oder hinaus, in tieferes, kühleres Wasser. Er könnte sich so gar nach Süden gewandt haben. Man kann nicht voraussagen, was diese Burschen tun.«

»Das meine ich ja eben«, sagte Brody. »Man kann es nicht voraussagen. Es beruht also alles auf Vermutungen.«

Vaughan sagte: »Sie können keine Garantie verlangen, Martin.«

»Sagen Sie das Christine Watkins. Oder der Mutter des Kintner-Jungen.«

»Weiß ich, weiß ich«, sagte Vaughan ungeduldig. »Aber wir müssen etwas tun. Wir können nicht herumsitzen und auf eine göttliche Offenbarung warten. Gott wird nicht an den Himmel schreiben: ›Der Hai ist fort.‹ Wir müssen das Beweismaterial abwägen und zu einem Beschluß kommen.«

Brody nickte. »Ich schätze, ja. Was hat das Genie hier sonst noch anzuführen?«

»Was ist denn mit Ihnen los?« sagte Hooper. »Ich wurde nach meiner Meinung gefragt.«

»Klar«, sagte Brody. »Okay. Was sonst?«

»Was wir die ganze Zeit gewußt haben. Daß der Fisch keinen Grund hat, sich hier aufzuhalten. Ich habe ihn nicht gesehen. Die Küstenwache hat ihn nicht gesehen. Keine Abfall-Leichter laden ihr Zeug im Wasser ab. Kein außergewöhnliches Fischleben zeigt sich in der Gegend. Es gibt einfach keinen Grund, weshalb er hier sein sollte.«

»Aber den hat es nie gegeben, oder? Und doch war er hier.«

»Das stimmt. Ich kann es nicht erklären und bezweifle, daß jemand es kann.«

»Höhere Gewalt also?«

»Und gegen höhere Gewalt gibt es keine Versicherung, nicht wahr, Larry?«

»Ich weiß nicht, worauf Sie abzielen, Martin«, sagte Vaughan. »Aber wir müssen zu einem Entschluß kommen. Was mich betrifft, gibt es nur eine Lösung.«

»Der Entschluß ist also gefaßt«, sagte Brody.

»Könnte man sagen, ja.«

»Und wenn noch jemand getötet wird? Wer übernimmt diesmal die Verantwortung? Wer wird mit dem Mann, der Mutter oder der Frau reden und ihnen sagen: ›Wir haben va banque gespielt und haben eben verloren‹?«

»Seien Sie nicht so ablehnend, Martin. Wenn die Zeit kommt –

falls die Zeit kommt, und ich wette, sie kommt nicht –, werden wir das entscheiden.«

»Jetzt, verdammt noch mal! Ich habe es satt, mir die ganze Verantwortung für Ihre Fehler aufbürden zu lassen.«

»Augenblick, Martin.«

»Es ist mein voller Ernst. Wenn Sie die Befugnis für die Öffnung der Strände haben wollen, dann übernehmen Sie auch die Verantwortung.«

»Was sagen Sie da?«

»Ich sage: Solange ich Polizeichef dieser Stadt bin, solange ich die Verantwortung für die öffentliche Sicherheit übernehmen soll, werden diese Strände nicht geöffnet.«

»Und ich sage Ihnen dies, Martin«, entgegnete Vaughan, »wenn die Strände am Wochenende des 4. Juli geschlossen bleiben, werden Sie Ihren Posten nicht mehr lange bekleiden. Das ist keine Drohung. Ich sage es nur. Wir können immer noch einen erfolgreichen Sommer haben. Aber wir müssen den Leuten sagen, daß es sicher ist, hierherzukommen. Zwanzig Minuten, nachdem die Bevölkerung dieser Stadt erfährt, daß Sie die Strände nicht öffnen werden, wird sie Sie des Amtsmißbrauchs anklagen oder sonst einen Weg finden, um Sie auszubooten. Sind Sie derselben Meinung, meine Herren?«

»Todsicher«, sagte Catsoulis. »Ich werde ihnen den Weg selbst zeigen.«

»Meine Leute haben keine Arbeit«, sagte Lopez. »Wenn Sie ihnen keine Arbeit verschaffen, soll'n auch Sie nicht arbeiten.«

Brody sagte kalt: »Sie können meinen Posten jederzeit haben.«

Auf Vaughans Schreibtisch ertönte der Summer. Ungehalten stand er auf und ging durchs Zimmer. Er hob den Hörer. »Ich sagte Ihnen doch, wir wollten nicht gestört werden!« knurrte er. Es herrschte einen Augenblick Stille, dann sagte er zu Brody: »Ein Anruf für Sie. Janet meint, es sei dringend. Sie können ihn hier annehmen oder draußen.«

»Ich nehme ihn draußen an«, sagte Brody und fragte sich, was so dringend sein konnte, daß man ihn aus einer Stadtratssitzung herausholte. Wieder ein Angriff? Er verließ das Zimmer und schloß die Tür hinter sich. Janet reichte ihm den Apparat auf ihrem Schreibtisch, doch bevor sie auf den Verbindungsknopf drücken konnte, fragte Brody: »Hat Larry heute morgen Albert Morris und Fred Potter angerufen?«

Janet blickte weg. »Ich wurde angewiesen, mit niemandem darüber zu sprechen.«

»Sagen Sie mir's, Janet. Ich muß es wissen.«

»Werden Sie ein gutes Wort bei dem Goldjungen da drin für mich einlegen?«

»Gemacht.«

»Nein. Die einzigen, die ich anrief, sind die vier da drinnen.«

»Drücken Sie auf den Knopf.« Janet drückte auf den Knopf, und Brody meldete sich: »Brody.«

Im Büro sah Vaughan das Licht blinken, nahm behutsam den Finger von der Gabel und legte die Hand auf die Sprechmuschel. Er blickte sich um, durchforschte jedes Gesicht nach einem Anzeichen des Mißfallens. Niemand gab seinen Blick zurück – nicht einmal Hooper, der zu dem Schluß gekommen war, daß es, je weniger er in die Angelegenheiten von Amity verwickelt wurde, desto besser für ihn sei.

»Hier ist Harry, Martin«, sagte Meadows. »Ich weiß, Sie sind in einer Sitzung und müssen wieder zurück. Also hören Sie zu. Ich werde mich kurz fassen. Larry Vaughan steckt bis zum Hals in Schulden.«

»Das glaube ich nicht.«

»Hören Sie zu, sage ich! Die Tatsache, daß er verschuldet ist, bedeutet nichts. Worauf es ankommt, ist, wem gegenüber er verschuldet ist. Vor langer Zeit, vielleicht vor fünfundzwanzig Jahren, ehe Larry Geld hatte, wurde seine Frau krank. Ich erinnere mich nicht, was ihr fehlte, aber es war ernst. Und teuer. Meine Erinnerung daran ist ein bißchen verschwommen, aber ich weiß noch, daß Larry mir hinterher erzählte, ein Freund habe ihm ausgeholfen und ihm ein Überbrückungsdarlehen verschafft. Es muß sich um mehrere tausend Dollar gehandelt haben. Larry nannte mir auch den Namen des Mannes. Ich hätte mir weiter keine Gedanken darüber gemacht, aber Larry sagte so ungefähr, der Mann sei stets bereit, Leuten aus Schwierigkeiten herauszuhelfen. Damals war ich jung und hatte kein Geld. Ich schrieb mir den Namen deshalb auf und legte ihn zu den Akten. Es ist mir nie eingefallen, ihn wieder herauszusuchen, bis Sie mich baten, ein bißchen herumzuschnüffeln. Der Name war Tino Russo.«

»Kommen Sie zur Sache, Harry.«

»Tu ich ja. Jetzt zur Gegenwart. Vor ein paar Monaten, ehe diese Hai-Misere anfing, wurde eine Gesellschaft namens Caskata Estates gegründet. Es ist eine Holdinggesellschaft. Zu Beginn hatte sie keine echten Aktiva. Das erste, was sie kaufte, war ein großer Kartoffelacker nördlich von der Scotch Road. Als der Sommer sich nicht gut anließ, kaufte Caskata noch ein paar Grundstücke auf. Es war alles vollkommen rechtmäßig. Offensichtlich hat die Gesellschaft irgendwo Geld im Hintergrund, und sie zog Vorteile aus dem stagnierenden Markt, um Grundstücke zu niedrigen Preisen zu erstehen. Aber dann – sobald die ersten Zeitungsmeldungen über die Hai-Sache erschienen – fing Caskata erst richtig an zu kaufen. Je tiefer die Immobilienpreise fielen, um so mehr kaufte sie. Alles ganz im stillen. Jetzt sind die Preise fast so gesunken wie während des Krieges, und Caskata kauft nach wie vor. Sehr wenig bar. Alles auf kurzfristige Schuldscheine. Unterzeichnet von Larry Vaughan, der als Präsident von Caskata eingetragen ist. Geschäftsführender Vizepräsident von Caskata Estates ist Tino Russo, den die *Times* seit Jahren als einen der Hintermänner in einer der fünf Mafia-Familien New Yorks verzeichnet hat.«

Brody pfiff durch die Zähne. »Und der Schweinehund hat gestöhnt, niemand kaufe etwas von ihm. Trotzdem verstehe ich nicht, weshalb Druck auf ihn ausgeübt wird, die Strände zu öffnen.«

»Ich bin nicht sicher. Ich bin noch nicht einmal sicher, ob noch Druck auf ihn ausgeübt wird. Es kann sein, daß er aus persönlicher Verzweiflung so argumentiert. Ich stelle mir vor, er hat sich weit übernommen. Er könnte jetzt nichts mehr kaufen, ganz gleich, wie tief die Preise sinken. Er kann nur aussteigen, ohne ruiniert zu werden, wenn der Markt sich ändert und die Preise steigen. Dann kann er verkaufen, was er gekauft hat, und Profit machen. Oder Russo kriegt den Profit, wie immer die Abmachungen sind. Wenn die Preise weiter sinken – mit anderen Worten, wenn die Stadt amtlich immer noch unsicher ist –, werden ihm seine Schuldscheine präsentiert. Er kann sie unmöglich einlösen. Wahrscheinlich hat er inzwischen über eine halbe Million an Wechseln laufen. Er wird sein Bargeld verlieren, und die Grundstücke werden entweder an ihre ursprünglichen Besitzer zurückfallen oder von Russo aufgekauft werden, wenn er das Geld zusammenbringen kann. Ich nehme nicht an, daß Russo dieses Risiko eingehen würde. Die Preise könnten weiter sinken, und dann säße er mit Vaughan in der Patsche. Ich vermute, daß

Russo sich nach wie vor große Profite erhofft, aber die einzige Chance, sie zu erzielen, besteht darin, daß Vaughan die Öffnung der Strände erzwingt. Dann, wenn sich nichts tut – wenn der Hai nicht noch jemanden tötet –, werden die Preise steigen, und Vaughan kann verkaufen. Russo wird seinen Anteil nehmen – den halben Gewinn oder was immer –, und Caskata wird aufgelöst. Vaughan wird den Rest bekommen, wahrscheinlich genug, um ihn vor dem Ruin zu bewahren. Wenn der Hai aber doch noch jemanden tötet, dann ist der einzige, der hereinfällt, Vaughan. Soviel ich weiß, hat Russo keine fünf Cents in dieser Gesellschaft stecken. Es ist alles –«

»Sie sind ein gottverdammter Lügner, Meadows!« schrie Vaughans Stimme in den Apparat. »Wenn Sie ein Wort von diesem Unsinn drucken, werde ich Sie verklagen, daß Ihnen die Luft wegbleibt!« Es knackte, als Vaughan den Hörer auf die Gabel warf.

»Da haben wir die Integrität unserer Wahlbeamten«, sagte Meadows.

»Was werden Sie nun tun, Harry? Können Sie etwas drucken?«

»Nein, zumindest noch nicht. Ich kann nicht genug nachweisen. Sie wissen genauso wie ich, daß die Gangster immer mehr auf Long Island vordringen – im Baugeschäft, in der Gastronomie, in allem. Aber es ist verdammt schwer, eine tatsächliche Ungesetzlichkeit zu beweisen. In Vaughans Fall bin ich gar nicht sicher, ob sich etwas Ungesetzliches abspielt, im strengen Sinne des Wortes. In ein paar Tagen, wenn ich noch ein bißchen mehr gebohrt habe, müßte ich in der Lage sein, einen Artikel zusammenzustellen, in dem klipp und klar gesagt wird, daß Vaughan sich mit einem bekannten Gangster assoziiert hat. Ich meine, einen Artikel, der hieb- und stichfest ist, wenn Vaughan je versuchen sollte zu klagen.«

»Ich finde, Sie haben jetzt schon genug«, sagte Brody.

»Die Kenntnis, aber nicht den Beweis. Ich besitze keine Schriftstücke oder auch nur Kopien davon. Ich habe sie gesehen, aber das ist alles.«

»Glauben Sie, daß einer der Stadträte darin verwickelt ist? Larry hat diese Sitzung mit Leuten gegen mich besetzt.«

»Nein. Sie meinen Catsoulis und Conover? Das sind bloß alte Freunde von Larry, denen er mal einen Gefallen getan hat.

Wenn Thatcher da ist, der ist zu alt und hat zu viel Angst, ein Wort gegen Larry zu sagen. Und Lopez ist anständig. Ihn interessieren nur die Arbeitsplätze seiner Schwarzen.«

»Weiß Hooper etwas? Er setzt sich ziemlich stark für eine Öffnung der Strände ein.«

»Nein, ich bin so gut wie sicher, er weiß nichts. Ich habe das alles erst vor einigen Minuten zusammengestellt, und es sind immer noch ein paar Unbekannte darunter.«

»Was soll ich nun tun? Ich bin vielleicht schon entlassen. Ich bot ihnen meinen Posten an, ehe ich herauskam, um Ihren Anruf anzunehmen.«

»Jesus, geben Sie nicht auf! Erstens brauchen wir Sie. Wenn Sie gehen, wird Russo sich mit Vaughan zusammentun und Ihren Nachfolger bestimmen. Sie denken vielleicht, Ihre Leute seien alle ehrlich, aber ich wette, Russo fände einen, der nichts dagegen hätte, ein bißchen Integrität gegen ein paar Dollar einzutauschen – oder sogar gegen den Posten des Chefs.«

»Was soll ich also tun?«

»An Ihrer Stelle würde ich die Strände öffnen.«

»Um Himmels willen, Harry, das wollen die ja! Genausogut kann ich mich auch von ihnen bezahlen lassen.«

»Sie haben selbst gesagt, daß viel für die Öffnung der Strände spricht. Ich glaube, Hooper hat recht. Irgendwann einmal müssen Sie sie freigeben, selbst wenn wir diesen Fisch nie mehr zu sehen bekommen. Dann können Sie's auch jetzt tun.«

»Und die Gangster das Geld einstreichen und davonkommen lassen.«

»Was *sonst*? Wenn Sie sie weiter sperren, wird Vaughan eine Möglichkeit finden, Sie auszubooten, und wird sie selbst öffnen. Dann können Sie keinem mehr nützen. Niemandem. So aber, wenn Sie die Strände freigeben und nichts passiert, hat die Stadt vielleicht eine Chance. Und später können wir einen Weg finden, Vaughan festzunageln. Ich weiß zwar nicht, wie, aber vielleicht finden wir was.«

»Scheiße«, sagte Brody. »Gut, Harry, ich werd' mir's überlegen. Wenn ich sie aber freigebe, dann bestimme ich, wie. Danke für den Anruf.« Er legte auf und ging in Vaughans Büro zurück.

Vaughan stand am Südfenster mit dem Rücken zur Tür. Als er Brody hereinkommen hörte, sagte er: »Die Sitzung ist geschlossen.«

»Was heißt geschlossen?« fragte Catsoulis. »Wir haben überhaupt keinen Beschluß gefaßt.«

Vaughan fuhr herum und sagte: »Geschlossen, Tony! Machen Sie mir keine Schwierigkeiten. Es wird kommen, wie wir's wollen. Geben Sie mir nur die Möglichkeit, mich mit dem Chef zu unterhalten. Okay? Jetzt raus!«

Hooper und die vier Stadträte verließen das Büro. Brody sah zu, wie Vaughan sie hinausgeleitete. Er wußte, daß er eigentlich Mitleid mit Vaughan haben sollte, konnte aber die Verachtung nicht unterdrücken, die ihn überflutete. Vaughan schloß die Tür, ging zur Couch hinüber und ließ sich schwer darauf nieder. Er stützte die Ellbogen auf die Knie und rieb sich die Schläfen mit den Fingerspitzen. »Wir waren Freunde, Martin«, sagte er. »Hoffentlich können wir's wieder sein.«

»Was ist Wahres an dem, was Meadows sagt?«

»Das werde ich Ihnen nicht verraten. Ich kann es nicht. Es muß genügen, wenn ich sage, daß ein Mann mir einmal einen Gefallen erwies, und jetzt soll ich für diesen Gefallen bezahlen.«

»Mit anderen Worten, alles stimmt.«

Vaughan blickte auf, und Brody sah, daß seine Augen rot und feucht waren. »Ich schwöre Ihnen, Martin, wenn ich eine Vorstellung davon gehabt hätte, was für Auswirkungen das haben würde, hätte ich mich nie darauf eingelassen.«

»Wieviel schulden Sie ihm?«

»Der ursprüngliche Betrag war zehntausend Dollar. Zweimal, vor langer Zeit, versuchte ich, das Geld zurückzuzahlen, aber sie haben meine Schecks einfach nicht eingelöst. Sie behaupteten dauernd, es sei ein Geschenk, ich brauchte mir darüber keine Sorgen zu machen. Aber meinen Schuldschein haben sie mir nie zurückgegeben. Als sie vor einigen Monaten zu mir kamen, bot ich ihnen hunderttausend Dollar – in bar – an. Sie sagten, das sei nicht genug. Sie wollten das Geld nicht haben. Sie wollten, daß ich ein paar Investitionen tätige. Jeder würde daran verdienen, sagten sie.«

»Und mit wieviel sitzen Sie jetzt drin?«

»Das weiß nur Gott allein. Mit jedem Cent, den ich besitze. Mehr als jedem Cent. Wahrscheinlich fast eine Million Dollar.« Vaughan holte tief Atem. »Können Sie mir helfen, Martin?«

»Das einzige, was ich für Sie tun kann, ist, Sie mit dem Staatsanwalt in Verbindung zu bringen. Wenn Sie als Zeuge aussagen würden, könnten Sie diesen Burschen eine Anklage wegen betrügerischer Darlehensgeschäfte auf den Hals laden.«

»Ich wäre tot, ehe ich vom Staatsanwalt nach Hause käme, und Eleanor säße mit nichts da. Diese Art Hilfe meine ich nicht.«

»Ich weiß.« Brody blickte auf Vaughan hinunter, ein kauerndes, wundes Tier, und hatte wirklich Mitleid mit ihm. Er begann, Zweifel an seinem eigenen Widerstand gegen die Öffnung der Strände zu hegen. Wieviel davon war der Rest früherer Schuld, wieviel war Angst vor einem neuen Angriff? Wieviel war Schonung seiner selbst aus Sicherheitsgründen, und wieviel war besonnene Sorge um die Stadt? »Ich will Ihnen etwas sagen, Larry. Ich werde die Strände freigeben. Nicht, um Ihnen zu helfen, weil ich sicher bin, daß Sie, wenn ich sie nicht freigäbe, eine Möglichkeit fänden, mich abzuhalftern, und sie selbst öffnen würden. Ich werde die Strände öffnen, weil ich nicht mehr sicher bin, ob ich recht habe.«

»Danke, Martin, ich weiß das zu schätzen.«

»Ich bin noch nicht fertig. Wie gesagt, ich werde sie öffnen. Aber ich werde meine Leute an den Stränden postieren. Und ich werde Hooper im Boot patrouillieren lassen. Und ich werde dafür sorgen, daß jeder, der da hinunter geht, sich der Gefahr bewußt ist.«

»Das können Sie nicht tun!« sagte Vaughan. »Dann können Sie die verdammten Strände genausogut weiter sperren.«

»Doch, kann ich, Larry. Und ich werde es tun.«

»Wie wollen Sie's anfangen? Schilder aufstellen, die vor einem Killer-Hai warnen? Eine Anzeige in die Zeitung setzen: ›Strände geöffnet – Bleiben Sie weg‹? Niemand wird an den Strand gehen, wenn er von Polypen wimmelt.«

»Ich weiß noch nicht, was ich tun werde. Aber etwas tu' ich. Ich werde mich nicht so stellen, als ob nie etwas passiert wäre.«

»Gut, Martin.« Vaughan stand auf. »Sie lassen mir keine große Wahl. Wenn ich Sie entließe, würden Sie wahrscheinlich als Privatmann zum Strand hinunterlaufen und herumbrüllen: ›Hai!‹ Also gut. Aber seien Sie klug – wenn nicht um meinetwillen, so um der Stadt willen.«

Brody verließ das Büro. Als er die Treppe hinunterstieg, blickte er auf die Uhr. Es war nach eins, und er hatte Hunger. Er ging durch die Water Street zu Löffler, dem einzigen Delikatessengeschäft von Amity. Es gehörte Paul Löffler, einem von Brodys Schulkameraden in der High School.

Als Brody die Glastür aufzog, hörte er Löffler sagen: ». . . wie ein gottverdammter Diktator, wenn ihr mich fragt. Ich weiß gar nicht, was er will.« Als er Brody sah, wurde Löffler rot. In der High School war er ein magerer Bursche gewesen, nachdem er aber das Geschäft seines Vaters übernommen hatte, war er den schrecklichen Versuchungen erlegen, die ihn an jedem Tag jeder Woche zwölf Stunden lang umgaben, und jetzt glich er einer Birne.

Brody lächelte: »Du hast doch nicht etwa von *mir* gesprochen?«

»Wie kommst du darauf?« fragte Löffler, noch mehr errötend.

»Nichts. Lassen wir's. Wenn du mir ein Schinken- und Käsebrot mit Mostrich gibst, erzähle ich dir etwas, das dich glücklich machen wird.«

»Das muß ich hören.« Löffler begann, Brodys Brot zu belegen.

»Ich werde die Strände zum Vierten freigeben.«

»Das macht mich wirklich glücklich.«

»Geschäft schlecht?«

»Schlecht.«

»Bei dir ist das Geschäft immer schlecht.«

»Nicht derartig. Wenn es nicht bald besser wird, werde ich noch der Anlaß für einen Rassenkrawall.«

»Wieso?«

»Ich soll zwei Lieferjungen für den Sommer anstellen. Ich bin dazu verpflichtet. Aber ich kann mir zwei nicht leisten. Ich habe nicht genug Arbeit für zwei, so wie die Dinge liegen. Ich kann also nur einen anstellen. Der eine ist weiß, der andere schwarz.«

»Welchen nimmst du?«

»Den Schwarzen. Ich denke, der hat das Geld nötiger. Ich danke bloß Gott, daß der Weiße kein Jude ist.«

Um 17.10 Uhr kam Brody nach Hause. Als er in die Auffahrt einbog, öffnete sich die Haustür, und Ellen rannte ihm entgegen. Sie hatte geweint und war noch sichtlich außer Fassung.

»Was ist los?« fragte er.

»Gott sei Dank, daß du da bist. Ich habe versucht, dich im Büro zu erreichen, aber du warst schon fort. Komm, schnell.« Sie nahm ihn an der Hand und führte ihn an der Hintertür vorbei zum Schuppen, in dem die Mülltonnen untergebracht waren. »Da drin«, sagte sie, auf eine Mülltonne zeigend. »Schau.«

Brody nahm den Deckel der Tonne ab. Oben im Müllsack lag als verkrümmter Haufen Seans Katze – ein großer, stämmiger Kater namens Frisky. Der Kopf der Katze war völlig herumgedreht worden, so daß die gelben Augen nach hinten starrten.

»Wie, zum Teufel, ist das passiert?« fragte Brody. »Ein Wagen?«

»Nein, ein Mann.« Ellen schluchzte. »Ein Mann hat es getan. Sean war dabei, als es passierte. Der Mann stieg drüben am Bordstein aus dem Wagen, packte die Katze und drehte ihr den Kopf herum, bis das Genick brach. Sean sagte, es machte ein schrecklich knackendes Geräusch. Dann warf er die Katze auf den Rasen, stieg wieder in seinen Wagen und fuhr davon.«

»Hat er etwas gesagt?«

»Ich weiß es nicht. Sean ist drinnen. Er hat einen hysterischen Anfall, und ich kann's verstehen. Martin, was ist hier los?«

Brody ließ den Deckel zuknallen. »Gottverdammter Schweinehund!« sagte er. Seine Kehle zog sich zusammen, und er biß sich auf die Zähne, daß die Muskeln an beiden Seiten des Kiefers vortraten. »Gehen wir hinein.«

Fünf Minuten später marschierte Brody zur Haustür hinaus. Er riß den Deckel der Mülltonne herunter und warf ihn beiseite. Er langte hinein und zog den Katzenkadaver heraus, trug ihn zu seinem Wagen, warf ihn durchs offene Fenster hinein und stieg ein. Er fuhr rückwärts heraus und mit kreischenden Reifen davon. Hundert Meter weiter schaltete er in einem Anfall unbeherrschter Wut die Sirene ein.

Nach ein paar Minuten erreichte er Vaughans Haus, eine große Villa im Tudor-Stil am Sprain Drive, einer Nebenstraße der Scotch Road. Er stieg aus, packte die tote Katze an einem ihrer Hinterläufe, stieg die Vorderstufen hinauf und läutete. Er hoffte, Eleanor Vaughan würde nicht an die Tür kommen.

Die Tür öffnete sich, und Vaughan sagte: »Hallo, Martin, ich . . .«

Brody hob die Katze und stieß sie Vaughan ins Gesicht. »Was ist das, Sie Schweinehund?«

Vaughan machte große Augen. »Wieso? Was ist los?«

»Einer Ihrer Freunde hat das getan. Direkt in meinem Vorgarten, direkt vor meinem Kind. Sie haben meine gottverfluchte Katze umgebracht! Haben Sie das veranlaßt?«

»Sie sind verrückt, Martin.« Vaughan schien echt schockiert zu sein. »So etwas würde ich nie tun. Niemals.«

Brody ließ den Katzenkadaver sinken und fragte: »Haben Sie Ihre Freunde angerufen, nachdem ich gegangen war?«

»Nun ... ja. Aber ich sagte ihnen nur, die Strände würden morgen geöffnet.«

»Ist das alles?«

»Ja. Warum?«

»Sie dreckiger Lügner!« Brody stieß Vaughan den Katzenkadaver vor die Brust und ließ ihn dann zu Boden fallen. »Wissen Sie, was der Kerl sagte, nachdem er meine Katze erwürgte? Wissen Sie, was er zu meinem Achtjährigen sagte?«

»Nein, natürlich nicht. Wie könnte ich?«

»Er sagte dasselbe wie Sie. Er sagte: ›Sag deinem Alten – er soll künftig schlauer sein!‹«

Brody drehte sich um und ging die Treppe hinunter, ließ Vaughan über dem ruppigen Bündel von Knochen und Fell stehen.

10

Freitag war es wolkig, mit vereinzelten Schauern, und die einzigen Schwimmer waren ein junges Paar, als Brodys Mann am Strand ankam. Hooper patrouillierte sechs Stunden lang und sah nichts. Freitag abend bat Brody die Küstenwache telefonisch um einen Wetterbericht. Dabei war er nicht sicher, was genau er hören wollte. Er wußte, daß er sich für das dreitägige Ferienwochenende schönes Wetter wünschen sollte. Es würde die Leute nach Amity locken, und wenn sich nichts ereignete, nichts gesichtet wurde, konnte er am Dienstag vielleicht zu glauben beginnen, daß der Hai fort war. Wenn sich nichts ereignete. Insgeheim hätte er eine dreitägige starke Brise willkommen geheißen, die die Strände übers Wochenende leer fegen würde. Wie auch immer – er bat seine persönlichen Götter, nichts passieren zu lassen.

Er wollte, daß Hooper nach Woods Hole zurückkehrte. Der Grund war nicht nur, daß Hooper immer da war, die Stimme des Fachmanns, die seiner Vorsicht widersprach. Brody fühlte, daß Hooper irgendwie in sein Haus eingedrungen war. Er wußte, daß

Ellen seit der Party mit Hooper gesprochen hatte: Martin junior hatte erwähnt, daß Hooper sie möglicherweise zum Picknick und Muschelsuchen an den Strand mitnehmen wollte. Und dann die Sache am Mittwoch. Ellen hatte gesagt, sie fühle sich nicht wohl, und hatte wahrhaftig miserabel ausgesehen, als er nach Hause kam. Wo aber war Hooper an diesem Tag gewesen? Warum war er ausgewichen, als Brody ihn danach gefragt hatte? Zum ersten Mal in seinem Eheleben war Brody unsicher, und diese Unsicherheit erfüllte ihn mit einer beunruhigenden Zwiespältigkeit – Vorwürfe gegen sich selbst, weil er Ellen mißtraute, und Angst, daß tatsächlich Grund für diese Unsicherheit bestehen könnte.

Der Wetterbericht lautete: klar und sonnig, Südwestwind mit einer Geschwindigkeit von fünf bis zehn Knoten. Nun, dachte Brody, vielleicht ist es das Beste. Wenn wir ein gutes Wochenende haben und niemand zu Schaden kommt, dann kann ich vielleicht wieder hoffen. Und Hooper wird bestimmt abreisen.

Brody hatte gesagt, er werde Hooper anrufen, sobald er mit der Küstenwache gesprochen habe. Er stand am Küchentelefon. Ellen wusch das Abendbrotgeschirr. Brody wußte, daß Hooper im Abelard Arms wohnte. Er sah das Telefonbuch unter einem Stapel Rechnungen, Notizbüchern und Comic Books auf dem Küchentisch liegen und wollte schon danach greifen, hielt aber inne. »Ich muß Hooper anrufen«, sagte er. »Weißt du, wo das Telefonbuch ist?«

»6543«, sagte Ellen.

»Was ist 6543?«

»Das Abelard. Das ist die Nummer: 6543.«

»Woher weißt du das?«

»Ich habe ein Gedächtnis für Telefonnummern. Das weißt du. Hab' ich immer.«

Er wußte es natürlich und verfluchte sich, daß er solch dumme Tricks anwandte. Er wählte die Nummer.

»Abelard Arms.« Es war eine Männerstimme, jung. Der Nachtportier.

»Matt Hoopers Zimmer, bitte.«

»Wissen Sie zufällig die Nummer des Zimmers, Sir?«

»Nein.« Brody legte die Hand auf die Sprechmuschel und fragte Ellen: »Weißt du die Zimmernummer?«

Sie sah ihn an und antwortete eine Sekunde lang nicht. Dann schüttelte sie den Kopf.

Der Angestellte sagte: »Hier ist es. Vier-null-fünf.«

Das Telefon läutete zweimal, ehe Hooper antwortete.

»Hier ist Brody.«

»Ja. Hallo.«

Brody blickte auf die Wand gegenüber und versuchte, sich das Hotelzimmer vorzustellen. Er beschwor eine kleine dunkle Mansarde herauf, ein zerwühltes Bett, Flecken auf dem Laken, Brunstgerüche. Er hatte kurz das Gefühl, den Verstand zu verlieren. »Ich schätze, wir sind morgen dran«, sagte er. »Der Wetterbericht ist gut.«

»Ja, ich weiß.«

»Dann treffe ich Sie also am Dock unten.«

»Um wieviel Uhr?«

»Sagen wir, 9.30 Uhr. Vorher wird niemand schwimmen gehen.«

»Okay. 9.30 Uhr.«

»Fein. Oh, übrigens«, sagte Brody, »wie haben sich die Dinge mit Daisy Wicker angelassen?«

»Was?«

Brody wünschte, er hätte nicht gefragt. »Ach, nichts, ich war nur neugierig, ob's zwischen euch geklappt hat.«

»Nun . . . ja, da Sie es erwähnen. Gehört es zu Ihrem Beruf, das Sexualleben anderer Leute zu überwachen?«

»Vergessen Sie's. Vergessen Sie, daß ich's überhaupt erwähnt habe.« Er legte auf. Lügner, dachte er. Was, zum Teufel, geht hier vor? Er wandte sich an Ellen. »Martin sagte etwas von einem Strand-Picknick. Wann ist das?«

»Kein bestimmter Termin«, antwortete sie. »Es war nur ein Vorschlag.«

»So.« Er sah sie an, aber sie gab seinen Blick nicht zurück. »Ich glaube, es ist Zeit, daß du dich schlafen legst.«

»Warum sagst du das?«

»Du hast dich nicht wohl gefühlt, und jetzt wäschst du das Glas schon zum zweiten Mal ab.« Er holte sich ein Bier aus dem Kühlschrank. Er riß die Lasche hoch, und sie brach ihm in der Hand ab. »Scheiße!« sagte er, warf die volle Dose in den Abfalleimer und marschierte aus der Küche.

Sonnabend mittag stand Brody auf einer Düne, von der aus man den Scotch-Road-Strand überblicken konnte, und kam sich halb wie ein Geheimagent und halb wie ein Idiot vor. Er hatte ein Polohemd und eine Badehose an, hatte sich extra für diesen Einsatz eine kaufen müssen. Seine weißen Beine machten ihm Kummer, sie waren fast haarlos, nachdem sie sich jahrelang an langen Hosen gescheuert hatten. Er wünschte, Ellen wäre mitgekommen, damit er nicht so auffiel, aber sie hatte abgelehnt, behauptete, da er übers Wochenende sowieso nicht zu Hause sein würde, wäre es eine gute Gelegenheit für sie, ihre Hausarbeit nachzuholen. In einer Strandtasche neben Brody waren ein Feldstecher, ein tragbares Funkgerät, zwei Dosen Bier und ein in Cellophan gewickeltes belegtes Brot verstaut. Eine viertel bis halbe Meile von der Küste entfernt fuhr die *Flicka* langsam ostwärts. Brody beobachtete das Boot und sagte sich: Wenigstens weiß ich, wo *er* heute ist.

Die Küstenwache hatte recht gehabt: Der Tag war herrlich – wolkenlos und warm, mit einer leichten Brise an der Küste. Der Strand war nicht voll. Etwa ein Dutzend Teenager lagen verstreut herum. Einige Paare dösten – bewegungslos wie die Leichen, als ob eine Bewegung die kosmischen Strahlen unterbrechen könnte, die die Sonnenbräunung hervorbrachten. Eine Familie saß um ein Holzkohlenfeuer im Sand, und der Duft brutzelnder Hamburger stieg Brody in die Nase.

Bis jetzt war noch niemand schwimmen gegangen. Zweimal hatten Eltern ihre Kinder an den Wasserrand geführt und ihnen erlaubt, in der Brandung zu waten, doch nach ein paar Minuten hatten die Eltern – gelangweilt oder ängstlich – die Kinder angewiesen, wieder herauszukommen. Brody hörte hinter sich knisternde Schritte im Strandgras und drehte sich um. Ein Mann und eine Frau – Endvierziger wahrscheinlich und beide mit Übergewicht – kamen mühsam die Düne herauf, zwei jammernde Kinder hinter sich herziehend. Der Mann trug Khakihosen, ein Trikothemd und leichte Segeltuchschuhe. Die Frau hatte ein bedrucktes Kleid an, das an ihren welligen Schenkeln hochrutschte. In der Hand trug sie ein Paar Sandalen. Hinter ihnen sah Brody einen auf der Scotch Road geparkten Campingwagen.

»Kann ich etwas für Sie tun?« fragte Brody, als das Paar oben angekommen war.

»Ist das der Strand?« fragte die Frau.

»Welchen Strand suchen Sie? Der öffentliche Strand ist –«

»Das ist er, ganz klar«, sagte der Mann, eine Straßenkarte aus der Tasche ziehend. Er sprach mit dem unverkennbaren Akzent des New Yorkers. »Wir bogen von der Siebenundzwanzig ab und folgten dieser Straße hier. Das ist er, keine Frage.«

»Wo ist der Hai?« fragte eines der Kinder, ein dicker Junge von ungefähr dreizehn. »Du hast doch gesagt, wir würden einen Hai zu sehen bekommen.«

»Sei still«, sagte sein Vater. Und zu Brody: »Wo ist dieser Teufelshai?«

»Was für ein Hai?«

»Der Hai, der die vielen Leute getötet hat. Ich habe es im Fernsehen gesehen – auf drei verschiedenen Kanälen. Ein Killer-Hai. Genau hier.«

»Es *war* ein Hai hier«, sagte Brody. »Aber jetzt ist er weg. Und wenn wir Glück haben, wird er nicht zurückkommen.«

Der Mann starrte Brody eine Sekunde an und knurrte: »Was, wir sind die ganze Strecke hier herausgefahren, um diesen Hai zu sehen, und er ist fort? Das hat das Fernsehen aber nicht gesagt.«

»Dafür kann ich nichts«, sagte Brody. »Ich weiß nicht, wer Ihnen gesagt hat, Sie würden den Hai zu sehen bekommen. Die kommen nicht einfach an den Strand gekrochen und geben Pfötchen, verstehen Sie.«

»Werden Sie bloß nicht pampig, Kamerad.«

Brody stand auf. »Hören Sie zu, Mister«, sagte er, seine Brieftasche aus dem Gürtel seiner Badehose ziehend. Er öffnete sie, daß der Mann seine Marke sehen konnte. »Ich bin der Polizeichef dieser Stadt. Ich weiß nicht, wer Sie sind oder für wen Sie sich halten, aber man marschiert in Amity nicht einfach auf einen Privatstrand und benimmt sich wie ein Stromer. Also, sagen Sie, was Sie wollen, oder verschwinden Sie.«

Der Mann hörte auf, sich in Positur zu stellen. »Entschuldigung«, sagte er. »Es ist bloß – nach all dem gottverfluchten Verkehr, und nachdem die Kinder mir die Ohren vollgebrüllt haben, dachte ich, daß wir uns wenigstens den Hai ansehen könnten. Deswegen sind wir nämlich so weit gefahren.«

»Sie sind zweieinhalb Stunden gefahren, um einen Hai zu sehen? Warum?«

»Ganz schön anstrengend. Letzte Woche fuhren wir nach Jungle Habitat. Wir dachten, wir würden dieses Wochenende vielleicht an die Jerseyküste fahren. Dann aber hörten wir von dem

Hai hier draußen. Die Kinder haben noch nie einen Hai gesehen.«

»Nun, ich hoffe, sie werden auch heute keinen sehen.«

»Scheiße«, sagte der Mann.

»Du hast gesagt, wir würden einen Hai sehen!« quengelte einer der Jungen.

»Halt den Mund, Benny!« Der Mann wandte sich wieder an Brody: »Ist es gestattet, hier zu lunchen?«

Brody wußte, daß er die Leute zum öffentlichen Strand hinunterbeordern konnte, aber ohne eine Parkerlaubnis für Anlieger mußten sie ihren Campingwagen mehr als eine Meile vom Strand entfernt parken. Er sagte also: »Ich denke, ja. Wenn sich jemand beschwert, müssen Sie verschwinden, aber ich bezweifle, daß sich heute jemand beschwert. Also los. Lassen Sie aber auf dem Strand nichts liegen – kein Einwickelpapier oder Streichholz –, sonst kriegen Sie einen Strafzettel wegen Umweltverschmutzung.«

»Okay.« Der Mann fragte seine Frau: »Hast du die Kühltasche?«

»Ich habe sie im Wagen gelassen«, antwortete sie. »Ich wußte nicht, daß wir hierbleiben würden.«

»Scheiße.« Der Mann stapfte keuchend die Düne hinunter. Die Frau und ihre beiden Kinder gingen zwanzig oder dreißig Meter weiter und setzten sich in den Sand.

Brody sah auf die Uhr: 12.15. Er langte in die Strandtasche und holte das Funksprechgerät heraus. »Sind Sie da, Leonard?«

Einen Augenblick später kam die Antwort rasselnd aus dem Lautsprecher: »Verstehe Sie klar und deutlich, Chef. Ende.« Hendrick hatte sich freiwillig gemeldet, das Wochenende auf dem öffentlichen Strand zuzubringen, als dritter in der Dreieckswache. »Sie werden noch ein richtiger Strandstromer«, hatte Brody gesagt, als Hendricks sich freiwillig meldete. Hendricks hatte lachend erwidert: »Klar, Chef. Wenn man schon an einem Ort wie diesem lebt, muß man sich auch entsprechend verhalten.«

»Was gibt's?« fragte Brody. »Ist was los?«

»Nichts, was wir nicht meistern können, aber ein kleines Problem haben wir. Zu mir kommen dauernd Leute und wollen mir Eintrittskarten vorzeigen. Ende.«

»Eintrittskarten wofür?«

»Zutritt zum Strand. Sie sagen, sie hätten Sonderkarten in der Stadt gekauft, die sie berechtigen, den Strand von Amity zu betreten. Sie sollten die verdammten Dinger mal sehen. Ich habe eine hier. Es steht drauf: ›Hai-Strand. Gültig für eine Person. Zwei-fünfzig.‹ Ich kann mir nur vorstellen, daß ein Schwindler ganz schön an dem Verkauf von Eintrittskarten verdient, die die Leute gar nicht brauchen. Ende.«

»Wie reagieren sie, wenn Sie ihre Karten als Betrug bezeichnen?«

»Zuerst werden sie fuchsteufelswild, wenn ich ihnen sage, sie seien hereingelegt worden, es gäbe keine Gebühr für den Zutritt zum Strand. Dann werden sie noch wütender, wenn ich ihnen sage, sie dürften, mit oder ohne Karte, ihre Wagen nicht ohne Parkerlaubnis auf dem Parkplatz stehen lassen. Ende.«

»Weiß einer, wer diese Karten verkauft?«

»Irgendein Bursche in der Main Street. Er sagte ihnen, ohne Karte könnten sie nicht an den Strand. Ende.«

»Ich möchte herausbekommen, wer diese Karten verkauft, Leonard, das muß sofort aufhören. Rufen Sie das Hauptquartier an und sagen Sie, ein Mann soll zur Main Street gehen und diesen Bastard verhaften. Wenn er von außerhalb kommt, dann schmeißen Sie ihn aus der Stadt. Wenn er hier wohnt, sperren Sie ihn ein.«

»Mit welcher Begründung? Ende.«

»Ist mir egal. Denken Sie sich etwas aus, Betrug. Auf jeden Fall entfernen Sie ihn von der Straße.«

»Okay, Chef.«

»Noch was?«

»Nein. Es sind noch mehr Fernsehreporter mit einem Aufnahmewagen hier, aber sie interviewen nur die Leute, Ende.«

»Worüber?«

»Na, das Übliche. Haben Sie Angst, schwimmen zu gehen? Was halten Sie von dem Hai? Diesen Quatsch. Ende.«

»Wie lange sind sie schon da?«

»Fast den ganzen Vormittag. Ich weiß nicht, wie lange sie bleiben werden, besonders da niemand ins Wasser geht. Ende.«

»Solange sie uns keinen Verdruß machen?«

»Nein. Ende.«

»Okay. He, Leonard, Sie brauchen nicht dauernd ›Ende‹ zu sagen. Ich weiß schon, wann Sie zu Ende gesprochen haben.«

»Das ist so üblich, Chef. Macht alles klar. Ende und aus.«

Brody wartete einen Augenblick, drückte wieder auf den Knopf und sagte: »Hooper, hier spricht Brody. Gibt's was draußen?« Keine Antwort. »Brody ruft Hooper. Können Sie mich hören?« Er wollte schon ein drittes Mal rufen, als er Hoopers Stimme hörte.

»Verzeihung. Ich war auf Deck. Ich glaubte, etwas zu sehen.«

»Was haben Sie gesehen?«

»Nichts. Ich bin sicher, es war nichts. Meine Augen haben mich getäuscht.«

»Was *glaubten* Sie, gesehen zu haben?«

»Ich kann es eigentlich nicht beschreiben. Einen Schatten vielleicht. Nicht mehr. Das Sonnenlicht kann einen zum Narren halten.«

»Sonst haben Sie nichts gesehen?«

»Absolut nichts. Den ganzen Morgen.«

»Lassen wir's also dabei. Ich melde mich später wieder bei Ihnen.«

»Gut. In ein oder zwei Minuten kreuze ich vor dem öffentlichen Strand.«

Brody steckte das Funksprechgerät in die Tasche zurück und nahm sein Brot heraus. Es war kalt und trocken, weil es neben der mit Eis gefüllten Plastiktüte gelegen hatte, die die Bierdosen enthielt.

Gegen 14.30 Uhr war der Strand fast leer. Die Leute waren weggegangen, um Tennis zu spielen, zu segeln oder sich beim Friseur das Haar machen zu lassen. Die einzigen am Strand noch Verbliebenen waren ein halbes Dutzend Teenager und die Familie aus New York.

Brodys Beine begannen Farbe zu bekommen – rötliche Pusteln zeigten sich auf seinen Schenkeln und Fußrücken –, worauf er sie mit seinem Handtuch bedeckte. Er nahm das Funksprechgerät aus der Tasche und rief Hendricks: »Ist was los, Leonard?«

»Nichts, Chef. Ende.«

»Ist jemand schwimmen gegangen?«

»Nein. Waten, aber das ist alles. Ende.«

»Dasselbe hier. Was hören Sie von dem Kartenverkäufer?«

»Nichts, aber niemand zeigt mehr Karten vor, ich nehme daher an, daß man ihn rausgeschmissen hat. Ende.«

»Und die Fernsehleute?«

»Die fuhren vor ein paar Minuten ab. Sie wollten wissen, wo Sie sind. Ende.«

»Weshalb?«

»Keine Ahnung. Ende.«

»Haben Sie's ihnen gesagt?«

»Klar. Warum nicht? Ende.«

»Okay. Ich melde mich später wieder.« Brody beschloß, einen kleinen Spaziergang zu machen. Er tupfte mit dem Finger auf eines der rosa Bläschen auf seinem Schenkel. Es wurde sofort weiß und dann feuerrot, als er den Finger wegnahm. Er wickelte das Handtuch um die Taille, um seine Beine vor der Sonne zu schützen, nahm das Funksprechgerät und schlenderte zum Wasser hinunter.

Er hörte das Geräusch eines Motors, machte kehrt und ging die Düne hinauf. Ein weißer Kastenwagen parkte auf der Scotch Road. Die schwarzen Lettern an der Seite lauteten: »WNBC-TV News.« Die Fahrertür öffnete sich, ein Mann stieg aus und stapfte durch den Sand auf Brody zu.

Als der Mann näher kam, schien er Brody irgendwie bekannt. Er war jung, hatte langes, welliges Haar und ein Menjoubärtchen.

»Chef Brody?« fragte er, noch ein paar Schritte entfernt.

»Jawohl.«

»Man sagte mir, ich würde Sie hier finden. Ich bin Bob Middleton, Nachrichten Kanal vier.«

»Sind Sie der Reporter?«

»Ja. Die Mannschaft ist im Wagen.«

»Ich dachte mir gleich, ich hätte Sie schon irgendwo gesehen. Was kann ich für Sie tun?«

»Ich möchte Sie gern interviewen.«

»Worüber?«

»Über die ganze Hai-Angelegenheit. Wie Sie zu dem Entschluß kamen, die Strände freizugeben.«

Brody überlegte einen Augenblick und sagte sich dann: Was, zum Teufel, ein bißchen Publicity kann der Stadt nicht schaden, nachdem die Gefahr, daß etwas passiert – zumindest heute –, ziemlich gering ist. »Gut«, sagte er. »Wo wollen Sie's machen?«

»Am Strand unten. Ich hole die anderen. Es wird ein paar Minuten dauern, bis wir die Aufnahmegeräte aufgestellt haben, wenn Sie also noch etwas zu tun haben, bitte sehr. Ich rufe dann, wenn wir bereit sind.« Middleton trottete in Richtung Wagen davon.

Brody hatte nichts Besonderes zu tun, da er aber begonnen hatte, einen Spaziergang zu machen, hielt er es für das Beste, dabei zu bleiben. Er ging zum Wasser hinunter.

Als er an der Teenager-Gruppe vorbeikam, hörte er einen Jungen sagen: »Na, hat einer Schneid? Zehn Piepen sind zehn Piepen.«

Ein Mädchen sagte: »Ach, Limbo, hör schon auf.«

Brody blieb etwa fünf Meter entfernt stehen, tat, als interessiere ihn etwas vor der Küste.

»Warum denn?« fragte der Junge. »Es ist ein ziemlich gutes Angebot. Ich glaube nicht, daß jemand den Mut hat. Noch vor fünf Minuten habt ihr mir alle gesagt, es sei unmöglich, daß der Hai noch hier ist.«

Ein anderer Junge fragte: »Wenn du so verdammt scharf drauf bist, warum gehst du nicht selbst hinein?«

»Ich mache das Angebot«, sagte der erste Junge. »*Mir* zahlt keiner zehn Piepen, wenn ich ins Wasser gehe. Nun, was meinst du?«

Es herrschte einen Augenblick Stille, und dann fragte der andere: »Zehn Piepen? Bar?«

»Hier sind sie«, sagte der erste Junge, mit einer Zehn-Dollar-Note herumwedelnd.

»Wie weit muß ich hinausschwimmen?«

»Hundert Meter. Das ist eine ganz gute Entfernung. Einverstanden?«

»Woher soll ich wissen, wie weit hundert Meter sind?«

»Schätzen. Brauchst bloß eine Weile zu schwimmen, dann hältst du an. Wenn es aussieht, als wärst du hundert Meter draußen, winke ich dich zurück.«

»Abgemacht.« Der Junge stand auf.

Das Mädchen sagte: »Du bist verrückt, Jimmy. Warum willst du ins Wasser gehen? Du brauchst die zehn Dollar nicht.«

»Glaubst du, ich habe Angst?«

»Keiner hat etwas von Angst gesagt«, erwiderte das Mädchen. »Es ist unnötig, das ist alles.«

»Zehn Piepen sind nie unnötig«, sagte der Junge. »Ganz besonders, wenn der Alte einem den Monatswechsel kürzt, weil man auf der Hochzeit der Tante ein bißchen Hasch geraucht hat.«

Der Junge drehte sich um und trottete zum Wasser. Brody rief: »He!«, und der Junge blieb stehen.

»Was ist?«

Brody ging zu dem Jungen hinüber. »Was hast du vor?«

»Schwimmen. Wer sind Sie?«

Brody zog seine Brieftasche heraus und zeigte dem Jungen seine Marke. »Willst du wirklich schwimmen gehen?« fragte er. Er sah, daß der Junge an ihm vorbei zu seinen Freunden blickte.

»Klar. Warum nicht? Es ist doch erlaubt, oder?«

Brody nickte. Er wußte nicht, ob die anderen außer Hörweite waren, daher senkte er die Stimme und fragte: »Willst du, daß ich dir's verbiete?«

Der Junge sah ihn an, zögerte einen Augenblick und schüttelte den Kopf. »Nein, Mann. Ich kann die zehn Piepen gebrauchen.«

»Bleib nicht zu lange drin«, sagte Brody.

»Werd' ich nicht.« Der Junge sprang ins Wasser, warf sich über eine kleine Welle und begann zu schwimmen.

Brody hörte schnelle Schritte hinter sich. Bob Middleton sauste an ihm vorbei und rief dem Jungen zu: »He! Komm zurück!« Er fuchtelte mit den Armen und rief noch mal.

Der Junge hörte auf zu schwimmen und stellte sich hin. »Was ist los?«

»Nichts. Ich möchte bloß ein paar Aufnahmen von dir machen, wie du ins Wasser gehst. Einverstanden?«

»Na klar«, sagte der Junge. Er watete zur Küste zurück.

Middleton wandte sich an Brody. »Ich bin froh, daß ich ihn erwischte, ehe er zu weit draußen war. Wenigstens kriegen wir *einen*, der heute hier schwimmt.«

Zwei Männer tauchten neben Brody auf. Der eine trug eine 16-mm-Kamera und ein Stativ. Er hatte Schaftstiefel, Drillichhose, Khaki-Hemd und Lederweste an. Der andere war kleiner, älter und dicker. Er trug einen zerknitterten, grauen Anzug und schleppte einen mit Skalen und Knöpfen bedeckten, rechteckigen Kasten. Um seinen Hals hingen Kopfhörer.

»Da ist es genau richtig, Walter«, sagte Middleton. »Sagen Sie mir, wenn Sie bereit sind.« Er zog ein Notizbuch aus der Tasche und stellte dem Jungen einige Fragen.

Der ältere Mann stapfte zu Middleton hinunter und reichte ihm ein Mikrophon. Dann ging er zum Kameramann zurück, Kabel von einer Winde in seiner Hand abspulend.

»Jederzeit«, sagte der Kameramann.

»Ich muß den Ton auf den Jungen einstellen«, sagte der Mann mit dem Kopfhörer.

»Sag was«, forderte Middleton den Jungen auf und hielt ihm das Mikrophon vor den Mund.

»Was soll ich sagen?«

»In Ordnung«, rief der Mann mit dem Kopfhörer.

»Okay«, sagte Middleton. »Wir fangen nah an, Walter, dann machen wir eine Überblendung, okay? Geben Sie mir ein Startsignal, wenn Sie fertig sind.«

Der Kameramann guckte ins Okular, hob seinen Finger und zeigte auf Middleton. »Start«, sagte er.

Middleton blickte in die Kamera und sagte: »Wir sind heute früh am Strand von Amity, und soweit wir feststellen konnten, hat sich bis jetzt noch niemand ins Wasser getraut. Vom Hai keinerlei Anzeichen, aber die Bedrohung bleibt. Ich stehe hier mit Jim Prescott, einem jungen Mann, der soeben beschlossen hat, ein bißchen zu schwimmen. Sag mir, Jim, machst du dir irgendwelche Sorgen, daß da draußen etwas herumschwimmen könnte?«

»Nein«, sagte der Junge. »Ich glaube nicht, daß etwas draußen ist.«

»Du hast also keine Angst?«

»Nein.«

»Bist du ein guter Schwimmer?«

»Ziemlich gut.«

Middleton steckte die Hand aus. »Nun, viel Glück, Jim. Danke fürs Interview.«

Der Junge schüttelte Middleton die Hand. »Klar«, sagte er. »Was soll ich jetzt tun?«

»Schnitt!« sagte Middleton. »Wir nehmen von oben auf, Walter. Eine Sekunde.« Er wandte sich an den Jungen. »Das darfst du nicht fragen, Jim, okay? Nachdem ich dir danke, drehst du dich einfach um und gehst aufs Wasser zu.«

»Okay«, sagte der Junge. Er zitterte und rieb sich die Arme.

»He, Bob«, sagte der Kameramann, »der Junge sollte sich abtrocknen. Er kann nicht naß aussehen, wenn er angeblich noch gar nicht im Wasser gewesen ist.«

»Ja, Sie haben recht«, sagte Middleton. »Kannst du dich abtrocknen, Jim?«

»Klar.« Der Junge lief zu seinen Freunden und trocknete sich mit einem Handtuch ab.

Eine Stimme neben Brody sagte: »Was gibt's hier?« Es war der Mann aus New York.

»Fernsehen«, sagte Brody. »Die wollen jemanden beim Schwimmen filmen.«

»Na, so was! Da hätte ich meine Badehose mitbringen sollen.«

Das Interview wurde nochmals gemacht, und nachdem Middleton dem Jungen gedankt hatte, rannte dieser ins Wasser und schwamm los.

Middleton ging zum Kameramann zurück und sagte: »Machen Sie weiter, Walter. Irv, Sie können den Ton wegnehmen. Wahrscheinlich nehmen wir das für Rolle B.«

»Wieviel wollen Sie von dem hier?« fragte der Kameramann, den schwimmenden Jungen verfolgend.

»Fünfunddreißig Meter ungefähr«, sagte Middleton. »Aber wir bleiben, bis er herauskommt. Halten Sie sich auf jeden Fall bereit.«

Brody hatte sich inzwischen so sehr an das ferne, kaum hörbare Brummen des *Flicka*-Motors gewöhnt, daß sein Bewußtsein es nicht mehr als Geräusch registrierte. Es war ein Bestandteil des Strandes wie das Wellenrauschen. Plötzlich ging das Geräusch des Motors von einem tiefen Murmeln in ein drängendes Grollen über. Brody blickte über den schwimmenden Jungen hinaus und sah das Boot eine scharfe, schnelle Wendung machen – im Gegensatz zu den langsamen, gemächlichen Kehren auf seinen normalen Patrouillenfahrten. Er hob das Funksprechgerät an den Mund und fragte: »Sehen Sie was, Hooper?« Das Boot fuhr langsamer und stoppte.

Middleton hörte Brody sprechen. »Geben Sie mir Ton, Irv«, sagte er. »Nehmen Sie's auf, Walter.« Er ging zu Brody und fragte: »Ist was, Chef?«

»Ich weiß nicht«, antwortete Brody. »Das will ich gerade herausbekommen.« Er sagte in das Funksprechgerät: »Hooper?«

»Ja«, antwortete Hoopers Stimme. »Ich weiß immer noch nicht, was es ist. Es war wieder dieser Schatten. Ich kann ihn jetzt nicht sehen. Vielleicht sind meine Augen übermüdet.«

»Haben Sie das mitgekriegt, Irv?« fragte Middleton. Der Toningenieur schüttelte den Kopf.

»Draußen schwimmt ein Junge«, sagte Brody.

»Wo?« fragte Hooper.

Middleton schob Brody das Mikrophon zwischen Mund und Funksprechgerät. Brody drückte es beiseite, doch Middleton stieß es schnell wieder zurück, einen Zoll vor Brodys Mund.

»Dreißig, vielleicht vierzig Meter draußen. Ich glaube, ich rufe ihn lieber zurück.« Brody steckte das Funksprechgerät in das um seine Taille gewickelte Handtuch, legte die Hände um den Mund und rief: »He, du da draußen! Komm zurück!«

»Jesus!« sagte der Toningenieur. »Sie haben mir fast die Ohren zerfetzt.«

Der Junge vernahm den Ruf nicht. Er schwamm weiter vom Strand weg.

Der Junge, der die zehn Dollar geboten hatte, hörte Brodys Ruf und kam heran. »Was ist denn los?« fragte er.

»Nichts«, sagte Brody. »Ich bin bloß der Meinung, er soll zurückkommen.«

»Wer sind Sie?«

Middleton stand zwischen Brody und dem Jungen und schob das Mikrophon zwischen den beiden hin und her.

»Ich bin der Polizeichef, Junge«, sagte Brody. »Und jetzt hiev deinen Arsch hier fort!« Er wandte sich an Middleton: »Und Sie nehmen dieses gottverdammte Mikrophon aus meinem Gesicht, verstanden?«

»Keine Sorge, Irv«, sagte Middleton, »wir können das rausschneiden.«

Brody sagte ins Funksprechgerät: »Hooper, er hört mich nicht. Würden Sie näher rantuckern und ihm sagen, er soll an Land kommen?«

»Klar«, sagte Hooper. »In einer Minute bin ich dort.«

Der Fisch hatte tief getaucht und kurvte etwa einen Meter über dem Sandboden, fünfundzwanzig Meter unter der *Flicka.* Stundenlang hatte sein Sinnessystem dem seltsamen Geräusch oben nachgespürt. Zweimal war der Fisch auf einen oder zwei Meter unter die Oberfläche gestiegen, um mit Sehvermögen, Geruchssinn und Nervenkanälen das so geräuschvoll vorüberziehende Geschöpf abzuschätzen. Zweimal hatte er wieder getaucht, weder genötigt, anzugreifen noch davonzuziehen.

Brody sah das Boot auf die Küste zuschwenken und einen Hagel von Schaum und Gischt aufwirbeln.

»Stellen Sie aufs Boot ein, Walter«, sagte Middleton.

Der Fisch unten spürte eine Änderung im Geräusch. Es wurde lauter und verklang dann, als das Boot davonfuhr. Der Fisch drehte, ging wie ein Flugzeug in die Kurve und folgte dem fliehenden Geräusch.

Der Junge hörte auf zu schwimmen, hob den Kopf und blickte zur Küste hin, dabei Wasser tretend. Brody winkte mit den Armen und brüllte: »Zurück!« Der Junge winkte zurück und schwamm auf die Küste los. Er kraulte gut, rollte den Kopf nach links, um Atem zu holen, hielt Bein- und Armarbeit in rhythmischer Übereinstimmung. Brody schätzte, daß er sechzig Meter von der Küste entfernt war und eine gute Minute brauchen würde, um den Strand zu erreichen.

»Was ist hier los?« fragte der Mann aus New York. Seine beiden Söhne standen gespannt grinsend hinter ihm.

»Nichts«, sagte Brody. »Ich möchte bloß nicht, daß der Junge zu weit hinausschwimmt.«

»Ist es der Hai?« fragte der Vater der beiden Jungen.

»Au, fein!« sagte einer seiner Söhne.

»Unsinn!« fauchte Brody. »Gehen Sie wieder zurück.«

»Nun kommen Sie schon, Chef«, sagte der Mann. »Wir sind schließlich die ganze Strecke hier herausgefahren.«

»Hauen Sie ab!« sagte Brody.

Bei fünfzehn Knoten brauchte Hooper nur dreißig Sekunden, um die zweihundert Meter zurückzulegen und neben dem Jungen aufzukreuzen. Er hielt ein paar Meter entfernt an, ließ den Motor im Leerlauf tuckern. Nun lag er genau hinter der Brandungslinie und wagte nicht, näher heranzufahren, aus Furcht, in die Brecher zu geraten.

Der Junge hörte das Motorgeräusch und hob den Kopf. »Was ist los?« fragte er.

»Nichts«, sagte Hooper. »Schwimm weiter.«

Der Junge senkte den Kopf und schwamm. Die Dünung packte ihn und schwemmte ihn schneller mit, und nach weiteren zwei, drei Stößen konnte er schon stehen. Das Wasser reichte ihm bis zu den Schultern, er watete auf die Küste zu.

»Komm schon!« rief Brody.

»Tu ich ja«, sagte der Junge. »Was ist eigentlich los?«

Ein paar Meter hinter Brody stand Middleton mit dem Mikrophon in der Hand. »Was haben Sie vor der Linse, Walter?«

fragte er.
»Den Jungen«, sagte der Kameramann, »und den Polypen.«
»Okay. Läuft der Ton, Irv?«
Der Toningenieur nickte.
Middleton sprach ins Mikrophon: »Etwas geht hier vor, Ladies und Gentlemen, aber wir wissen nicht genau, was. Wir wissen nur, daß Jim Prescott schwimmen ging, und plötzlich sah ein Mann in einem Patrouillenboot etwas. Jetzt ermuntert Polizeichef Brody den Jungen, so schnell wie möglich zum Strand zurückzukommen. Es könnte ein Hai sein, aber wir wissen es noch nicht.«
Hooper schaltete den Rückwärtsgang ein, um aus dem Bereich der Brandung zu gelangen. Als er übers Heck blickte, sah er einen sich bewegenden Silberstreifen im graublauen Wasser. Er schien Teil des Wellengangs zu sein, schwamm aber unabhängig davon. Eine Sekunde war Hooper sich nicht klar, was er da sah. Und selbst als die Erkenntnis einschlug, erkannte er den Fisch nicht deutlich. Er rief: »Aufpassen!«
»Was?« brüllte Brody.
»Der Fisch! Holen Sie den Jungen aus dem Wasser! Schnell!«
Der Junge hörte Hooper und versuchte zu laufen. Aber in dem brusttiefen Wasser waren seine Bewegungen langsam und schwerfällig. Die Dünung warf ihn zur Seite. Er stolperte, stand dann wieder und beugte sich vor.
Brody lief ins Wasser und streckte die Arme aus. Eine Welle schlug ihm gegen die Knie und warf ihn zurück.
Middleton sagte ins Mikrophon: »Der Mann im Boot rief soeben etwas über einen Fisch. Ich weiß nicht, ob er einen Hai meint.«
»Ist es der Hai?« fragte der Mann aus New York, der neben Middleton stand. »Ich sehe ihn nicht.«
Middleton fragte: »Wer sind Sie?«
»Mein Name ist Lester Kraslow. Wollen Sie mich interviewen?«
»Verschwinden Sie.«
Der Junge bewegte sich jetzt schneller, arbeitete sich mit Brust und Armen durchs Wasser. Er sah nicht, daß sich hinter ihm eine Flosse hob, eine scharfe, bräunlich-graue Klinge, die das Wasser durchschnitt.
»Da ist er!« sagte Kraslow. »Seht ihr ihn, Benny, Davey?

Genau da drüben.«

»Ich sehe nichts«, sagte einer seiner Söhne.

»Dort ist er, Walter!« sagte Middleton. »Sehen Sie ihn?«

»Kamera läuft«, sagte der Kameramann. »Yeah, ich hab' ihn.«

»Schnell, schnell!« schrie Brody. Er langte nach dem Jungen. Die Augen des Jungen waren in panischem Schrecken weit aufgerissen. Aus seinen geblähten Nasenflügeln quollen Schleim und Wasser. Brodys Hand faßte die des Jungen und zog, er packte ihn um die Brust; zusammen torkelten sie aus dem Wasser.

Die Flosse sank unter die Oberfläche, und der Fisch strebte, der Senke des Meeresbodens folgend, wieder in die Tiefe.

Brody stand, den Arm um den Jungen, im Sand. »Alles in Ordnung?« fragte er.

»Ich möchte nach Hause.« Der Junge zitterte.

»Kann ich mir denken.« Brody wollte den Jungen zu seinen Freunden bringen, aber Middleton schnitt ihnen den Weg ab.

»Können Sie das für mich wiederholen?« fragte Middleton.

»Was wiederholen?«

»Was Sie soeben zu dem Jungen sagten. Können wir's noch mal machen?«

»Gehen Sie mir aus dem Weg!« fuhr Brody ihn an. Er brachte den Jungen zu seinen Freunden und sagte zu dem, der das Geld geboten hatte: »Bring ihn nach Hause. Und gib ihm seine zehn Dollar.« Der Junge nickte, blaß und erschrocken.

Brody sah sein Funksprechgerät in der Brandung tanzen. Er fischte es heraus, trocknete es ab, drückte auf den Sprechknopf und fragte: »Leonard, können Sie mich hören?«

»Ich höre Sie, Chef. Ende.«

»Der Fisch war hier. Wenn Leute im Wasser sind, holen Sie sie raus. Und zwar sofort. Und bleiben Sie da, bis wir Sie ablösen. Niemand geht in die Nähe des Wassers. Der Strand ist amtlich gesperrt.«

»Okay, Chef. Ist jemand zu Schaden gekommen? Ende.«

»Nein, Gott sei Dank nicht. Aber beinahe.«

»Okay, Chef. Ende und Schluß.«

Als Brody an den Platz zurückkehrte, wo er seine Strandtasche gelassen hatte, rief Middleton: »He, Chef, können wir jetzt ein Interview machen?«

Brody blieb stehen, hatte die größte Lust, Middleton zu sagen, er solle zum Teufel gehen. Statt dessen fragte er: »Was wollen

Sie wissen? Sie sahen alles ebenso wie ich.«

»Bloß ein paar Fragen.«

Brody seufzte und ging zu Middleton und seiner Kameramannschaft zurück. »Gut«, sagte er, »schießen Sie los.«

»Wieviel haben Sie noch auf der Rolle, Walter?« fragte Middleton.

»Etwa fünfzehn Meter. Machen Sie's kurz.«

»Okay. Geben Sie mir ein Zeichen.«

»Jetzt.«

»Nun, Chef Brody«, sagte Middleton, »das ist noch mal gutgegangen, meinen Sie nicht?«

»Ja, wir hatten großes Glück. Der Junge hätte dabei umkommen können.«

»Glauben Sie, daß es derselbe Hai ist, der schon mehrere Menschen tötete?«

»Ich weiß es nicht«, sagte Brody. »Wahrscheinlich.«

»Was werden Sie nun tun?«

»Die Strände sind gesperrt. Das ist zunächst einmal alles, was ich tun kann.«

»Sie müssen zugeben, daß es noch nicht ungefährlich ist, hier in Amity zu schwimmen.«

»Das muß ich, jawohl.«

»Was bedeutet das für Amity?«

»Sorgen, Mr. Middleton. Wir haben große Sorgen.«

»Rückschauend, Chef – wie fühlen Sie sich, daß Sie die Strände heute freigegeben hatten?«

»Wie ich mich *fühle*? Was soll die Frage? Wütend, verärgert, verwirrt. Und dankbar, daß niemand zu Schaden gekommen ist. Genügt das?«

»Großartig, Chef«, sagte Middleton lächelnd. »Danke Ihnen, Chef Brody.« Er machte eine Pause und sagte dann: »Okay, Walter, das wär's. Fahren wir heim und machen das Zeug fertig.«

»Wie wär's mit einem Schluß?« fragte der Kameramann. »Ich habe noch ungefähr acht Meter übrig.«

»Okay«, sagte Middleton. »Augenblick, will mir nur noch was Tiefschürfendes ausdenken.«

Brody nahm Handtuch und Strandtasche und ging über die Düne zu seinem Wagen. Als er zur Scotch Road kam, sah er die Familie aus New York neben ihrem Campingwagen stehen.

»War das der Killer-Hai?« fragte der Vater.

»Wer weiß?« antwortete Brody. »Und außerdem ist es egal.«

»Mir hat er nicht imponiert, bloß eine Flosse. Die Jungs waren enttäuscht.«

»Hören Sie, Sie Mistkerl«, sagte Brody. »Soeben wurde fast ein Junge getötet. Sind Sie etwa enttäuscht, daß es nicht geschah?«

»Kommen Sie mir nicht mit dem Quatsch«, sagte der Mann. »Das Biest war noch nicht mal in seiner Nähe. Ich wette, das Ganze war fürs Fernsehen arrangiert.«

»Verschwinden Sie, Sie und Ihre gottverfluchte Brut. Weg mit euch. Sofort!«

Brody blieb stehen, während der Mann seine Familie und seine Ausrüstung im Campingwagen verstaute. Als er davonging, hörte er den Mann zu seiner Frau sagen: »Dachte mir gleich, daß die Leute hier draußen patzige Rotznasen sind. Ich hatte recht. Sogar die Polypen.«

Um sechs saß Brody mit Hooper und Meadows in seinem Büro. Er hatte bereits mit Larry Vaughan gesprochen, der – betrunken und in Tränen – anrief und völlig verstört vom Ruin seines Lebens sprach. Der Summer auf Brodys Schreibtisch ging, und er hob den Hörer.

»Ein Bursche namens Bill Whitman möchte Sie sprechen, Chef«, sagte Bixby. »Sagt, er sei von der *New York Times*.«

»Zum T . . . Na schön. Schicken Sie ihn rein.«

Die Tür öffnete sich, und Whitman stand da. Er sagte: »Störe ich?«

»Nicht sehr«, entgegnete Brody. »Treten Sie ein. Sie erinnern sich an Harry Meadows? Das ist Matt Hooper aus Woods Hole.«

»Ich erinnere mich sehr wohl an Harry Meadows«, sagte Whitman. »Ihm habe ich es zu verdanken, daß mir mein Boss einen Saukrach machte.«

»Nanu?« fragte Brody.

»Mr. Meadows vergaß zweckdienlich, mir von dem Tod Christine Watkins' zu berichten. Aber er vergaß nicht, seinen Lesern darüber zu berichten.«

»Muß meiner Aufmerksamkeit entgangen sein«, sagte Meadows.

»Was können wir für Sie tun?« fragte Brody.

»Ich hätte gern gewußt«, sagte Whitman, »ob Sie sicher sind, daß dies derselbe Fisch ist, der die anderen tötete.«

Brody wies auf Hooper, der sagte: »Das weiß ich nicht genau. Ich habe den Fisch, der die anderen tötete, nie gesehen, und auch heute habe ich den Fisch nicht eigentlich erkannt. Alles, was ich sah, war ein silbergrauer Blitz. Ich weiß, was es war, aber bei Vergleichen kann ich mich nur auf Vermutungen verlassen; meiner Vermutung nach ist es derselbe Fisch. Die Annahme, daß es gleichzeitig zwei große Menschenfresserhaie vor Süd-Long-Island gibt, ist – für mich jedenfalls – zu weit hergeholt.«

Whitman fragte Brody: »Was werden Sie jetzt tun, Chef? Ich meine, außer der Sperrung der Strände.«

»Ich weiß es nicht. Was *können* wir tun? Himmel, mir wäre ein Wirbelsturm lieber. Sogar ein Erdbeben. Zumindest ist nach der Katastrophe alles vorbei. Man kann sich umsehen und feststellen, welcher Schaden angerichtet wurde und was man unternehmen muß. Das sind Ereignisse, die man meistern kann. Sie haben einen Anfang und ein Ende. Dies aber ist Wahnsinn. Als ob ein Verrückter frei herumliefe, der Menschen tötet, sooft es ihm in den Sinn kommt. Man weiß, wer es ist, aber man kriegt ihn nicht und kann ihn auch nicht aufhalten. Und was es noch schlimmer macht, man weiß nicht, warum er es tut.«

Meadows sagte: »Denken Sie an Minnie Eldridge.«

»Ja«, sagte Brody. »Ich fange an zu glauben, daß was dran ist an ihrem Gerede.«

»Wer ist das?« fragte Whitman.

»Niemand. Eine Verrückte.«

Einen Augenblick herrschte Stille, eine ermattete Stille, als ob alles, was gesagt werden mußte, schon gesagt war. Dann fragte Whitman: »Nun?«

»Nun was?«

»Man muß doch etwas unternehmen, irgend etwas tun.«

»Ich würde gern Vorschläge hören. Persönlich bin ich der Meinung, daß wir in der Scheiße stecken. Wir können von Glück sagen, wenn nach diesem Sommer noch eine Stadt existiert.«

»Ist das nicht ein bißchen übertrieben ausgedrückt?«

»Ich glaube nicht. Sie, Harry?«

»Nicht unbedingt. Die Stadt lebt von ihren Sommergästen, Mr. Whitman. Sie können es Parasitentum nennen, wenn Sie wollen, aber so ist es. Jeden Sommer kommt das Wirtstier, und Amity ernährt sich von ihm wie rasend, zieht jedes bißchen Lebensunterhalt aus ihm, ehe das Wirtstier nach dem Labour Day wieder verschwindet. Wenn man sich das Wirtstier wegdenkt, sind wir wie Hundezecken ohne Hunde. Wir hungern. Mindestens – allermindestens – wird der nächste Winter der schlimmste in der Geschichte dieser Stadt sein. Wir werden so viele Arbeitslose haben, daß Amity es mit Harlem aufnehmen kann.« Er lachte bitter. »Harlem am Meer.«

»Ich würde einen Arm dafür hingeben«, sagte Brody, »um zu erfahren, warum gerade wir es sind. Warum Amity? Warum nicht East Hampton oder Southampton oder Quogue?«

»Das«, entgegnete Hooper, »werden wir nie erfahren.«

»Warum nicht?« fragte Whitman.

»Ich möchte nicht den Eindruck erwecken, als suchte ich Entschuldigungen für die Fehleinschätzung des Fisches«, sagte Hooper, »aber die Grenze zwischen dem Natürlichen und dem Übernatürlichen ist sehr verschwommen. Natürliche Dinge spielen sich ab, und für die meisten gibt es eine logische Erklärung. Aber für eine ganze Menge Dinge gibt es einfach keine gültige oder vernünftige Erklärung. Sagen wir mal, zwei Personen schwimmen hintereinander, und ein Hai kommt von hinten heran, schwimmt an dem ersten Burschen vorbei und greift den vorn an. Warum? Vielleicht rochen sie verschieden. Vielleicht schwamm der vorn auf eine provokativere Art. Nehmen wir an, der Bursche hinten, der nicht attackiert wurde, will dem Angegriffenen helfen. Der Hai rührt ihn nicht an – weicht ihm sogar aus – und stößt weiter auf den Burschen vorn ein, den er angegriffen hat. Weiße Haie sollen kälteres Wasser bevorzugen. Warum aber taucht plötzlich einer vor der Küste von Mexiko auf und erstickt an einer menschlichen Leiche, die er nicht ganz hinunterschlucken konnte? Irgendwie sind Haie wie Tornados. Sie stoßen hier zu, aber nicht da. Sie vernichten dieses Haus, drehen ab und lassen das Nachbarhaus ungeschoren. Der Bursche in dem Haus, das weggefegt wurde, fragt: ›Warum ich?‹ Der Bursche im verschonten Haus sagt: ›Gott sei Dank‹.«

»Alles gut und schön«, sagte Whitman. »Aber was ich immer noch nicht verstehe – warum kann man den Hai nicht fangen?«

»Vielleicht kann man«, meinte Hooper. »Aber nicht wir. Zumindest nicht mit der Ausrüstung, die wir hier haben. Vielleicht sollten wir es wieder mit Fischköder versuchen.«

»Ja«, sagte Brody, »davon könnte Ben Gardner uns einiges erzählen.«

»Wissen Sie etwas von einem Burschen namens Quint?« fragte Whitman.

»Den Namen kenne ich«, sagte Brody. »Haben Sie sich mal über ihn erkundigt, Harry?«

»Ich habe das wenige, was es über ihn gibt, gelesen. Soviel ich weiß, hat er nie etwas Ungesetzliches getan.«

»Nun«, meinte Brody, »vielleicht könnte ein Anruf nichts schaden.«

»Sie scherzen wohl«, sagte Hooper. »Wollen Sie wirklich mit diesem Kerl in Verbindung treten?«

»Ich will Ihnen was sagen, Hooper. Wenn jetzt jemand hier hereinkäme und sagte, er sei Mr. Superman und könne diesen Hai wegpissen, würde ich sagen, großartig, prima. Ich würde ihm sogar noch den Schwanz halten.«

»Ja, aber . . .«

Brody unterbrach ihn. »Was meinen Sie, Harry? Glauben Sie, daß Quint im Telefonbuch steht?«

»Es ist Ihnen tatsächlich ernst damit«, sagte Hooper.

»Worauf Sie sich verlassen können. Haben Sie vielleicht bessere Ideen?«

»Nein, bloß . . . Ich weiß nicht. Woher wissen wir, ob der Bursche nicht ein Schwindler oder Trinker ist?«

»Das werden wir erst erfahren, wenn wir's versuchen.« Brody nahm ein Telefonbuch aus seiner oberen Schreibtischschublade und schlug es bei Q auf. Er fuhr mit dem Finger die Spalte hinunter. »Da ist es, ›Quint‹. Kein Vorname. Aber er ist der einzige auf der Seite. Muß er sein.« Er wählte die Nummer.

»Quint«, sagte eine Stimme.

»Mr. Quint, hier ist Martin Brody. Ich bin der Polizeichef von Amity. Wir haben ein Problem.«

»Hab' ich gehört.«

»Der Hai war heute wieder hier.«

»Hat er wen erwischt?«

»Nein, aber einen Jungen beinahe.«

»So 'n großer Fisch braucht viel Nahrung«, meinte Quint.

»Haben Sie ihn gesehen?«

»Nein. Hab' ein paarmal nach ihm Ausschau gehalten, konnte aber nicht viel Zeit darauf verwenden. Meine Kunden geben ihr

Geld nicht fürs Gucken aus. Die wollen Arbeit sehen.«

»Woher wußten Sie, wie groß er ist?«

»Hörensagen. Hab' die Schätzungen im Durchschnitt genommen und dann etwa eineinhalb Meter abgezogen. Immer noch ein Mordskerl von einem Fisch, den Sie da haben.«

»Ich weiß. Und nun frage ich mich, ob Sie uns helfen können.«

»Weiß ich. Dachte mir schon, daß Sie anrufen würden.«

»Können Sie?«

»Kommt drauf an.«

»Worauf?«

»Was Sie ausgeben wollen, erstens.«

»Wir zahlen den üblichen Satz. Was Sie pro Tag berechnen. Wir werden Sie tageweise bezahlen, bis wir das Biest erlegen.«

»Wohl kaum«, sagte Quint. »Meiner Meinung nach ist das 'ne Prämienangelegenheit.«

»Was soll das heißen?«

»Mein Tagessatz ist sonst zweihundert Dollar. Das hier ist aber was Besonderes. Ich glaube, Sie werden das Doppelte bezahlen müssen.«

»Kommt nicht in Frage.«

»Wiederhören.«

»Augenblick, Augenblick! Kommen Sie, Mann, warum erpressen Sie mich?«

»Es gibt sonst niemanden.«

»Doch, andere Fischer.«

Brody hörte Quint lachen – ein kurzes, höhnisches Bellen. »Klar gibt's die«, sagte Quint. »Sie haben schon einen rausgeschickt. Schicken Sie noch einen raus. Noch 'n halbes Dutzend, meinetwegen. Und wenn Sie dann wieder zu mir kommen, dann zahlen Sie den dreifachen Preis. Mir macht's nichts aus, zu warten.«

»Ich bitte nicht um einen Gefallen«, sagte Brody. »Ich weiß, daß Sie Ihren Lebensunterhalt verdienen müssen. Aber dieser Fisch bringt Menschen um, und das muß aufhören. Ich möchte Leben retten, dazu brauche ich Ihre Hilfe. Können Sie mich nicht wenigstens behandeln wie normale Kunden?«

»Sie brechen mir das Herz«, sagte Quint. »Da ist ein Fisch, der getötet werden muß. Ich werde versuchen, ihn zu töten. Keine Gewähr natürlich, aber ich werde mein Bestes tun. Und mein Bestes ist vierhundert Dollar pro Tag wert.«

Brody seufzte. »Ich weiß nicht, ob die Stadträte mir das Geld bewilligen.«

»Sie werden es schon irgendwie auftreiben.«

»Wie lange, glauben Sie, wird es dauern, den Fisch zu erwischen?«

»Einen Tag, eine Woche, einen Monat. Wer weiß? Vielleicht finden wir ihn nie. Kann sein, daß er verschwindet.«

»Wie ich mir das wünsche!« sagte Brody. Er machte eine Pause. »Okay«, sagte er schließlich. »Ich schätze, wir haben keine Wahl.«

»Nein, haben Sie nicht.«

»Können Sie morgen anfangen?«

»Nein. Frühestens Montag. Morgen habe ich eine Party.«

»Eine Party? Wie meinen Sie, eine Dinner-Party?«

Quint lachte wieder, dasselbe scharfe Bellen. »Eine Charterparty«, sagte er. »Sie gehen wohl nicht oft angeln?«

Brody wurde rot. »Nein. Können Sie nicht absagen? Wenn wir so eine Menge Geld bezahlen, verdienen wir wohl ein bißchen Extra-Service.«

»Nein. Sind Stammkunden. Das könnt' ich ihnen nicht antun, sonst würde ich die Geschäftsverbindung verlieren. Sie dagegen sind nur eine Eintagsfliege.«

»Wenn Sie morgen dem großen Fisch begegnen, werden Sie versuchen, ihn zu fangen?«

»Das würde Ihnen eine Menge Geld ersparen, was? Wir werden Ihren Fisch nicht sehen, fahren nach Osten. Tolle Fischgründe, genau östlich. Sie sollten's mal versuchen.«

»Sie haben sich schon alles ausgerechnet, stimmt's?«

»Noch was«, sagte Quint. »Ich brauche einen Mann. Verlor meinen Gehilfen, und mir wäre nicht wohl, wenn ich diesen großen Fisch ohne ein zweites Paar Hände angehen müßte.«

»Sie verloren Ihren Gehilfen? Wieso, ging er über Bord?«

»Nein, er kündigte. Er wurde nervös. Das passiert den meisten Leuten nach einer Weile in diesem Beruf. Sie grübeln zu viel.«

»Aber Ihnen kann das nicht passieren?«

»Nein. Ich weiß, daß ich cleverer als der Fisch bin.«

»Und genügt das, cleverer zu sein?«

»Soweit ja. Schließlich lebe ich noch. Also, haben Sie einen Mann für mich?«

»Können Sie keinen anderen Gehilfen finden?«

»Nicht so schnell und nicht für diese Art Arbeit.«

»Wen nehmen Sie morgen mit?«

»Einen Jungen. Aber nicht auf die Jagd nach einem Großen Weißen.«

»Kann ich verstehen«, sagte Brody, der allmählich zweifelte, ob es klug war, sich an Quint um Hilfe zu wenden. Beiläufig fügte er hinzu: »Ich komme selbst.« Doch kaum waren ihm die Worte entfahren, erschrak er maßlos darüber, wozu er sich verpflichtet hatte.

»Sie? Haha!«

Brody litt unter Quints Hohn. »Ich schaffe das schon«, sagte er.

»Vielleicht. Ich kenne Sie nicht. Aber Sie können keinen großen Fisch meistern, wenn Sie nichts vom Angeln verstehen. Können Sie schwimmen?«

»Natürlich. Was hat das damit zu tun?«

»Leute gehen über Bord, und manchmal dauert es eine Weile, zu wenden und an sie ranzukommen.«

»Machen Sie sich um mich keine Sorgen.«

»Wie Sie meinen. Trotzdem brauche ich einen Mann, der was von Fischen versteht. Oder zumindest von Booten.«

Brody sah über seinen Schreibtisch hinweg zu Hooper hin. Das letzte, was er wollte, war, tagelang mit Hooper auf einem Boot zu sein, besonders in einer Lage, in der Hooper ihm an Kenntnissen überlegen war. Er konnte Hooper natürlich allein hinausschicken und selbst an Land bleiben. Aber das bedeutete Kapitulation und das endgültige, unwiderrufliche Eingeständnis seiner Unfähigkeit, dem Feind, der gegen seine Stadt Krieg führte, entgegenzutreten und ihn zu besiegen.

Außerdem konnte Hooper – im Laufe eines langen Tages auf dem Boot – durch eine unvorsichtige Bemerkung verraten, was er am letzten Mittwoch, dem Regentag, gemacht hatte. Brody war geradezu besessen davon, herauszubekommen, wo Hooper an jenem Tag gewesen war, denn sobald er in Gedanken den verschiedenen Möglichkeiten nachhing, landete er stets bei der Möglichkeit, die er am meisten fürchtete. Er wollte Gewißheit haben, daß Hooper im Kino gewesen war oder Halma im Field Club gespielt oder Hasch mit einem Hippie geraucht oder eine Pfadfinderin verführt hatte. Ganz gleich, Hauptsache, er wußte, daß Hooper nicht mit Ellen zusammengewesen war. In diesem Falle . . .? Der Gedanke war ihm immer noch zu scheußlich, als daß er damit hätte fertig werden können.

Er legte die Hand auf das Mundstück und fragte Hooper: »Wollen Sie mitkommen? Er braucht einen Gehilfen.«

»Was, er hat nicht mal einen Gehilfen? Was für ein primitives Unternehmen!«

»Das spielt jetzt keine Rolle. Wollen Sie mitkommen oder nicht?«

»Ja«, antwortete Hooper. »Wahrscheinlich werde ich es mein Leben lang bereuen, trotzdem ja. Ich will den Fisch sehen, und das ist wohl meine einzige Chance.«

Brody sagte zu Quint: »Okay, ich habe Ihren Mann.«

»Kennt er sich mit Booten aus?«

»Er kennt sich aus.«

»Montag früh, sechs Uhr. Bringen Sie etwas zu essen mit. Wissen Sie, wie Sie herkommen?«

»Straße 27 bis zum Abbieger nach Promised Land, stimmt's?«

»Ja. Cranberry Hole Road. Direkt in die Stadt hinein. Ungefähr hundert Meter hinter den letzten Häusern biegen Sie links auf einen Feldweg ein.«

»Ist Ihr Boot das einzige da?«

»Das einzige. Es heißt *Orca.*«

»Gut. Wiedersehen am Montag.«

»Noch eins«, sagte Quint. »Barzahlung, täglich, im voraus.«

»Okay. Aber wieso?«

»Das sind meine Geschäftsbedingungen. Ich will nicht, daß Sie mit meinem Geld in der Tasche über Bord gehen.«

»Einverstanden«, sagte Brody. »Sollen Sie haben.« Er legte auf und sagte zu Hooper: »Montag früh, sechs Uhr, okay?«

»Okay.«

Meadows sagte: »Muß ich Ihrer Unterhaltung entnehmen, daß auch Sie mitfahren, Martin?«

Brody nickte. »Es ist meine Pflicht.«

»Na, ich würde sagen, es geht ein bißchen darüber hinaus.«

»Nun, es ist abgemacht.«

»Wie heißt sein Boot?« fragte Hooper.

»Ich glaube, er sagte *Orca*«, antwortete Brody. »Ich weiß nicht, was es bedeutet.«

»Es *bedeutet* nichts. Es *ist* etwas. Orca war ein Killer-Wal.«

Meadows, Hooper und Whitman brachen auf. »Viel Glück«, sagte Whitman. »Ich beneide Sie eigentlich um Ihren Trip. Er dürfte aufregend sein.«

»Ich komme ohne Aufregung aus«, meinte Brody. »Will die verdammte Sache bloß hinter mich kriegen.«

An der Tür drehte Hooper sich um und sagte: »Dieses Wort *Orca* erinnert mich an etwas. Wissen Sie, wie die Australier die großen weißen Haie nennen?«

»Nein«, entgegnete Brody, den das nicht sonderlich interessierte. »Wie?«

»Weißer Tod.«

»Das konnten Sie mir nicht ersparen, was?« fragte Brody, als er die Tür hinter ihnen schloß.

Als er sein Büro verließ, hielt der Mann vom Nachtdienst ihn an und sagte: »Es kam ein Anruf für Sie, Chef, als Sie drin waren. Ich wollte Sie aber nicht stören.«

»Wer war's?«

»Mrs. Vaughan.«

»*Mrs.* Vaughan!« Brody konnte sich nicht erinnern, je mit Eleanor Vaughan telefoniert zu haben.

»Sie sagte, ich solle Sie nicht stören, es habe Zeit.«

»Ich werde sie lieber anrufen. Sie ist so schüchtern, daß sie, wenn ihr Haus brennen würde, die Feuerwehr anriefe, sich für die Störung entschuldigte und bäte, ob sie, wenn sie gelegentlich in der Nachbarschaft zu tun hätte, nicht bei ihr vorbeikommen könne.« Als er in sein Büro zurückging, fiel ihm etwas ein, das Vaughan ihm von Eleanor erzählt hatte: Sooft sie einen Scheck über einen glatten Dollarbetrag ausschrieb, weigerte sie sich, »und 00/100« hinzuzufügen. Sie fand es beleidigend, wie eine Andeutung, daß die den Scheck einlösende Person versuchen könnte, ein paar Cents zu stehlen.

Brody wählte die Privatnummer der Vaughans, und Eleanor Vaughan war schon am Apparat, ehe es einmal geklingelt hatte. Sie muß direkt neben dem Telefon gesessen haben, dachte Brody. »Martin Brody, Eleanor. Sie riefen an?«

»O ja. Ich möchte Sie wirklich nicht belästigen, Martin. Wenn Sie lieber –«

»Nein, nein, es ist völlig in Ordnung. Was gibt es?«

»Es, äh ... Nun, ich rufe *Sie* an, weil ich weiß, daß Larry vorher mit Ihnen gesprochen hat. Ich dachte, Sie wüßten vielleicht, ob . . . etwas nicht stimmt.«

Brody dachte: Sie weiß nichts, nicht das geringste. Aber hol' mich der Henker, wenn ich ihr etwas sage. »Wieso, was meinen Sie?«

»Ich weiß nicht, wie ich es ausdrücken soll, aber ... Nun, Larry trinkt sonst nicht viel, wie Sie wissen. Sehr selten, zumindest zu Hause.«

»Und?«

»Als er heute abend heimkam, sagte er kein Wort. Er ging bloß ins Herrenzimmer und – ich glaube es wenigstens – trank fast eine ganze Flasche Whisky aus. Jetzt schläft er im Sessel.«

»Darüber würde ich mir keine Gedanken machen, Eleanor. Wahrscheinlich hat er alle möglichen Sachen im Kopf. Wir gießen uns alle mal einen hinter die Binde.«

»Ich weiß. Bloß ... Etwas ist wirklich nicht in Ordnung. Ich merke das. Seit Tagen ist er nicht mehr der alte. Ich dachte, daß – Sie sind sein Freund. Wissen Sie, was es sein könnte?«

Sein Freund, dachte Brody. Das hatte Vaughan auch gesagt, aber er hatte es besser gewußt. »Wir waren Freunde«, hatte er gesagt. »Nein, Eleanor, ich weiß es nicht«, log er. »Aber ich werde mit ihm darüber sprechen, wenn Sie wollen.«

»Würden Sie das tun, Martin? Da wäre ich Ihnen sehr dankbar. Aber ... Bitte, sagen Sie ihm nicht, daß ich Sie angerufen habe. Er wollte nie, daß ich mich in seine Angelegenheiten mische.«

»Tue ich nicht, keine Angst. Und jetzt versuchen Sie, ein bißchen zu schlafen.«

»Soll ich ihn im Sessel lassen?«

»Natürlich. Ziehen Sie ihm die Schuhe aus, und legen Sie ihm eine Decke über. Morgen ist er wieder okay.«

Paul Löffler stand hinter dem Tresen seines Delikatessengeschäfts und sah auf die Armbanduhr. »Viertel vor neun«, sagte er zu seiner Frau Rose, einer molligen, hübschen Person, die Butterstücke im Kühlschrank verstaute. »Was meinst du, wenn wir ein bißchen mogeln und den Laden fünfzehn Minuten früher zumachen?«

»Nach einem Tag wie heute bin ich einverstanden«, sagte Rose. »Achtzehn Pfund Mettwurst! Wann haben wir je achtzehn Pfund Mettwurst an einem Tag verkauft?«

»Und der Schweizer Käse«, sagte Löffler. »Wann ist uns je der Schweizer Käse ausgegangen? Noch ein paar Tage wie diesen könnte ich gut gebrauchen. Roastbeef, Leberwurst, alles. Es ist, als ob jeder von Brooklyn Heights bis East Hampton hier vorbeigekommen wäre, um Sandwiches zu kaufen.«

»Brooklyn Heights, daß ich nicht lache. Sogar aus Pennsylvania! Einer sagte, er sei die ganze Strecke von Pennsylvania hierhergefahren. Bloß, um einen Fisch zu sehen. Gibt's denn keine Fische in Pennsylvania?«

»Wer weiß?« entgegnete Löffler. »Hier wird's noch zugehen wie auf Coney Island.«

»Der öffentliche Strand muß wie ein Schuttabladeplatz aussehen.«

»Ist die Sache wert. Wir brauchen einen oder zwei gute Tage.«

»Wie ich höre, sind die Strände wieder gesperrt«, sagte Rose.

»Ja. Wie ich immer sage, wenn es regnet, dann gießt es gleich.«

»Was meinst du damit?«

»Weiß ich nicht. Machen wir Schluß.«

Dritter Teil

11

Die See war glatt wie Gelatine. Kein Windhauch kräuselte die Oberfläche. Die Sonne holte flimmernde Hitzewellen aus dem Wasser. Dann und wann tauchte eine vorüberfliegende Seeschwalbe nach Nahrung und stieg wieder hoch, während die kleinen Tauchwellen zu Kreisen wurden, die sich unaufhörlich weiteten.

Das Boot lag still im Wasser, trieb unmerklich mit der Strömung. Zwei am Heck befestigte Angelruten schleppten Draht in dem schmierigen Köderfleck nach, der sich westlich hinter dem Boot ausbreitete. Hooper saß im Heck, neben sich einen Abfalleimer von zwanzig Gallonen. Alle paar Sekunden tauchte er eine Kelle in den Eimer und leerte sie ins Kielwasser aus.

Vorn lagen in zwei Reihen zehn Holzfässer von der Größe kleinerer Bierfässer. Jedes war in mehrere Lagen Hanfseil gewickelt, der sich in einer Dreißigmeterrolle neben dem Faß fortsetzte. In das Ende jeder Leine war der Stahlkopf einer Harpune eingespleißt.

Brody saß in dem mit Bolzen auf Deck befestigten Drehstuhl und versuchte, wach zu bleiben. Ihm war heiß, und er fühlte sich klebrig. In den sechs Stunden, seit sie herumgesessen und gewartet hatten, war nicht die geringste Brise aufgekommen. Sein Nacken war von der Sonne bereits stark verbrannt, und jedesmal, wenn er den Kopf bewegte, kratzte der Kragen seines Uniformhemds auf der empfindlichen Haut. Sein Körpergeruch stieg ihm in die Nase und verursachte ihm, zusammen mit dem Gestank der Fischeingeweide und des Blutes, die über Bord gegossen wurden, Brechreiz. Er kam sich vor wie geschunden.

Brody blickte zu der Gestalt auf dem Brückendeck hoch: Quint. Er trug ein weißes Trikothemd, verblichene blaue Jeans, weiße Socken und graue Segeltuchschuhe. Brody schätzte Quint auf ungefähr fünfzig, und obgleich er sicherlich einmal zwanzig gewesen war und eines Tages sechzig sein würde, konnte man sich unmöglich vorstellen, wie er mit zwanzig ausgesehen hatte oder mit sechzig aussehen würde. Sein derzeitiges Alter schien das ihm gemäße zu sein, so hätte er immer aussehen müssen. Er war etwa 1,90 m groß und hager – vielleicht 175 Pfund. Sein Kopf glänzte völlig kahl – nicht rasiert, denn auf seinem Schädel waren keine verräterischen schwarzen Pünktchen, sondern so kahl, als hätte er nie Haare gehabt –, und wenn die Sonne wie jetzt hoch stand und heiß herunterbrannte, trug er eine Drillichmütze des Marine-Corps. Sein Gesicht war, wie alles bei ihm, hart und kantig. Es wurde von einer langen, geraden Nase beherrscht. Wenn er von der Brücke hinunterblickte, schien er mit den Augen – die dunkelsten, die Brody je gesehen hatte – an der Nase entlang zu zielen, als wäre sie ein Gewehrlauf. Seine Haut hatten der ständige Wind, Salz und Sonne gebräunt und gefurcht. Er starrte über das Heck hinaus, nur ganz selten blinzelnd, die Augen auf das Kielwasser gerichtet.

An seiner Brust herunterrinnender Schweiß rüttelte Brody auf. Er drehte den Kopf, zuckte unter dem Schmerz im Nacken zusammen und versuchte, auf den Köderfleck zu starren. Aber die Spiegelung der Sonne auf dem Wasser tat seinen Augen weh, und er wandte sich wieder ab. »Ich begreife nicht, wie Sie das schaffen«, sagte er. »Tragen Sie nie eine Sonnenbrille?«

Quint sah hinunter und antwortete: »Nie.« Sein Ton war völlig indifferent, weder freundlich noch unfreundlich. Er ermutigte nicht zur Unterhaltung.

Aber Brody langweilte sich und wollte reden. »Wie kommt das?«

»Brauch' ich nicht. Ich sehe die Dinge, wie sie sind. Das ist besser.«

Brody blickte auf seine Uhr. Kurz nach zwei, also noch drei oder vier Stunden, ehe sie Feierabend machen und nach Hause fahren würden. »Erleben Sie viele Tage wie diesen?« Die Aufregung und Erwartung des frühen Morgens waren längst vorüber, und Brody glaubte sicher, daß sie den Fisch an diesem Tag nicht mehr sichten würden.

»Wie was?«

»Wie diesen. Wenn Sie den ganzen Tag herumsitzen und nichts passiert.«

»Einige schon.«

»Und die Leute bezahlen Sie, obgleich sie keinen Schwanz fangen?«

»So ist es üblich.«

»Selbst wenn nie einer anbeißt?«

Quint nickte. »Das kommt aber nicht allzuoft vor. Im allgemeinen gibt es immer etwas, das einen Köder annimmt. Oder das wir stechen können.«

»Stechen?«

»Mit 'nem Eisen.« Quint deutete auf die Harpunen im Bug. Hooper fragte: »Was stechen Sie, Quint?«

»Alles, was vorbeischwimmt.«

»Wirklich? Ich verstehe nicht –«

Quint schnitt ihm das Wort ab. »Etwas beißt an.«

Brody beschattete die Augen mit der Hand und blickte nach achtern, aber soviel er sehen konnte, war der Köderschlick unberührt, das Wasser glatt und ruhig. »Wo?« fragte er.

»Warten Sie eine Sekunde«, sagte Quint. »Sie werden's gleich sehen.«

Mit einem leisen, metallischen Zischen begann der Draht der Steuerbord-Angel über Bord zu laufen und in einer geraden Silberlinie ins Wasser zu stoßen.

»Greifen Sie sich die Rute«, sagte Quint zu Brody. »Und wenn ich's Ihnen sage, stoßen Sie den Bremshebel vor und verpassen ihm eins.«

»Ist es der Hai?« fragte Brody. Die Aussicht, endlich mit dem Fisch – dem Biest, dem Ungeheuer, dem Alptraum – konfrontiert zu werden, ließ Brodys Herz klopfen. Sein Mund war trocken. Er wischte die Hände an der Hose ab, nahm die Rute aus dem Halter und steckte sie in den Drehzapfen zwischen seinen Beinen.

Quint lachte – ein kurzes, bitteres Jaulen. »Das Ding da? Nein. Das ist bloß ein Kleiner. Der gibt Ihnen 'n bißchen Praxis, bis Ihr Fisch auftaucht.« Quint beobachtete die Leine noch ein paar Sekunden und sagte dann: »Los!«

Brody stieß den kleinen Hebel an der Haspel nach vorn, beugte sich hinunter und zog dann zurück. Die Spitze der Rute krümmte sich zu einem Bogen. Mit der Rechten begann Brody zu kurbeln, um den Fisch einzuholen, aber die Haspel reagierte nicht. Die Leine lief weiter mit großer Geschwindigkeit ab.

»Vergeuden Sie Ihre Kräfte nicht«, warnte Quint.

Hooper, der auf dem Schandeck gesessen hatte, stand auf und sagte: »Kommen Sie, ich werde die Leine straffen.«

»Nichts werden Sie tun!« sagte Quint. »Lassen Sie die Rute in Ruhe.«

Hooper sah verblüfft und etwas beleidigt auf.

Brody bemerkte Hoopers gequälten Gesichtsausdruck und dachte: Sieh mal einer an! Wird langsam Zeit.

Einen Augenblick darauf sagte Quint: »Wenn Sie die Leine zu sehr straffen, reißen Sie ihm den Haken aus dem Maul.«

»Ach so«, sagte Hooper.

»Ich dachte, Sie verstünden was vom Angeln?«

Hooper entgegnete nichts. Er drehte sich um und setzte sich wieder auf den Balken.

Brody hielt die Rute in beiden Händen. Der Fisch war in die Tiefe gegangen und bewegte sich von einer Seite auf die andere, nahm aber keine Leine mehr an. Brody spulte – beugte sich vor und kurbelte schnell, wenn sie schlaff wurde, zog kräftig mit den Schultern zurück. Sein linkes Handgelenk schmerzte, und die Finger seiner rechten Hand bekamen einen Krampf vom Kurbeln. »Was, zum Teufel, habe ich da?« fragte er.

»Einen Blauen«, antwortete Quint.

»Der muß aber eine halbe Tonne wiegen.«

Quint lachte. »Vielleicht 150 Pfund.«

Brody holte ein und beugte sich vor, holte ein und beugte sich vor, bis er Quint schließlich sagen hörte: »Sie kommen ran. Bleiben Sie so.« Er hörte auf zu spulen.

Mit einer geschmeidigen, ruhigen Bewegung schwang Quint sich von der Brücke hinunter. Er hatte ein Gewehr in der Hand, eine alte Armee-M-1. Er stand an der Reling und blickte hinunter. »Wollen Sie den Fisch sehen?« fragte er. »Kommen Sie her.«

Brody stand da, spulte auf, um die Spannung zu halten, während er zur Bordwand hinüberging. In dem dunklen Wasser wirkte der Hai plexiglasblau. Er war etwa zwei Meter fünfzig lang, schlank und hatte lange Brustflossen. Er schwamm langsam hin und her, machte keine heftigen Bewegungen mehr.

»Er ist schön, nicht?« sagte Hooper.

Quint entsicherte das Gewehr, und als der Hai mit dem Kopf bis auf ein paar Zoll unter die Oberfläche kam, drückte er dreimal schnell ab. Die Kugeln verursachten saubere runde Löcher im Kopf, ohne daß Blut kam. Der Hai zitterte und bewegte sich nicht mehr.

»Er ist tot«, sagte Brody.

»Quatsch«, sagte Quint. »Vielleicht betäubt, mehr nicht.« Quint zog einen Handschuh aus einer Hüfttasche, streifte ihn über seine rechte Hand und packte die Trosse. Aus einer Scheide am Gürtel zog er ein Messer. Er hob den Kopf des Hais aus dem Wasser und beugte sich über Bord. Das Maul des Hais war zwei, drei Zoll weit offen. Sein rechtes Auge, das teilweise von einem Wulst aus Fleisch bedeckt war, starrte Quint ausdruckslos an. Quint stieß das Messer ins Maul des Hais und versuchte, es weiter aufzubrechen, aber der Hai biß zu, hielt die Klinge mit seinen kleinen, dreckigen Zähnen fest. Quint zog und drehte, bis er das Messer wieder draußen hatte. Er steckte es in die Scheide zurück und zog eine Drahtschere aus der Tasche.

»Schätze, Sie zahlen mir genug, daß ich mir's leisten kann, einen Haken und ein bißchen Vorfach zu verlieren«, sagte er. Er setzte die Drahtschere am Vorfach an und wollte es gerade kappen. »Augenblick«, sagte er, steckte die Drahtschere in die Tasche zurück und zog das Messer heraus. »Passen Sie mal auf. Das interessiert die Leute immer ungeheuer.« Er hielt das Vorfach in der Linken und zog fast den ganzen Hai aus dem Wasser. Mit einer einzigen schnellen Bewegung schlitzte er den Bauch des Hais von der Afterflosse bis kurz unterhalb der Kiemen auf. Das Fleisch fiel auseinander, und blutige Eingeweide – weiß, rot und blau – purzelten ins Wasser wie Wäsche aus einem Korb. Dann schnitt Quint das Vorfach mit der Drahtschere durch, und der Hai glitt über Bord. Sobald sein Kopf unter Wasser war, begann der Hai in der Wolke von Blut und Innereien herumzudreschen und biß nach jedem Stückchen, das ihm vor den Schlund kam. Der Leib zuckte, während der Hai schluckte, und Darmstücke quollen aus dem Loch im Bauch heraus, um wieder gefressen zu werden.

»Jetzt passen Sie auf«, sagte Quint. »Wenn wir Glück haben, kommen gleich andere Blaue, und die werden ihm helfen, sich selbst aufzufressen. Wenn genug kommen, wird es eine Freßorgie. Eine richtige Schau. Die Leute haben das gern.«

Brody sah gebannt zu, wie der Hai an den schwimmenden Därmen weiterknabberte. Gleich darauf stieß ein blauer Blitz aus der Tiefe herauf. Ein kleiner Hai – nicht mehr als eineinviertel Meter lang – schnappte nach dem Leib des aufgeschlitzten Fisches. Seine Kiefer schlossen sich über einem Stück herunterhängenden Fleisches. Sein Kopf schüttelte heftig von einer Seite zur anderen, und sein Leib zitterte schlangenartig. Ein Stück Fleisch riß ab, und der kleinere Hai schluckte es. Bald tauchte noch ein

Hai auf und noch einer, und das Wasser begann sich zu trüben. Blut mischte sich mit den Wassertropfen, die an die Oberfläche spritzten.

Quint zog einen Fischhaken unter dem Schandeckel hervor. Er beugte sich über Bord, hielt den Fischhaken wie eine Axt in der Schwebe. Plötzlich schlug er zu und schnellte zurück. Auf dem Fischhaken aufgespießt, zappelte und schnappte ein kleiner Hai. Quint zog das Messer aus der Scheide, schlitzte den Bauch des Hais auf und ließ ihn fallen. »Jetzt werden Sie was erleben«, sagte er.

Brody konnte nicht sagen, wie viele Haie in dem Wasserstrudel waren. Flossen schossen kreuz und quer, Schwänze peitschten das Wasser. Unter dem Spritzlärm war gelegentlich ein dumpfes Geräusch zu hören, wenn Fisch gegen Fisch krachte. Brody sah an seinem Hemd hinunter und entdeckte, daß es von Wasser- und Blutspritzern übersät war.

Die Raserei hielt mehrere Minuten an, bis nur noch drei große Haie übrigblieben, die unter der Oberfläche hin und her kreuzten.

Die Männer sahen schweigend zu, bis der letzte der drei verschwunden war.

»Jesus«, sagte Hooper.

»Sie mißbilligen das?« fragte Quint.

»Genau. Ich mag es nicht, daß Tiere zu Belustigung von Menschen sterben.« Quint kicherte, und Hooper fragte: »Sie etwa?«

»Es ist nicht die Frage, ob ich es mag oder nicht. Es ernährt mich.«

Quint langte in eine Eiskiste und holte einen Haken mit Vorfach heraus. Der Haken war, ehe sie das Dock verließen, mit einem Köder versehen worden – einem künstlichen Köder, auf Schaft und Widerhaken des Hakens gespießt und festgebunden. Mit einer Zange machte Quint das Vorfach am Ende der Drahtleine fest. Er warf den Köder über Bord, ließ dreißig Meter Leine ablaufen und ihn im Köderfleck treiben.

Hooper nahm seine routinemäßige Arbeit wieder auf, Fischköder ins Wasser zu gießen. Brody fragte: »Will jemand ein Bier?« Quint und Hooper nickten; also ging er hinunter und nahm drei Dosen Bier aus einem Kühler. Beim Verlassen der Kajüte bemerkte Brody zwei alte, eingerissene und sich werfende, an ein Schott geheftete Fotos. Das eine zeigte Quint, der bis zur Hüfte in einem Haufen großer, seltsamer Fische stand. Das andere war die Aufnahme eines toten, am Strand liegenden Hais. Es war nichts auf dem Foto, mit dem man den Fisch vergleichen konnte, Brody konnte also seine Größe nicht bestimmen.

Brody verließ die Kajüte, gab den beiden ihr Bier und setzte sich wieder in seinen Drehstuhl. »Ich sah Ihre Fotos unten«, sagte er zu Quint. »Was sind denn das für Fische, in denen Sie stehen?«

»Tarpone«, sagte Quint. »Das liegt eine Weile zurück, als ich in Florida fischte. So was hatte ich noch nie gesehen. Wir müssen dreißig, vierzig Tarpone – große – in vier Nächten gefangen haben.«

»Und Sie behielten sie?« fragte Hooper. »An sich sollen Sie sie zurückwerfen.«

»Kunden wollten sie haben. Zu Aufnahmen, schätze ich. Auf jeden Fall geben sie keinen schlechten Köder ab, wenn man sie kleinhackt.«

»Sie meinen, tot sind sie nützlicher als lebend?«

»Sicher. Wie die meisten Fische. Und eine Menge anderer Tiere auch. Ich habe noch nie versucht, einen lebenden Ochsen zu essen.« Quint lachte.

»Und das andere Bild?« fragte Brody. »Nur ein Hai?«

»Na ja, nicht *nur* ein Hai. Es war ein Großer Weißer – ungefähr vier, fünf Meter lang. Wog über dreitausend Pfund.«

»Wie haben Sie den gekriegt?«

»Mit dem Eisen. Aber ich will Ihnen was sagen –«, Quint lachte in sich hinein –«, eine Weile war es eine Frage, wer wen kriegen würde.«

»Was meinen Sie damit?«

»Das verdammte Biest griff das Boot an. Ohne jede Ursache, einfach so. Wir hockten hier herum, beschäftigten uns mit unserem Kram, und dann machte es plötzlich PENG! Als wären wir von einem Güterzug angefahren worden! Mein Gehilfe fiel auf den Arsch, und der Kunde brüllte wie am Spieß, wir würden untergehen. Dann griff der Halunke uns wieder an. Ich stieß ein Eisen in ihn, und wir jagten ihn – Jesus, wir müssen ihn über den halben Atlantik gejagt haben.«

»Wie konnten Sie ihm folgen?« fragte Brody. »Warum ist er nicht in die Tiefe gegangen?«

»Konnt' er nicht. Nicht mit dem Faß hinter sich. Das

schwimmt oben. Er ging zwar damit runter, aber nach 'ner Weile merkte er den Zug und kam an die Oberfläche. Wir folgten also einfach dem Faß. Nach zwei Stunden steckten wir ihm noch zwei Eisen in den Leib, und schließlich kam er hoch, ganz ruhig, und wir warfen ihm ein Tau um den Schwanz und bugsierten ihn an Land. Und die ganze Zeit machte dieser Kunde Theater, er sei sicher, wir würden sinken und draufgehen.

Und nun das Komischste: Als wir den Fisch an Land hatten, sicher und gesund vor Anker lagen und kein Gedanke an Untergehen mehr war, kommt doch dieser idiotische Stinker von einem Kunden zu mir und bietet mir fünfhundert Piepen, wenn ich sage, er habe den Fisch mit Haken und Leine gefangen. Eisenlöcher im ganzen Leib, und ich soll schwören, er habe ihn mit Haken und Leine gefangen! Dann fängt er an herumzumeckern, ich sollte mein Honorar halbieren, weil ich ihm keine Möglichkeit gab, den Fisch mit Haken und Leine zu fangen. Ich sagte ihm, wenn ich es ihn hätte versuchen lassen, wäre ich einen Haken, dreihundert Meter Draht, wahrscheinlich eine Haspel und eine Rute und ganz bestimmt einen Fisch los. Dann sagt er, und wie ist es mit der wertvollen Publicity, die ich aus einem Trip bekomme, den *er* finanziert? Ich sagte ihm, er könne mir das Geld geben und die Publicity behalten. Von mir aus könne er sie sich aufs Brot streichen.«

»Ich denke über diese Haken-und-Leine-Sache nach«, sagte Brody.

»Wie meinen Sie das?«

»Sie sagten, Sie würden den Fisch, hinter dem wir her sind, nicht mit Haken und Leinen fangen wollen, nicht wahr?«

»Scheiße, nein. Nach allem, was ich höre, sieht der Hai von damals im Vergleich zu dem, der Ihnen jetzt Kummer macht, wie ein Hündchen aus.«

»Wie kommt's dann, daß Leinen ausgelegt sind?«

»Zwei Gründe. Erstens könnte ein Großer Weißer einen kleinen künstlichen Köder wie den annehmen. Er würde die Leine ziemlich schnell durchtrennen, aber wenigstens wüßten wir, daß er da ist. Es ist ein nützliches Zeichen. Zweitens weiß man nie, was so 'n Kielwasserköder alles anzieht. Selbst wenn Ihr Fisch nicht auftaucht, könnten wir auf was anderes treffen, das den Köder nimmt.«

»Zum Beispiel?«

»Wer weiß? Vielleicht was gut Verwendbares. Hab' schon erlebt, daß Schwertfische treibenden künstlichen Köder annahmen, und bei der ganzen Bundesscheiße über Quecksilber fängt niemand sie mehr kommerziell, man kann also zwei-fünfzig pro Pfund in Montauk erzielen. Oder vielleicht einfach etwas Zusätzliches, was Geld einbringt. Wenn man vierhundert Piepen bezahlt, kann man auch einigen Spaß für sein Geld verlangen.«

»Angenommen, der Große Weiße käme«, sagte Brody, »was würden Sie als erstes tun?«

»Würde versuchen, ihn genügend zu interessieren, so daß er bliebe, bis wir an ihn rankommen könnten. Der Trick ist gar nicht so schwer; Fische sind ziemlich dumm. Kommt darauf an, wie er uns findet. Wenn er denselben Mist macht wie der andere und das Boot angreift, werden wir einfach, so schnell wir können, Eisen in ihn hineinpumpen, dann abdrehen und ihn sich erschöpfen lassen. Wenn er eine Leine annimmt, gibt es keine Möglichkeit, ihn zu stoppen, wenn er davonsausen will. Aber ich werde versuchen, ihn zu uns herumzukriegen – werde den Widerstand straffen und das Risiko eingehen, daß er sich losreißt. Wahrscheinlich wird er den Haken ziemlich schnell losreißen, aber vielleicht kriegen wir ihn so dicht ran, daß wir ein Eisen benutzen können. Und wenn ich erst ein Eisen in ihm habe, ist es nur noch 'ne Zeitfrage.

Höchstwahrscheinlich wird er seinem Instinkt folgen – dem Schlick nach, entweder an der Oberfläche oder direkt darunter. Und da werden wir einigen Kummer haben. Der künstliche Köder genügt nicht, sein Interesse zu erregen. Fische dieser Größe schlucken einen künstlichen Köder einfach runter und wissen nicht mal, daß sie ihn gefressen haben. Wir müssen ihm also etwas Besonderes geben, das er nicht runterkriegen kann, etwas mit 'nem großen Haken drin, das ihn zumindest so lange aufhält, bis wir ihn ein- oder zweimal stechen können.«

»Wenn der Haken zu augenfällig ist«, sagte Brody, »wird er dann den Köder nicht völlig meiden?«

»Nein. Diese Biester haben nicht mal das Hirn eines Hundes. Die fressen alles. Wenn die am Fressen sind, könnte man einen blanken Haken zu ihnen hinunterwerfen, und die nehmen ihn an, wenn sie ihn sehen. Ein Freund von mir traf mal auf einen, der hochkam und versuchte, den Außenbordmotor seines kleinen Bootes zu fressen. Er spuckte ihn bloß aus, weil er ihn nicht auf einmal schlucken konnte.«

Vom Heck, wo er Köder auskippte, fragte Hooper: »Was ist etwas Besonderes, Quint?«

»Sie meinen das, was er nicht runterkriegen kann?« Quint zeigte lächelnd auf eine grüne Plastiktonne mittschiffs. »Schauen Sie sich's selbst an. In der Tonne ist es. Ich habe es mir für den Fisch, hinter dem wir her sind, aufgehoben. Für alles andere wäre es Vergeudung.«

Hooper ging zu der Tonne, drückte die Klammern an den Seiten hoch und hob den Deckel. Vor Schreck über das, was er sah, schnappte er nach Luft. Es war ein winziger, butzköpfiger Delphin, der vertikal in der mit Wasser gefüllten Tonne schwamm; sein lebloser Kopf wiegte sich sanft mit der Bewegung des Bootes. Er war nicht mehr als sechzig Zentimeter lang. Auf der Unterseite des Kiefers ragte das Öhr eines riesigen Hai-Hakens hervor, und aus einem Loch im Bauch wand sich der Stachelhaken hoch. Hooper packte die Tonne und sagte: »Ein Baby.«

»Noch besser«, sagte Quint grinsend. »Ungeboren.«

Hooper starrte noch ein paar Sekunden in die Tonne, schlug dann den Deckel wieder zu und fragte: »Wo haben Sie ihn her?«

»Ach, etwa sechs Meilen von hier, genau östlich. Warum?«

»Ich meine, wie haben Sie ihn gekriegt?«

»Wie meinen Sie wohl? Von der Mutter.«

»Sie haben sie getötet.«

»Nein.« Quint lachte. »Sie sprang ins Boot und schluckte Schlaftabletten.« Er machte eine Pause, wartete, daß der andere lachte, als aber nichts kam, sagte er: »Man kann sie nicht regulär kaufen, wissen Sie.«

Hooper starrte Quint an. Er war wütend, außer sich. Er sagte aber nur: »Sie wissen, daß sie unter Naturschutz stehen.«

»Wenn ich fische, mein Sohn, dann fang' ich, was ich will.«

»Und die Gesetze?«

»In welcher Branche sind Sie tätig, Hooper?«

»Fischkunde. Ich studiere Fische. Deswegen bin ich hier. Wußten Sie das nicht?«

»Wenn Leute mein Boot chartern, stelle ich keine Fragen über sie. Aber gut, Sie studieren Fische als Lebensunterhalt. Wenn Sie für Ihren Lebensunterhalt arbeiten müßten – ich meine die Art Arbeit, bei der das Geld, das Sie verdienen, von dem Schweiß abhängt, den Sie hineinstecken –, wüßten Sie mehr darüber, was

Gesetze wirklich bedeuten. Gewiß, diese Tümmler sind geschützt. Aber das Gesetz wurde nicht gemacht, um Quint daran zu hindern, sich einen oder zwei Köder zu holen. Es wurde gemacht, um das Berufsfischen nach ihnen zu stoppen, Idioten zu hindern, daß sie sie als Sport abknallen. Ich will Ihnen also was sagen, Hooper: Sie können lamentieren, so viel Sie wollen. Aber sagen Sie Quint nicht, er könne nicht ein paar Fische fangen, um seinen Lebensunterhalt zu verdienen.«

»Passen Sie auf, Quint, es geht doch darum, daß diese Delphine in Gefahr sind, ausgerottet zu werden. Und was Sie tun, beschleunigt den Prozeß.«

»Höre Sie mir mit diesem Scheißdreck auf! Sagen Sie den Thunfischbooten, sie sollen aufhören, Tümmler als Köder in ihren Netzen zu benutzen. Sagen Sie den Japsen, sie sollen aufhören, sie zu fangen. Die werden Ihnen sagen, Sie sollen sich gefälligst auf den Mond verpissen. Die müssen hungrige Münder stopfen. Nun, ich auch. Meinen.«

»Ich verstehe«, sagte Hooper. »Nimm's, solange du kannst, und wenn nach einer Weile nichts mehr da ist, dann werden wir eben etwas anderes nehmen. Wie blöde!«

»Treiben Sie's nicht zu weit, Sohn«, sagte Quint. Seine Stimme klang tonlos, und er blickte Hooper direkt in die Augen.

»Was?«

»Nennen Sie mich nicht blöde.«

Hooper hatte nicht beleidigend sein wollen und war überrascht, daß seine Worte übelgenommen wurden. »So habe ich's nicht gemeint. Ich meinte nur ...«

Brody, mittschiffs auf seinem Sitz zwischen den beiden Männern, kam zu der Überzeugung, daß es Zeit war, den Wortstreit zu beenden. »Hören wir auf damit, Hooper, ja?« sagte er. »Wir sind nicht hier draußen, um über Ökologie zu debattieren.«

»Was wissen Sie von Ökologie, Brody?« fragte Hooper. »Ich wette, sie bedeutet Ihnen nur, daß Sie in Ihrem Hinterhof kein Laub mehr verbrennen dürfen.«

»Hören Sie, ich verbitte mir Ihr großmäuliges Geschwätz ein für allemal! Wir sind hier draußen, um einen Fisch daran zu hindern, daß er Menschen umbringt, und wenn ein Tümmler uns hilft, Gott weiß wie viele Leben zu retten, scheint mir das ein ziemlich gutes Geschäft.«

Hooper grinste und sagte zu Brody: »Sie sind also jetzt ein Lebensrettungsexperte, nicht wahr? Wollen mal sehen. Wie viele hätten gerettet werden können, wenn Sie die Strände nach ... äh ... gesperrt hätten?«

Brody war aufgesprungen und ging auf Hooper zu, ehe er sich bewußt wurde, daß er seinen Stuhl verlassen hatte. »Halten Sie den Mund!« sagte er. Unwillkürlich langte er mit der Rechten an die Hüfte. Er hielt inne, als er kein Halfter an seiner Seite fühlte, entsetzt durch die plötzliche Erkenntnis, daß er, hätte er eine Pistole gehabt, sie vielleicht benutzt hätte. Er stand vor Hooper, der ihn finster anblickte.

Ein kurzes, scharfes Lachen von Quint durchbrach die gespannte Atmosphäre. »Was für ein Paar Arschlöcher!« sagte er. »Ich hab' das schon vorausgesehen, seit Sie heute morgen an Bord kamen.«

12

Der zweite Tag der Jagd war so ruhig wie der erste. Als sie um sechs Uhr früh ausliefen, wehte eine leichte südwestliche Brise, die den Tag abzukühlen versprach. Die See um Montauk Point war unruhig. Doch gegen zehn hatte die Brise sich gelegt, und das Boot trieb bewegungslos auf der glasigen See, wie ein Pappbecher in einer Pfütze. Es war wolkenlos, aber die Sonne wurde durch dichten Dunst getrübt. Unterwegs hatte Brody im Radio gehört, daß die Luftverschmutzung in New York City ein kritisches Stadium erreicht habe. Die Menschen wurden krank, und von denen, die bereits krank oder sehr alt waren, starben manche.

Brody hatte sich heute vernünftiger angezogen. Er trug ein weißes, kurzärmeliges Hemd, eine leichte Baumwollhose, weiße Socken und Segeltuchschuhe. Zum Zeitvertreib hatte er sich ein Buch mitgenommen, einen Sex-Thriller, den er sich von Hendricks geborgt hatte, mit dem Titel *Die tödliche Jungfrau*.

Brody wollte die Zeit nicht wieder mit Unterhaltung ausfüllen, einer Unterhaltung, die zu einer Wiederholung der gestrigen Szene mit Hooper führen konnte. Es hatte ihn bestürzt – Hooper wahrscheinlich auch. Heute richteten sie selten das Wort aneinander, sondern wandten sich mit ihren Bemerkungen und Stellungnahmen direkt an Quint. Brody traute sich nicht zu, Hooper gegenüber Höflichkeit heucheln zu können.

Brody hatte bemerkt, daß Quint vormittags still war – unzugänglich und distanziert. Man mußte ihm die Worte direkt abringen. Doch je weiter der Tag fortschritt, desto mehr lockerte sich seine Haltung, und er wurde gesprächiger. Als sie am Morgen ausgelaufen waren, hatte Brody zum Beispiel Quint gefragt, woher er wisse, welche Stelle er sich auszusuchen habe, um dem Fisch aufzulauern.

»Weiß ich nicht«, sagte Quint.

»Sie wissen es nicht?«

Quint schüttelte den Kopf.

»Wie wählen Sie sich dann eine Stelle aus?«

»Wähle eben eine.«

»Wonach richten Sie sich?«

»Nach gar nichts.«

»Gehen Sie nicht nach den Gezeiten?«

»Nun, ja.«

»Spielt es eine Rolle, ob das Wasser tief oder seicht ist?«

»Etwas schon.«

»Wie kommt das?«

Einen Augenblick glaubte Brody, Quint würde eine Antwort verweigern. Er starrte geradeaus, die Augen auf den Horizont gerichtet. Dann sagte er, als wäre es eine außerordentliche Anstrengung: »Solche großen Fische wollen sich wahrscheinlich nicht in zu seichtem Wasser aufhalten. Aber man weiß es nie genau.«

Brody wußte, daß er das Thema fallenlassen und Quint in Ruhe lassen sollte, aber die Sache interessierte ihn, also stellte er eine weitere Frage. »Wenn wir diesen Fisch finden, oder wenn er uns findet, so ist das Glücksache, nicht wahr?«

»Ungefähr.«

»Wie eine Nadel im Heuschober.«

»Nicht ganz.«

»Warum nicht?«

»Wenn die Strömung gut ist, können wir einen Schlick auslegen, der gegen Schluß des Tages zehn Meilen und mehr bedeckt.«

»Wäre es nicht besser, wenn wir die Nacht über hier draußen blieben?«

»Wozu?«

»Um den Köderfleck zu vergrößern. Wenn wir zehn Meilen am Tag auslegen können, dann könnten wir mehr als zwanzig Meilen schaffen, wenn wir die ganze Nacht draußen blieben.«

»Wenn ein Schlick zu groß wird, taugt er nichts.«

»Warum?«

»Verwirrt nur. Wenn Sie einen Monat hier draußen blieben, könnten Sie den ganzen beschissenen Ozean damit spicken. Hat nicht viel Sinn.« Quint lächelte, offensichtlich bei dem Gedanken, daß der ganze Ozean von Köder-Schlick bedeckt wäre.

Brody gab's auf und las in der *Tödlichen Jungfrau.*

Gegen Mittag hatte Quint mit der Arbeit begonnen. Die Leinen waren über vier Stunden im Schlick gewesen. Obgleich niemand gerade ihn mit der Aufgabe betraut hatte, hatte Hooper die Köderkelle ergriffen, sobald sie zu driften begonnen hatten, und jetzt saß er im Heck und schöpfte methodisch. Etwa gegen zehn Uhr hatte ein Fisch die Steuerbordleine geschnappt und hatte ein paar Sekunden Aufregung verursacht. Aber er stellte sich als fünfpfündiger Bonito heraus, der kaum sein Maul um den Haken bekam. Um halb elf packte ein kleiner Blauhai die Backbordleine. Brody spulte ihn herein, Quint hievte ihn mit dem Fischhaken hoch, schlitzte seinen Bauch auf und warf ihn zurück. Der Hai knabberte kraftlos an ein paar Stücken seines eigenen Fleisches und glitt dann in die Tiefe. Keine anderen Haie tauchten auf, um zu fressen.

Kurz nach elf erspähte Quint die sensenförmige Rückenflosse eines Schwertfisches, der durch den Schlick auf sie zukam. Sie warteten still, hofften flehentlich, daß der Fisch einen Köder annehmen würde, aber er beachtete beide künstlichen Köder nicht und schwamm ziellos sechzig Meter vom Heck entfernt herum. Quint rüttelte einen der Köder – zog an der Leine, daß der Köder sich bewegte und zu leben schien –, aber der Schwertfisch war nicht beeindruckt. Schließlich beschloß Quint, den Fisch zu harpunieren. Er startete den Motor, wies Brody und Hooper an, die Leinen einzuholen, und steuerte das Boot in einen weiten Kreis. Ein Harpunenpfeil war bereits am Schaft festgemacht, und im Bug stand ein mit der Leine umwickeltes Faß bereit. Quint erklärte die Technik des Angriffs: Hooper sollte das Boot fahren. Quint würde im Bug stehen und die Harpune über seine rechte Schulter halten. Wenn sie sich dem Fisch näherten, wollte er mit der Harpune nach links oder rechts zeigen, je nachdem, nach welcher Seite das Boot sich wenden sollte. Hooper sollte das Boot so steuern, bis die Harpune wieder direkt nach vorn zeigte. Es war, als folgte man einer Kompaßnadel. Wenn alles gutging, würden sie den Fisch beschleichen können, und Quint konnte das Eisen von seiner rechten Schulter aus schleudern – ein Wurf von etwa vier Metern, fast direkt nach unten. Brody würde neben dem Faß stehen und dafür sorgen, daß die Leine klar ablief, wenn der Fisch tauchte.

Alles ging gut bis zum letzten Augenblick. Langsam, das Motorengeräusch war kaum zu hören, näherte sich das Boot dem Fisch, der auf der Oberfläche ruhend trieb. Das Boot lag gut im Ruder, so daß Hooper Quints Weisungen genau folgen konnte. Dann schien der Fisch die Anwesenheit des Bootes zu spüren. In dem Augenblick, als Quint den Arm hob, um das Eisen zu werfen, schoß der Fisch nach vorn, schlug mit dem Schwanz und stürzte sich in die Tiefe. Quint warf, brüllte: »Scheißkerl!« und traf zwei Meter daneben.

Jetzt waren sie wieder am Ausgangspunkt des Schlicks.

»Sie fragten mich gestern, ob wir viele Tage wie diesen haben«, sagte Quint zu Brody. »Es kommt nicht oft vor, daß es zwei hintereinander sind. Inzwischen hätte zumindest eine Bande Blauhaie auftauchen müssen.«

»Ist es das Wetter?«

»Könnte sein. Drückt auf die Menschen. Vielleicht auch auf die Fische.«

Sie aßen zu Mittag – Sandwiches und Bier –, und als sie fertig waren, prüfte Quint nach, ob sein Karabiner geladen war. Dann duckte er sich in den Niedergang und kam mit einem Apparat zurück, den Brody noch nie gesehen hatte. »Haben Sie Ihre Bierdose noch?« fragte Quint.

»Ja«, sagte Brody. »Wozu?«

»Werd' ich Ihnen zeigen.« Das Gerät sah wie eine Kartoffelbrei-Handgranate aus – ein Metallzylinder mit einem Griff an einem Ende. Quint stieß die Bierdose in den Zylinder, drehte ihn, bis es knackte, und nahm eine Platzpatrone aus der Hemdbrusttasche. Er steckte sie in ein kleines Loch im Boden des Zylinders und drehte dann den Griff, bis es wieder knackte. Er gab das Gerät Brody. »Sehen Sie diesen Hebel da?« fragte er, auf die Spitze des Griffes zeigend. »Richten Sie das Ding zum Himmel, und wenn ich's Ihnen sage, stoßen Sie den Hebel vor.«

Quint nahm die M-1 in die Hand, entsicherte sie, hob das Gewehr an die Schulter und sagte: »Jetzt.«

Brody schob den Hebel vor. Es gab einen scharfen Knall, einen leichten Stoß, und die Bierdose wurde ihm aus der Hand direkt in die Luft geschleudert. Sie wirbelte, und in dem hellen Sonnenschein blitzte sie wie eine Wunderkerze. Am Scheitelpunkt ihrer Bahn – im Bruchteil einer Sekunde, als sie in der Schwebe hing – drückte Quint ab. Er hielt tief, um die Dose beim Herunterfallen zu treffen, und durchlöcherte ihren Boden. Es gab einen lauten Knall, und die Dose trudelte ins Wasser. Sie sank nicht sofort, sondern schwamm in einem schiefen Winkel, auf der Oberfläche hüpfend.

»Wollen Sie's versuchen?« fragte Quint.

»Klar«, antwortete Brody.

»Passen Sie auf, daß Sie sie ganz oben erwischen und ein bißchen tiefer halten. Wenn Sie sie im vollen Aufstieg oder im vollen Fall angehen, müssen Sie eine ganze Menge vorhalten, und das ist viel schwerer. Wenn Sie sie verfehlen, senken Sie Ihr Visier, halten wieder vor und drücken noch mal ab.«

Brody tauschte die Abschußvorrichtung gegen die M-1 aus und stellte sich am Schandeckel auf. Sobald Quint die Abschußvorrichtung wieder geladen hatte, rief Brody: »Jetzt!«, und Quint klinkte die Dose aus. Brody schoß einmal. Nichts. Er versuchte es im Scheitelpunkt des Bogens wieder. Nichts. Und er hielt zu viel vor, als sie fiel. »Junge, das ist ein Luder!« sagte er.

»Ja, ja, man muß Übung haben«, sagte Quint. »Sehen Sie zu, daß Sie sie jetzt treffen.«

Die Dose schwamm aufrecht in dem ruhigen Wasser, fünfzehn oder zwanzig Meter vom Boot entfernt. Die Hälfte war oberhalb des Wassers. Brody zielte – bewußt ein Haar tiefer – und drückte ab. Es gab ein metallisches Plumpsgeräusch, als die Kugel die Dose an der Wasserlinie traf. Die Dose verschwand.

»Hooper?« fragte Quint. »Es ist noch eine Dose übrig, und wir können immer noch mehr Bier trinken.«

»Nein, danke«, sagte Hooper.

»Was ist los?«

»Nichts. Ich möchte bloß nicht schießen, das ist alles.«

Quint lächelte. »Machen Sie sich über die Dosen im Wasser Sorgen? Wir versenken eine Unmenge Blech in den Ozean. Wahrscheinlich rostet es und sinkt auf den Boden und stopft da unten alles voll.«

»Das ist es nicht«, sagte Hooper, bedacht, nicht auf Quints Köder hereinzufallen. »Ich bin nur nicht in Stimmung dazu.«

»Angst vor Gewehren?«

»Angst? Nein.«

»Haben Sie jemals mit einem geschossen?«

Brody war gebannt, wie Quint Hooper bedrängte und wie dieser sich wand, aber er wußte nicht, weshalb Quint es tat. Vielleicht wurde Quint eklig, wenn er sich langweilte und keinen Fisch fing.

Auch Hooper wußte nicht, worauf Quint hinauswollte, aber es gefiel ihm gar nicht. Es kam ihm vor, als würde er gereizt, um dann fertiggemacht zu werden. »Sicher«, sagte er. »Ich habe schon mit Gewehren geschossen.«

»Wo? In der Armee?«

»Nein. Ich . . .«

»Haben Sie gedient?«

»Nein.«

»Hab' ich mir gedacht.«

»Was soll das heißen?«

»Jesus, ich würde sogar wetten, daß Sie noch Jungfrau sind.«

Brody sah forschend in Hoopers Gesicht, um seine Reaktion festzustellen, und den Bruchteil einer Sekunde fing er auch Hoopers Blick auf.

Dann sah Hooper weg, und sein Gesicht begann sich zu röten. Er sagte: »Was haben Sie im Sinn, Quint? Worauf wollen Sie hinaus?«

Quint lehnte sich in seinem Stuhl zurück und grinste. »Nichts, gar nichts«, sagte er. »Mach' bloß 'n bißchen freundliche Konversation, um die Zeit totzuschlagen. Haben Sie was dagegen, wenn ich Ihre Bierdose nehme, nachdem Sie sie ausgetrunken haben? Vielleicht will Brody es noch mal versuchen.«

»Nein, ich habe nichts dagegen«, sagte Hooper, »aber lassen Sie mich in Ruhe, ja?«

Die nächste Stunde saßen sie schweigend da. Brody döste in seinem Drehstuhl, einen Hut zum Schutz vor der Sonne übers Gesicht gezogen. Hooper saß im Heck, goß aus und schüttelte gelegentlich den Kopf, um wach zu bleiben. Und Quint saß, den Schlick beobachtend, auf der Brücke, die Marine-Corps-Mütze nach hinten geschoben.

Plötzlich sagte Quint mit monotoner, leiser, sachlicher Stimme: »Wir haben einen Gast.«

Brody wurde hellwach. Hooper stand auf. Die Steuerbordleine lief ab, glatt und sehr schnell.

»Nehmen Sie die Rute«, sagte Quint. Er setzte die Mütze ab und warf sie auf die Bank.

Brody nahm die Rute aus dem Halter, steckte sie sich zwischen die Beine und hielt fest.

»Wenn ich's Ihnen sage«, sagte Quint, »stoßen Sie den Bremshebel vor und verpassen ihm eins.« Die Leine stoppte. »Warten Sie. Er dreht um. Er wird wieder auftauchen. Möcht' ihn jetzt nicht verletzen, sonst spuckt er den Haken aus.« Aber die Leine lag tot im Wasser, schlaff und bewegungslos. Nach einigen Augenblicken sagte Quint: »Hol mich der Teufel. Rollen Sie sie auf.«

Brody kurbelte die Leine ein. Sie kam leicht, zu leicht. Nicht einmal der leise Widerstand des Köders war zu spüren.

»Halten Sie die Leine mit zwei Fingern, sonst verwickelt sie sich«, sagte Quint. »Was immer diesen Köder nahm, tat es ganz sanft. Muß ihn von der Leine abgeküßt haben.«

Die Leine kam jetzt aus dem Wasser und hing an der Spitze der Rute. Es war kein Haken, kein Köder, kein Vorfach da. Der Draht war sauber abgetrennt worden. Quint sprang von der Brücke herunter und besah ihn sich. Er betastete das Ende, fuhr mit den Fingern um die Ränder der Bruchstelle und starrte über den Schlick hinaus.

»Ich glaube, wir sind soeben Ihrem Freund begegnet«, sagte er.

»Was?« fragte Brody.

Hooper sprang von seinem Balken herunter und sagte aufgeregt: »Machen Sie keine Witze. Das ist ja toll!«

»Es ist nur eine Annahme«, sagte Quint. »Aber ich möchte darauf wetten. Dieser Draht ist glatt durchgebissen worden. Auf Anhieb. Ohne Zögern. Keine anderen Merkzeichen dran. Wahrscheinlich wußte der Fisch nicht einmal, daß er ihn im Maul hatte. Er verschlang einfach den Köder, klappte das Maul zu, und damit hatte sich's.«

»Was tun wir also jetzt?« fragte Brody.

»Wir warten ab, ob er die andere annimmt, oder ob er an die Oberfläche kommt.«

»Und was ist mit dem Tümmler? Setzen wir ihn ein?«

»Sobald ich weiß, daß er es ist«, sagte Quint. »Wenn ich ihn mir ansehen kann und weiß, daß der Halunke groß genug ist, um es wert zu sein, dann geb' ich ihm den Tümmler. Das sind abfallfressende Maschinen, diese Fische, und ich will einen Erstklassköder nicht an irgendeinen Zwerg verschwenden.«

Sie warteten. Auf der Oberfläche des Wassers zeigte sich keine Bewegung. Keine Vögel tauchten, keine Fische sprangen. Das einzige Geräusch war das Plumpsen des Köders, den Hooper über Bord schüttete. Dann fing die Backbordleine an zu laufen.

»Lassen Sie sie im Halter«, sagte Quint. »Hat keinen Sinn, sich bereitzuhalten, wenn er die auch durchbeißt.«

Adrenalin pumpte durch Brodys Körper. Er war gleichermaßen aufgeregt und ängstlich, von dem Gedanken bedrückt, was da unter ihnen schwamm, ein Geschöpf, dessen Kräfte er sich nicht vorstellen konnte. Hooper stand an Backbord, wie gelähmt von der laufenden Leine.

Die Leine stoppte und wurde schlapp.

»Scheiße«, sagte Quint. »Er hat's wieder getan.« Er nahm die Rute aus dem Halter und begann aufzuwinden. Die abgetrennte Leine kam an Bord, genau wie die andere. »Wir wollen ihm noch eine Chance geben«, sagte Quint, »und ich werde ein stärkeres Vorfach anmachen. Was ihn natürlich nicht stoppen wird, wenn er der Fisch ist, für den ich ihn halte.« Er langte in die Eiskiste nach einem neuen Köder und machte das Drahtvorfach ab. Aus einer Schublade im Cockpit nahm er eine Kette, etwas über einen Meter lang und dreiviertel Zentimeter dick.

»Das sieht wie eine Hundeleine aus«, meinte Brody.

»War mal eine«, sagte Quint. Er verband ein Ende der Kette mit der Öffnung des Köderhakens, das andere mit der Drahtleine.

»Kann er das durchbeißen?«

»Ich denke schon. Wird vielleicht ein bißchen länger brauchen, aber er würde es schaffen, wenn er wollte. Ich will bloß versuchen, ihn an die Oberfläche zu locken.«

»Und wenn das nicht funktioniert, was dann?«

»Weiß ich noch nicht. Ich schätze, ich könnte einen vierzölligen Hai-Haken und eine starke Kette nehmen und sie mit einem Haufen Köder dran über Bord werfen. Aber wenn er ihn annähme, wüßte ich nicht, was ich mit ihm anfangen sollte. Er würde jede Klampe, die ich an Bord habe, rausreißen, und bevor ich ihn nicht sehe, werde ich nicht das Risiko eingehen und eine Kette um etwas Wichtiges wickeln.« Quint schnellte den Köderhaken über Bord und ließ ein paar Meter Leine ablaufen. »Komm schon, du Scheißkerl«, sagte er. »Laß dich angucken.«

Die drei Männer beobachteten die Backbordleine. Hooper bückte sich, füllte seine Kelle mit Köder und schüttete ihn in den Schlick. Etwas fiel ihm ins Auge und veranlaßte ihn, sich nach links zu wenden. Was er sah, entlockte ihm ein kehliges Grunzen, unverständlich zwar, aber laut genug, um die erstaunten Blicke der beiden anderen Männer auf sich zu ziehen.

»Jesus Christus!« sagte Brody.

Nicht mehr als drei Meter hinter dem Heck, leicht nach Steuerbord, zeigte sich die flache, kegelförmige Nase des Fisches. Sie stak vielleicht sechzig Zentimeter aus dem Wasser heraus. Der obere Teil des Kopfes war rußig-grau, darin zwei schwarze Augen. An jedem Seitenende der Nase, wo die graue Farbe in Milchweiß überging, waren die Nasenlöcher – tiefe Schlitze in der gepanzerten Haut. Das Maul war nicht ganz zur Hälfte geöffnet, eine verschwommene, dunkle Höhle, von riesigen, dreieckigen Zähnen beschützt.

Fisch und Männer fanden sich vielleicht zehn Sekunden einander gegenüber. Dann brüllte Quint: »Das Eisen!«, sprang, seinen eigenen Befehl ausführend, vor und fing an, mit einer Harpune herumzufummeln. Brody langte nach dem Gewehr. Doch in diesem Augenblick glitt der Fisch ruhig ins Wasser zurück. Der lange, sensenförmige Schwanz schlug einmal aus – Brody schoß darauf und verfehlte sein Ziel –, und der Fisch verschwand.

»Weg ist er«, sagte Brody.

»Phantastisch!« sagte Hooper. »Dieser Fisch ist genau, wie ich ihn mir vorstellte. Mehr noch. Er ist phantastisch! Dieser Kopf muß 1,20 m in der Breite gemessen haben.«

»Könnte schon sein«, meinte Quint, nach achtern gehend. Er verstaute zwei Harpunenwiderhaken, zwei Fässer und zwei Rollen Tau im Heck. »Für den Fall, daß er wiederkommt«, sagte er.

»Haben Sie je einen solchen Fisch gesehen, Quint?« fragte Hooper. Seine Augen strahlten, und er zitterte vor Erregung.

»Nicht ganz«, erwiderte Quint.

»Wie lang, schätzen Sie?«

»Schwer zu sagen. Sechseinhalb Meter. Vielleicht mehr. Ich

weiß es nicht. Bei diesen Biestern macht alles über zwei Meter keinen großen Unterschied. Wenn sie mal zwei Meter messen, sind sie ein Ärgernis. Und dieser Hundesohn ist ein Ärgernis.«

»Gott, hoffentlich kommt er zurück«, sagte Hooper.

Brody hatte ein Frostgefühl, ihn schauderte. »Es war sehr merkwürdig«, sagte er, den Kopf schüttelnd. »Er sah aus, als grinste er.«

»So sehen sie mit geöffnetem Maul alle aus«, erklärte Quint. »Machen Sie nicht mehr aus ihm, als er ist. Er ist bloß ein dummer Mülleimer.«

»Wie können Sie so etwas sagen?« protestierte Hooper. »Der Fisch ist eine ausgesprochene Schönheit. So etwas läßt einen an Gott glauben. Es zeigt, was die Natur fertigbringt, wenn sie will.«

»Schafscheiße«, sagte Quint und kletterte die Leiter zur Brücke hinauf.

»Werden Sie den Tümmler benutzen?« fragte Brody.

»Nicht nötig. Wir haben ihn einmal an der Oberfläche gehabt. Er wird wiederkommen.«

Während Quint sprach, ließ ein Geräusch hinter Hooper ihn herumfahren. Es war ein schwirrendes Geräusch, ein zischender Laut. »Da«, sagte Quint. Zehn Meter entfernt kam eine mehr als dreißig Zentimeter hohe, dreieckige Rückenflosse direkt auf das Boot zu, die das Wasser durchschnitt und ein gekräuseltes Kielwasser hinter sich ließ. Hinter ihr ein hochragender Schwanz, der in straffem Rhythmus hin und her schlug.

»Er greift das Boot an!« rief Brody. Unwillkürlich drückte er sich in den Sitz des Drehstuhls und versuchte fortzurutschen.

Quint kam fluchend von der Brücke herunter. »Keine gottverdammte Warnung diesmal«, sagte er. »Reichen Sie mir das Eisen.«

Der Fisch war jetzt fast am Boot. Er hob seinen flachen Kopf, starrte mit einem seiner schwarzen Augen ausdruckslos auf Hooper und schwamm unter dem Boot vorbei. Quint hob die Harpune und drehte sich nach Backbord. Der Wurfspieß streifte den Drehstuhl, der Pfeil riß sich los und fiel auf Deck.

»Scheißkerl!« schrie Quint. »Ist er noch da?« Er griff hinunter, packte den Pfeil und steckte ihn wieder auf den Schaft.

»Ihre Seite, Ihre Seite!« rief Hooper. »An dieser Seite ist er bereits vorbei.«

Quint drehte sich noch rechtzeitig um, um die grau-braune Form des Fisches zu sehen, der davonzog und zu tauchen begann. Er ließ die Harpune fallen, packte wütend das Gewehr und leerte das ganze Magazin hinter dem Fisch her ins Wasser. »Schweinehund!« sagte er. »Das nächste Mal bitt' ich mir 'ne Warnung aus.« Dann legte er das Gewehr ab und lachte: »Eigentlich sollte ich dankbar sein«, meinte er. »Wenigstens hat er das Boot nicht angegriffen.« Er sah Brody an und sagte: »Hat Ihnen 'n kleinen Schreck eingejagt, was?«

»Mehr als einen kleinen«, entgegnete Brody. Er schüttelte den Kopf, als wollte er seine Gedanken sammeln und das Gesehene vernünftig analysieren. »Ich bin noch nicht sicher, ob ich es glauben kann.« Sein Hirn war voller Vorstellungen von einer in der Dunkelheit nach oben schießenden Torpedoform, die Christine Watkins in Stücke riß; eine Vision von dem Jungen auf dem Floß, unwissend, arglos, bis er plötzlich von einer Alptraum-Kreatur ergriffen wurde; den Alpträumen, die ihn überfallen würden, Träume von Gewalt und Blut und einer Frau, die ihn anschrie, er habe ihren Sohn getötet. »Sie können mir doch nicht sagen, daß das ein Fisch ist«, sagte er. »Es ist eher wie eines dieser Dinger, über die Filme gemacht werden. Sie wissen schon, das Ungeheuer aus der Tiefe.«

»Doch, doch, es ist ein Fisch«, sagte Hooper. Er war immer noch sichtlich aufgeregt. »Und was für ein Fisch! Beinahe ein *megalodon.*«

»Wovon reden Sie eigentlich?« fragte Brody.

»Es ist natürlich eine Übertreibung«, sagte Hooper, »aber wenn so etwas herumschwimmt, dann kann auch ein Saurier hier herumschwimmen. Was meinen Sie, Quint?«

»Ich meine, Sie haben 'nen Sonnenstich«, sagte Quint.

»Nein, im Ernst. Wie groß werden diese Fische Ihrer Meinung nach?«

»Ich bin nicht gut im Schätzen. Ich schätze diesen Fisch auf sechseinhalb Meter, also würde ich sagen, sie werden sechseinhalb Meter lang. Wenn ich morgen einen von acht Meter Länge sehe, sage ich, sie werden bis zu acht Meter lang. Schätzen ist Mist.«

»Wie groß werden sie *überhaupt?*« fragte Brody und wünschte im selben Augenblick, er hätte nichts gesagt. Er fühlte, daß ihn die Frage Hooper unterlegen machte.

Aber Hooper war im Augenblick zu ergriffen, zu erregt und glücklich, um gönnerhaft zu sein. »Das ist es ja«, sagte er. »Niemand weiß es. In Australien war einer, der sich irgendwie in Ketten verwickelte und ersoff. Seine Länge wurde mit zwölf Meter angegeben, auf jeden Fall lauteten die Berichte so.«

»Das ist fast zweimal so groß wie dieser hier«, sagte Brody. Seine Vorstellungskraft, die ohnehin kaum imstande war, den Fisch, den er gesehen hatte, zu fassen, konnte die Unermeßlichkeit des von Hooper beschriebenen nicht begreifen.

Hooper nickte. »Im allgemeinen nimmt man eine Maximalgröße von zehn Meter an, aber die Zahl ist Einbildung. Wie Quint sagt: Wenn die Leute morgen einen von zwanzig Meter Länge sehen, akzeptieren sie zwanzig Meter. Die wirklich phantastische Sache, etwas, das einen umwirft, ist die Vorstellung – und es könnte wahr sein –, daß es in den Tiefen der Ozeane Große Weiße von fünfunddreißig Meter Länge gibt.«

»Ach, Quatsch«, sagte Quint.

»Ich behaupte nicht, daß es so ist«, sagte Hooper. »Ich sage nur, es könnte so sein.«

»Trotzdem Quatsch.«

»Vielleicht. Vielleicht auch nicht. Hören Sie, der lateinische Name für diesen Fisch ist *carcharodon carcharias,* klar? Der nächste Vorfahr, den wir finden können, ist ein Tier namens *carcharodon megalodon,* ein Fisch, der vor dreißig- bis vierzigtausend Jahren existierte. Wir haben Fossilienzähne vom *megalodon.* Sie sind fünfzehn Zentimeter lang. Dies ließe auf eine Länge des Fisches von fünfundzwanzig bis fünfunddreißig Meter schließen. Und die Zähne sind genau wie jene, die man heute bei Großen Weißen sieht. Was ich damit sagen will, ist dies: Angenommen, die beiden Fische sind wirklich von einer Gattung, kann man sagen, *megalodon* ist tatsächlich ausgestorben? Warum sollte er? Nahrungsmangel kann es nicht sein. Wenn es da unten genug gibt, um Wale zu ernähren, gibt es auch genug für so große Haie. Bloß, weil wir noch nie einen fünfunddreißig Meter langen Weißen gesehen haben, bedeutet das nicht, daß sie nicht existieren könnten. Sie hätten keinen Grund, an die Oberfläche zu kommen. Ihre Nahrung befände sich in der Tiefe. Ein Toter würde nicht an die Küste angetrieben werden, weil sie keine Schwimmblase haben. Können Sie sich vorstellen, wie ein fünfunddreißig Meter langer Weißer aussehen würde? Können Sie sich vorstellen, was er tun könnte, welche Kräfte und welche Macht er hätte?«

»Will ich mir nicht vorstellen«, sagte Brody.

»Es wäre wie eine Lokomotive mit einem Maul voll Fleischermesser.«

»Wollen Sie behaupten, der da sei bloß ein Baby?« Brody fühlte sich allmählich einsam und wehrlos. Ein so großer Fisch, wie Hooper ihn beschrieb, konnte das Boot kurz und klein beißen.

»Nein, das ist ein ausgewachsener Fisch«, sagte Hooper. »Dessen bin ich sicher. Aber es ist wie bei den Menschen. Einige sind 1,50 m groß, einige sind zwei Meter groß. Junge, was würde ich darum geben, einen großen *megalodon* zu sehen.«

»Sie sind verrückt«, sagte Brody.

»Nein, Mann, stellen Sie sich bloß vor. Es wäre, als fände man den Schneemenschen.«

»He, Hooper«, sagte Quint, »könnten Sie jetzt mit Ihren Märchen aufhören und wieder ein bißchen Köder über Bord kippen? Ich möchte nämlich ganz gern einen Fisch fangen.«

»Gewiß«, sagte Hooper. Er kehrte auf seinen Posten im Heck zurück und begann, Köder ins Wasser zu schütten.

»Glauben Sie, er kommt zurück?« fragte Brody.

»Weiß ich nicht«, antwortete Quint. »Man weiß nie, was diese Halunken tun werden.« Aus einer Tasche zog er Notizblock und Bleistift. Er streckte den linken Arm aus und zielte damit auf die Küste. Er schloß sein rechtes Auge und visierte am Zeigefinger seiner Linken entlang, dann kritzelte er etwas ins Notizbuch. Er bewegte seine Hand etwa fünf Zentimeter nach links, visierte wieder und machte eine neue Eintragung. Eine Frage von Brody vorwegnehmend, sagte Quint: »Bestimme den Standort. Ich möchte sehen, wo wir sind; wenn er heute nicht mehr auftaucht, werde ich wissen, wohin ich morgen fahren muß.«

Brody blickte zur Küste. Selbst wenn er seine Augen beschattete und zusammenkniff, konnte er nur eine undeutliche graue Landlinie sehen. »Wonach gehen Sie?«

»Leuchtturm auf der Landspitze und Wasserturm in der Stadt. Die Peillinien sind verschieden, je nachdem, wo man sich befindet.«

»Können Sie sie denn sehen?« Brody strengte die Augen an, konnte aber nicht mehr als einen Fleck ausmachen.

»Klar. Sie könnten's auch, wenn Sie dreißig Jahre hier draußen wären.«

Hooper lächelte und sagte: »Glauben Sie wirklich, daß der Fisch an einem Ort bleiben wird?«

»Ich weiß es nicht«, erwiderte Quint. »Aber wir haben ihn diesmal hier entdeckt und nirgendwo anders.«

»Und eins ist todsicher – in der Nähe von Amity hat er sich aufgehalten«, sagte Brody.

»Weil er Nahrung hatte«, sagte Hooper. Es lag keine Ironie, kein Hohn in seiner Stimme. Aber die Bemerkung traf Brody wie ein Nadelstich.

Sie warteten noch drei Stunden, doch der Fisch kam nicht zurück. Die Strömung ließ nach und trug den Köder-Schlick immer langsamer mit.

Etwas nach fünf sagte Quint: »Fahren wir rein. Haben lange genug auf den Scheißkerl gelauert.«

»Wo ist er wohl hin?« fragte Brody. Die Frage war rein rhetorisch, er wußte, daß es keine Antwort darauf gab.

»Irgendwohin«, sagte Quint. »Will man sie erwischen, sind sie nie in der Nähe. Nur wenn man sie nicht will und nicht erwartet, zeigen sie sich. Regelwidrige Scheißkerle.«

»Und Sie meinen nicht, wir sollten die Nacht über hier bleiben, um den Schlick in Gang zu halten?«

»Nein. Wie gesagt, wenn der Schlick zu dicht wird, taugt er nichts. Wir haben nichts zu essen hier draußen. Und letzten Endes bezahlen Sie mich nicht für einen 24-Stunden-Tag.«

»Wenn ich das Geld zusammenbrächte, würden Sie's tun?«

Quint überlegte einen Augenblick. »Nein. Ist natürlich verlockend, weil ich nicht glaube, daß nachts was passieren würde. Der Schlick wäre dicht und irreführend, und selbst wenn der Hai direkt längsseits käme und uns anguckte, würden wir nicht wissen, daß er da ist, bis er ein Stück aus uns herausbeißen würde. Ich würd' also Ihr Geld nehmen, bloß um Sie an Bord schlafen zu lassen. Aber ich werde es nicht tun, aus zwei Gründen. Erstens, wenn der Schlick zu dicht wäre, würde er uns am nächsten Tag behindern. Zweitens, ich möchte dieses Boot bei Nacht gern drin haben.«

»Tja, ich kann es Ihnen nicht verübeln«, meinte Brody. »Ihrer Frau wird es auch lieber sein, Sie zu Hause zu haben.«

Quint sagte monoton: »Hab' keine Frau.«

»Oh, tut mir leid.«

»Nicht nötig. Hatte nie das Bedürfnis nach einer.« Quint drehte sich um und kletterte die Leiter zur Brücke hinauf.

Ellen machte das Abendessen für die Kinder fertig, als die Türklingel ging. Die Jungen saßen vor dem Fernseher im Wohnzimmer, und sie rief hinüber: »Würde einer von euch bitte an die Tür gehen?«

Sie hörte, wie die Tür geöffnet wurde, wie ein paar Worte ausgetauscht wurden, und einen Augenblick später stand Larry Vaughan in der Küchentür. Es war noch keine zwei Wochen her, daß sie ihn zum letzten Mal gesehen hatte, doch die Veränderung in seinem Aussehen war so erschreckend, daß sie ihn verdutzt anstarrte. Wie immer war er tadellos angezogen – ein zweireihiger blauer Blazer, Button-down-Hemd, graue Sporthose und Mokassins. Aber sein Gesicht hatte sich verändert. Er hatte abgenommen, und wie viele Menschen, die kein Übergewicht haben, zeigte sich bei Vaughan der Gewichtsverlust im Gesicht. Seine Augen waren eingesunken, und ihre Farbe kam Ellen heller als normal vor – ein bläßliches Grau. Auch seine Haut war grau und schien an den Backenknochen zu hängen. Seine Lippen waren feucht, er leckte sie sich alle paar Sekunden.

Als sie sich bewußt wurde, daß sie ihn anstarrte, schlug Ellen bestürzt die Augen nieder und sagte: »Hallo, Larry!«

»Hallo, Ellen. Ich kam bloß vorbei, um ...« Vaughan trat ein paar Schritte zurück und spähte ins Wohnzimmer. »Vor allem, wie ist es, könnte ich mir etwas zu trinken genehmigen?«

»Natürlich. Sie wissen ja, wo alles steht. Bedienen Sie sich selbst. Ich würde Ihnen etwas holen, aber meine Hände sind voller Hühnchenfleisch.«

»Das macht doch nichts. Ich komme zurecht.« Vaughan öffnete den Getränkeschrank, nahm eine Flasche heraus und goß sich ein Glas mit Gin voll. »Wie ich sagen wollte, ich kam bloß vorbei, um mich zu verabschieden.«

Ellen hörte auf, Hühnerstücke in die Bratpfanne zu legen, und sagte: »Sie fahren weg? Wie lange?«

»Ich weiß es nicht. Vielleicht für immer. Hier habe ich nichts mehr zu suchen.«

»Und Ihr Geschäft?«

»Das ist weg. Oder wird es bald sein.«

»Was meinen Sie damit, weg? Ein Geschäft verschwindet doch nicht einfach.«

»Nein, aber es wird mir nicht mehr gehören. Die paar übriggebliebenen Aktiva werden an meine ... äh ... Teilhaber gehen.« Er spuckte das Wort förmlich aus, und dann, als wollte er den Mund von diesem unerfreulichen Rückstand reinigen, nahm er einen großen Schluck Gin. »Hat Martin Ihnen von unserer Unterhaltung erzählt?«

»Ja.« Ellen blickte auf die Bratpfanne nieder und rührte die Hühnerstücke.

»Ich kann mir denken, daß Sie nicht mehr viel von mir halten.«

»Es steht mir kein Urteil über Sie zu, Larry.«

»Ich wollte nie jemandem Schaden zufügen. Hoffentlich glauben Sie mir das.«

»Ich glaube es. Wieviel weiß Eleanor?«

»Nichts, die arme Gute. Ich möchte es ihr möglichst ersparen. Das ist ein Grund, weshalb ich fortziehen möchte. Sie liebt mich, und es wäre schrecklich, wenn diese Liebe – uns beiden geraubt würde.« Vaughan lehnte sich an die Spüle. »Wissen Sie was? Manchmal denke ich – und ich habe es in all den Jahren immer wieder mal gedacht –, daß Sie und ich ein großartiges Paar abgegeben hätten.«

Ellen wurde rot. »Wie meinen Sie das?«

»Sie sind aus guter Familie. Sie kennen alle die Leute, die ich nur mühselig kennengelernt habe. Wir hätten zusammen- und nach Amity gepaßt. Sie sind reizend, gut und stark. Sie wären eine wahre Stütze für mich gewesen. Und ich glaube, ich hätte Ihnen ein Leben bieten können, das Sie geliebt hätten.«

Ellen lächelte. »Ich bin nicht so stark, wie Sie denken, Larry. Ich weiß nicht, was für eine ... Stütze ich gewesen wäre.«

»Machen Sie sich nicht kleiner, als Sie sind. Ich hoffe nur, Martin weiß den Schatz zu würdigen, den er hat.« Vaughan trank aus und stellte das Glas in das Becken. »Na ja, es hat keinen Zweck zu träumen.« Er ging zu Ellen hinüber, berührte sie an der Schulter und küßte sie auf den Scheitel. »Leben Sie wohl, Liebe«, sagte er. »Denken Sie manchmal an mich.«

Ellen sah ihn an. »Das werde ich.« Sie küßte ihn auf die Wange. »Wo fahren Sie hin?«

»Ich weiß es noch nicht. Nach Vermont vielleicht oder New

Hampshire. Vielleicht steige ich auch da wieder ins Geschäft ein.«

»Haben Sie's Eleanor gesagt?«

»Ich sagte ihr, wir würden vielleicht wegziehen. Sie lächelte nur und sagte: ›Ganz wie du willst.‹«

»Fahren Sie bald?«

»Sobald ich mit den Anwälten wegen meiner . . . Verbindlichkeiten gesprochen habe.«

»Schicken Sie uns eine Postkarte, damit wir wissen, wo Sie sind.«

»Werde ich. Leben Sie wohl.« Vaughan verließ die Küche, und Ellen hörte, wie die Tür sich hinter ihm schloß.

Als sie den Kindern das Abendbrot aufgetragen hatte, ging Ellen nach oben und setzte sich aufs Bett. »Ein Leben, das Sie geliebt hätten«, hatte Vaughan gesagt. Wie hätte ein Leben an der Seite Larry Vaughans ausgesehen? Geld wäre dagewesen und Anerkennung. Sie hätte das Leben, das sie als junges Mädchen geführt hatte, nie vermißt, denn es wäre nie zu Ende gegangen. Es hätte keine Sehnsucht nach Erneuerung, Selbstvertrauen und Bestätigung ihrer Weiblichkeit gegeben und kein Bedürfnis nach einem Seitensprung mit jemandem wie Hooper.

Aber nein. Sie hätte genausogut durch Langeweile dazu getrieben werden können, wie so viele Frauen, die die Wochen in Amity verbrachten, während ihre Männer in New York waren. Das Leben mit Larry Vaughan wäre ein Leben ohne Herausforderung, ein Leben niedriger Befriedigungen gewesen.

Als sie darüber nachsann, was Vaughan gesagt hatte, begann sie, die Fülle ihres Lebens zu erkennen: eine Verbindung mit Brody, die wertvoller war, als je ein Larry Vaughan empfinden konnte; eine Mischung unbedeutender Plagen und kleiner Triumphe, die zusammengenommen etwas ergaben, was an Lebensfreude heranreichte. Und wie ihre Erkenntnis wuchs, so wuchs auch das Bedauern darüber, daß sie so lange gebraucht hatte, die Verschwendung von Zeit und Emotionen bei dem Versuch, sich an ihre Vergangenheit zu klammern, zu erkennen. Plötzlich bekam sie Angst – Angst, daß sie zu spät aufgewacht war, daß Brody etwas geschehen könnte, ehe sie ihre Erkenntnis auskosten konnte. Sie blickte auf die Armbanduhr: 18.20 Uhr. Er sollte eigentlich schon zu Hause sein. Es ist ihm etwas zugestoßen, dachte sie. Oh, bitte, Gott, nicht ihm.

Sie hörte unten die Tür gehen. Sie sprang vom Bett, rannte in den Flur und die Treppe hinunter. Sie schlang die Arme um Brodys Hals und küßte ihn fest auf den Mund.

»Mein Gott«, sagte der, als sie ihn losließ, »das ist aber eine Begrüßung.«

13

»Das Ding kommt mir nicht auf mein Boot«, sagte Quint.

Sie standen im Frühlicht auf dem Steg. Die Sonne war gerade über den Horizont gestiegen, lag aber hinter einer tiefen Wolkenbank, die die östliche See berührte. Eine sanfte Brise wehte von Süden. Das Boot war startklar. Fässer säumten den Bug, Ruten standen senkrecht in ihren Haltern. Vorfächer schnappten in Ösen an den Rollen ein. Der Motor tuckerte ruhig, spuckte Blasen aus, wenn winzige Wellen gegen das Auspuffrohr spülten, hustete Dieseldämpfe, die aufstiegen und von der Brise davongetragen wurden.

Am Ende des Stegs stieg ein Mann in einen Transporter und ließ den Motor an. Der Transporter begann langsam den Feldweg hinunter davonzufahren. Die Tür des Wagens trug den Aufdruck: Woods Hole – Ozeanographisches Institut.

Quint stand mit dem Rücken zum Boot, Brody und Hooper gegenüber, die neben einem Aluminiumkäfig warteten. Der Käfig war etwas über zwei Meter hoch, zwei Meter breit und eineinviertel Meter tief. Er enthielt innen eine Schalttafel; oben waren zwei zylindrische Tanks. Auf dem Boden des Käfigs lagen ein Tank, ein Regulator, eine Gesichtsmaske und ein Taucheranzug.

»Warum nicht?« fragte Hooper. »Es wiegt nicht viel, und ich kann es irgendwo festzurren, wo es nicht stört.«

»Nimmt zuviel Platz weg.«

»Das sagte ich auch«, fiel Brody ein. »Aber er wollte nicht hören.«

»Was, zum Teufel, ist es eigentlich?« wollte Quint wissen.

»Es ist ein Hai-Käfig«, antwortete Hooper. »Taucher benutzen ihn, um sich zu schützen, wenn sie im offenen Meer schwimmen. Ich hab' ihn mir von Woods Hole kommen lassen – in dem Transporter, der gerade abfuhr.«

»Und was wollen Sie damit machen?«

»Wenn wir den Fisch sichten – oder wenn der Fisch uns sichtet –, möchte ich mich im Käfig hinunterlassen und fotografieren. Noch niemandem ist es gelungen, einen so großen Fisch zu fotografieren.«

»Kommt nicht in Frage«, sagte Quint. »Nicht auf meinem Boot.«

»Warum nicht?«

»Es ist Narrheit, darum. Ein vernünftiger Mann kennt seine Grenzen. Und das ist jenseits Ihrer Grenzen.«

»Woher wissen Sie das?«

»Es ist jenseits jedermanns Grenzen. Ein so gewaltiger Fisch könnte diesen Käfig zum Frühstück verspeisen.«

»Würde er das tun? Ich glaube es nicht. Er würde dagegenstoßen oder ihn sogar mit dem Maul angehen, aber ich glaube nicht, daß er ernstlich versuchen würde, ihn zu fressen.«

»Er würde es tun, wenn er etwas so Saftiges wie Sie drin sähe.«

»Das bezweifle ich.«

»Trotzdem, vergessen Sie's.«

»Schauen Sie, Quint, das ist die Chance meines Lebens. Nicht nur für mich. Ich hätte es mir nicht einfallen lassen, bis ich den Fisch gestern sah. Er ist einzigartig, zumindest auf dieser Hemisphäre. Und obgleich Große Weiße schon früher gefilmt worden sind, hat niemand einen 6 Meter 50 langen im offenen Meer schwimmend gefilmt. Noch nie.«

»Er sagte, vergessen Sie's«, sagte Brody. »Also vergessen Sie's. Außerdem möchte ich die Verantwortung nicht übernehmen. Wir sind hier draußen, um diesen Fisch zu töten, nicht, um einen Schmalfilm von ihm zu machen.«

»Was für eine Verantwortung? Sie sind nicht für mich verantwortlich.«

»O doch, das bin ich. Die Stadt Amity finanziert diese Tour, daher gilt, was ich sage.«

Hooper sagte zu Quint: »Ich bezahle dafür.«

Quint lächelte. »Wirklich? Wieviel?«

»Vergessen Sie's«, sagte Brody. »Es ist mir gleich, was Quint sagt. *Ich* sage, Sie nehmen das Ding nicht mit.«

Hooper überging ihn und sagte zu Quint: »Hundert Dollar. Bar. Im voraus, wie Sie's gerne haben.« Er langte in seine Hüfttasche.

»Ich sagte nein!« rief Brody.

»Was sagen Sie dazu, Quint? Hundert Piepen. Bar. Hier sind sie.« Er zählte fünf Zwanziger ab und hielt sie Quint hin.

»Ich weiß nicht.« Dann langte Quint nach dem Geld und sagte: »Scheiße, wie komm' ich dazu, einen Mann davon abzuhalten, sich umzubringen, wenn er will.«

»Wenn Sie diesen Käfig aufs Boot laden«, sagte Brody zu Quint, »bekommen Sie Ihre vierhundert nicht.« Wenn Hooper sich umbringen will, dachte Brody, soll er sich eine andere Gelegenheit aussuchen.

»Und wenn der Käfig nicht mitkommt«, sagte Hooper, »komme ich nicht mit.«

»Lecken Sie mich am Arsch«, sagte Brody. »Sie können meinetwegen an Land bleiben.«

»Ich glaube nicht, daß Quint das passen würde. Stimmt's, Quint? Wollen Sie hinausfahren und diesen Fisch angehen, nur Sie und der Chef? Fühlen Sie sich wohl dabei?«

»Wir werden einen anderen Mann finden«, sagte Brody.

»Na, denn los«, gab Hooper zurück. »Viel Glück.«

»Kann ich nicht machen«, sagte Quint. »Nicht sofort.«

»Dann zum Teufel damit!« sagte Brody. »Wir fahren morgen. Hooper kann nach Woods Hole zurück und mit seinem Fisch spielen.«

Hooper war wütend – wütender, als er wußte, denn ehe er an sich halten konnte, war es herausgesprudelt: »Das ist noch nicht alles, womit ich ... Ach, vergessen Sie's.«

Mehrere Sekunden lang senkte sich bleierne Stille über die drei Männer. Brody starrte Hooper an, wollte nicht glauben, was er da gehört hatte, unsicher, wieviel reale Substanz in der Bemerkung lag und wieviel leere Drohung. Dann überwältigte ihn plötzlich die Wut. Mit zwei Schritten war er bei Hooper, packte beide Seiten seines Kragens und stieß Hooper die Fäuste in die Kehle. »Was war das?« fragte er. »Was haben Sie da gesagt?«

Hooper konnte kaum atmen. Er umklammerte Brodys Finger. »Nichts!« sagte er würgend. »Nichts!« Er versuchte, sich zu befreien, aber Brody packte ihn nur noch fester.

»Was meinen Sie damit?«

»Nichts, sag' ich Ihnen! Ich war wütend. Es war bloß eine Redensart.«

»Wo waren Sie letzten Mittwoch nachmittag?«

»Nirgends!« Hoopers Schläfen hämmerten. »Lassen Sie mich los! Sie erwürgen mich ja!«

»Wo waren Sie?« Brody drehte den Kragen enger.

»In einem Motel! Jetzt lassen Sie mich los!«

Brody lockerte seinen Griff. »Mit wem?« fragte er, im Innern flehentlich bittend, daß es nicht Ellen war. Gott, laß ihn ein gutes Alibi haben!

»Mit Daisy Wicker.«

»Lügner!« Brody verengte seinen Griff wieder und spürte, daß ihm Tränen aus den Augen liefen.

»Daisy Wicker ist eine Lesbierin! Was haben Sie getan?«

Hoopers Gedanken begannen sich zu trüben. Brodys Knöchel schnitten den Blutstrom zu seinem Gehirn ab. Seine Augenlider flatterten, und er war im Begriff, das Bewußtsein zu verlieren. Brody ließ ihn los und stieß ihn zu Boden, wo er nach Luft schnappend sitzen blieb.

»Hat man so was schon gehört?« fragte Brody. »Sind Sie so ein toller Kerl, daß Sie eine Lesbierin ficken können?«

Hoopers Gedanken wurden schnell wieder klar, und er sagte: »Nein, Ich habe es erst herausgefunden ... als es schon zu spät war.«

»Was Sie nicht sagen. Sie wollen behaupten, sie ging mit Ihnen in ein Motel und wies Sie dann ab? Keine Schwule würde mit Ihnen in ein Motel gehen.«

»Doch!« sagte Hooper und versuchte verzweifelt, mit Brodys Fragen mitzukommen. »Sie sagte, sie wolle ... es sei Zeit, daß sie's normal versuche. Aber dann hat sie nicht durchgehalten. Es war schrecklich.«

»Sie lügen mich an!«

»Nein! Sie können sie ja selbst fragen.« Hooper wußte, daß es eine schwache Ausrede war. Brody konnte sie leicht nachprüfen. Aber es fiel ihm nichts Besseres ein. Er konnte Daisy Wicker abends auf dem Heimweg von einer Telefonzelle aus anrufen und sie bitten, seine Geschichte zu bestätigen. Oder er konnte einfach nicht mehr nach Amity zurückkehren – nach Norden fahren, die Fähre von Orient Point nehmen und den Staat verlassen, ehe Brody Daisy Wicker erreichen konnte.

»Das werde ich«, sagte Brody. »Darauf können Sie sich verlassen.«

Hinter sich hörte Brody Quint lachen und sagen: »Das ist das

Komischste, was ich je gehört habe. Wollte eine Lesbierin bekehren.«

Brody versuchte, in Hoopers Gesicht zu lesen, suchte nach Anzeichen, die eine Lüge verrieten. Aber Hooper hielt die Augen auf den Steg gerichtet.

»Nun, was ist?« fragte Quint. »Fahren wir heute raus oder nicht? So oder so, Brody, 's kostet Ihr Geld.«

Brody war ganz durcheinander. Er hatte die größte Lust, die Tour abzusagen, nach Amity zurückzufahren und die Wahrheit über Hooper und Ellen herauszubekommen. Aber wenn das Schlimmste wahr war? Was konnte er dann tun? Ellen stellen? Sie schlagen? Sie verlassen? Was hätte das für einen Sinn? Er brauchte Zeit zum Überlegen. Er sagte zu Quint: »Wir fahren.«

»Mit dem Käfig?«

»Mit dem Käfig. Wenn dieses Arschloch sich umbringen will, soll er.«

»Von mir aus«, sagte Quint. »Bringen wir also diesen Zirkus in Gang.«

Hooper stand auf und ging zum Käfig. »Ich steige ins Boot«, sagte er heiser. »Wenn Sie beide ihn über den Rand des Stegs schieben und zu mir herüberkippen können, dann kommt einer von Ihnen zu mir ins Boot hinunter, und wir können ihn dort in die Ecke tragen.«

Brody und Quint schoben den Käfig über die Holzbohlen, und Brody war überrascht, wie leicht er war. Selbst mit der Taucherausrüstung konnte er nicht mehr als zweihundert Pfund wiegen. Sie kippten ihn Hooper zu, der zwei Stäbe packte und wartete, bis Quint zu ihm in das Cockpit kam. Die beiden Männer trugen den Käfig mit Leichtigkeit ein paar Schritte und schoben ihn in eine Ecke unter den Brückenvorsprung. Hooper sicherte ihn mit zwei Leinen.

Brody sprang an Bord und sagte: »Fahren wir.«

»Haben Sie auch nichts vergessen?« fragte Quint.

»Was?«

»Vierhundert Dollar.«

Brody nahm einen Umschlag aus der Tasche und reichte ihn Quint. »Sie werden mal als reicher Mann sterben, Quint.«

»Das ist meine Absicht. Haken Sie die Heckleine aus, ja?« Quint machte die Bug- und Mittschiffsleinen los und warf sie auf den Steg, und als er sah, daß auch die Heckleine frei war, stieß er den Gashebel vor und fuhr das Boot vom Liegeplatz. Er drehte nach rechts und gab Gas, und das Boot glitt schnell durch die ruhige See – an Hicks Island und Goff Point vorbei, um Shagwong und Montauk Point herum. Bald lag der Leuchtturm auf Montauk Point hinter ihnen, und sie fuhren mit Kurs Süd-Südwest ins offene Meer hinaus.

Als das Boot den Rhythmus der langen Ozeandünung aufnahm, legte sich Brodys Wut allmählich. Vielleicht sagte Hooper die Wahrheit. Möglich war's. Man erfand im allgemeinen nicht eine Geschichte, die so leicht nachzuprüfen war. Ellen hatte ihn noch nie betrogen, dessen war er sicher. Sie flirtete noch nicht mal mit anderen Männern. Aber, sagte er sich, es gibt immer ein erstes Mal. Und wieder preßte ihm der Gedanke die Kehle zusammen. Er war eifersüchtig und verletzt, kam sich unzulänglich und verhöhnt vor. Er sprang aus dem Drehstuhl und kletterte auf die Brücke.

Quint machte Brody auf der Bank Platz, und Brody setzte sich neben ihn. Quint lachte in sich hinein: »Es wär' beinah' zu 'nem richtigen Boxkampf gekommen.«

»Es war nichts.«

»Mir sah es aber nach was aus. Was ist denn, glauben Sie, er hat Ihre Frau gebumst?«

Mit seinen eigenen Zweifeln so brutal konfrontiert, war Brody schockiert. »Geht Sie einen feuchten Dreck an«, sagte er.

»Wie Sie meinen. Aber wenn Sie mich fragen, das ist bei dem nicht drin.«

»Niemand hat Sie gefragt.« Begierig, das Thema zu wechseln, fragte Brody: »Fahren wir zur selben Stelle zurück?«

»Selbe Stelle. Wir sind bald da.«

»Besteht die Aussicht, daß der Fisch noch da ist?«

»Wer weiß? Aber es ist das einzige, was wir tun können.«

»Neulich am Telefon sagten Sie etwas von cleverer sein als der Fisch. Ist das alles? Ist das das einzige Geheimnis des Erfolges?«

»Das ist alles. Man muß besser und schneller raten als sie. Es ist kein Trick. Sie sind dumm wie die Sünde.«

»Haben Sie nie einen cleveren Fisch gefunden?«

»Bis jetzt noch nie.«

Brody erinnerte sich an das boshafte, grinsende Gesicht, das ihn aus dem Wasser angestarrt hatte. »Ich weiß nicht«, sagte er. »Dieser Fisch gestern sah gemein aus. Als wollte er gemein sein.

Als wüßte er, was er tat.«

»Quatsch, der weiß gar nichts.«

»Haben sie verschiedene Charaktere?«

»Fische?« Quint lachte. »Da tun Sie ihnen zuviel Ehre an, das verdienen die nicht. Sie können sie nicht wie Menschen behandeln, obgleich ich annehme, daß einige Menschen so dumm wie Fische sind. Nein. Manchmal verhalten sie sich verschieden, aber nach einer Weile weiß man genau, wie sie sich verhalten *können*.«

»Es ist also keine Herausforderung. Sie kämpfen nicht gegen einen Feind.«

»Nein. Nicht mehr als ein Klempner, der versucht, eine Abflußröhre freizubekommen. Vielleicht wird er dabei fluchen und mit dem Schraubenschlüssel draufhauen. Aber in seinem Innersten glaubt er nicht, daß er gegen *jemanden* kämpft. Manchmal begegne ich einem hartnäckigen Fisch, der mir mehr Schwierigkeiten macht als andere, aber da benutze ich eben andere Werkzeuge.«

»Es gibt Fische, die Sie nicht fangen können, nicht wahr?«

»O ja, aber das bedeutet nicht, daß sie clever oder heimtückisch sind. Es bedeutet bloß, daß sie nicht hungrig sind, wenn man sie fangen will, oder sie sind zu schnell für einen, oder man verwendet den falschen Köder.«

Quint versank einen Augenblick in Schweigen und sprach dann wieder. »Einmal«, sagte er, »hat ein Hai beinahe *mich* gefangen. Es war vor etwa zwanzig Jahren. Ich hatte einen ziemlich großen Blauhai am Haken, der Hai machte einen heftigen Ruck und zog mich über Bord.«

»Was machten Sie dann?«

»Ich kletterte über das Spiegelheck so schnell wieder herauf, daß ich glaubte, meine Füße berührten nichts zwischen Wasser und Deck. Ich hatte Glück, daß ich achtern herausfiel, das Heck liegt ziemlich tief, in Wassernähe. Wenn ich mittschiffs runtergefallen wäre, weiß ich nicht, was ich getan hätte. Auf jeden Fall war ich aus dem Wasser, ehe der Fisch überhaupt wußte, daß ich drin war. Der beschäftigte sich immer noch damit, den Fischhaken zu schütteln.«

»Angenommen, Sie fielen mit diesem Fisch über Bord. Ist da etwas, was Sie tun könnten?«

»Klar. Beten. Es wäre, als fiele man ohne Fallschirm aus einem Flugzeug und hoffte, man würde in einem Heuhaufen landen. Der einzige, der Sie retten könnte, wäre Gott, und da Er Sie über Bord stieß, würde ich keine fünf Cents für Ihre Chancen geben.«

»In Amity gibt's eine Frau, die glaubt, das sei der Grund für unseren Kummer«, sagte Brody. »Sie meint, es sei eine Art Gottesstrafe.«

Quint lächelte. »Könnte sein. Er schuf das verdammte Biest, vielleicht kann Er ihm auch sagen, was es tun soll.«

»Im Ernst?«

»Nein, eigentlich nicht. Ich halte nicht viel von Religion.«

»Warum also, glauben Sie, sind Menschen getötet worden?«

»Pech.« Quint nahm das Gas weg. Das Boot verlangsamte seine Fahrt und trieb in der Dünung. »Wir werden versuchen, das zu ändern.« Er zog ein Stück Papier aus der Tasche, entfaltete es, las die Notizen und prüfte, an seinem ausgestreckten Arm entlangvisierend, seine Peilung nach. Er drehte den Zündschlüssel herum, und der Motor schwieg. Die plötzlich eingetretene Ruhe war gewichtig und drückend.

»Okay, Hooper«, sagte er, »schütten Sie den Dreck wieder über Bord.«

Hooper nahm den Deckel des Fischköder-Eimers ab und begann, den Inhalt ins Meer zu schöpfen. Die erste Kelle spritzte auf das ruhige Wasser, und langsam breitete sich der schmierige Fleck nach Westen aus.

Gegen zehn war eine Brise aufgekommen – nicht stark, aber frisch genug, um das Wasser zu kräuseln und die Männer zu kühlen, die dasaßen, beobachteten und schwiegen. Das einzige Geräusch war das regelmäßige Klatschen, wenn Hooper Köder über das Heck kippte.

Brody saß im Drehstuhl und kämpfte darum, wach zu bleiben. Er gähnte und erinnerte sich dann, daß er das halbgelesene Exemplar der *Tödlichen Jungfrau* in einem Buchschott unter Deck gelassen hatte. Er stand auf, reckte sich und ging die drei Stufen zur Kajüte hinunter. Er fand das Buch und wollte gerade wieder nach oben gehen, als sein Auge den Eiskasten streifte. Er sah auf seine Uhr und sagte sich, zum Teufel, hier draußen steht die Zeit still.

»Ich werde ein Bier trinken«, rief er. »Will jemand eines?«

»Nein«, sagte Hooper.

»Klar«, sagte Quint. »Wir können auf die Dosen schießen.«

Brody nahm zwei Dosen Bier aus dem Kasten, zog die Laschen hoch und schickte sich an, die Treppe hinaufzusteigen. Sein Fuß war auf der obersten Stufe, als er Quints monotone, ruhige Stimme sagen hörte: »Da ist er.«

Zuerst glaubte Brody, Quint meine ihn, doch dann sah er Hooper vom Heck herunterspringen, hörte ihn durch die Zähne pfeifen und sagen: »Donnerwetter! Da ist er tatsächlich!«

Brody spürte, wie sein Puls sich beschleunigte. Schnell trat er an Deck und fragte: »Wo?«

»Dort«, sagte Quint. »Gleich achtern.«

Brody brauchte eine Weile, bis seine Augen sich eingestellt hatten, dann aber sah er die Flosse – ein gezacktes, braun-graues Dreieck, das das Wasser durchschnitt, dahinter den sichelförmigen Schwanz, der mit kurzen, krampfartigen Bewegungen nach links und rechts ausschlug. Der Fisch war mindestens dreißig Meter hinter dem Boot, schätzte Brody. Vielleicht sogar vierzig. »Sind Sie sicher, daß er es ist?« fragte er.

»Er ist es«, sagte Quint.

»Was werden Sie jetzt tun?«

»Nichts. Nicht bis wir sehen, was er tut. Hooper, Sie machen weiter und gießen diese Scheiße aus. Locken wir ihn heran.«

Hooper hob den Eimer auf den Heckspiegel und schöpfte den Köder ins Wasser. Quint ging nach vorn und befestigte einen Harpunenkopf am Holzschaft. Er nahm ein Faß und steckte es sich unter einen Arm. Er schob das zusammengerollte Tau über den anderen Arm und packte die Harpune. Das alles trug er nach achtern und legte es aufs Deck.

Der Fisch kreuzte im Schlick hin und her, schien nach der Quelle des blutigen Miasmas zu suchen.

»Holen Sie die Leinen ein«, sagte Quint zu Brody. »Die nützen uns nichts mehr, nachdem wir ihn oben haben.«

Brody holte die Leinen eine nach der anderen ein und ließ den künstlichen Köder aufs Deck fallen. Der Fisch kam etwas dichter an das Boot heran, immer noch langsam kreuzend.

Quint stellte das Faß aufs Heck neben Hoopers Eimer und machte das Tau fertig. Dann kletterte er auf den Balken und stand, den rechten Arm angewinkelt, mit der Harpune da. »Komm schon«, sagte er. »Komm hierher.«

Aber der Fisch kam nicht dichter als acht Meter ans Boot heran.

»Ich versteh's nicht«, sagte Quint. »An sich sollte er herankommen und uns beäugen. Brody, holen Sie die Drahtschere aus meiner Hüfttasche, knipsen Sie die künstlichen Köder ab, und werfen Sie sie über Bord. Vielleicht bringt ihn die Aussicht auf Fressen her. Und klatschen Sie sie so heftig ins Wasser, daß es spritzt. Er soll wissen, daß was da ist.«

Brody tat wie geheißen, planschte und rührte mit einer Gaffel im Wasser herum, die Flosse immer im Auge behaltend, denn er stellte sich vor, daß der Fisch plötzlich aus der Tiefe heraufgetauchte und ihn am Arm schnappte.

»Werfen Sie noch mehr rein, da Sie schon dabei sind«, sagte Quint. »Sie sind in dem Kasten dort. Und die Bierdosen auch.«

»Die Bierdosen? Wozu denn?«

»Je mehr wir ins Wasser kriegen, desto besser. Ganz gleich, was es ist, solange es ihn so interessiert, daß er mehr herausfinden will.«

Hooper sagte: »Wie wär's mit dem Tümmler?«

»Nanu, Mr. Hooper«, sagte Quint, »ich dachte, Sie seien dagegen?«

»Ach was«, sagte Hooper mit vor Erregung blitzenden Augen, »ich möchte diesen Fisch sehen!«

»Warten wir's ab«, entgegnete Quint. »Wenn ich ihn verwenden muß, tu ich's.«

Der künstliche Köder trieb zum Hai zurück, und eine der Bierdosen hüpfte auf der Oberfläche, als sie langsam achtern außer Sicht kam. Aber der Fisch blieb immer noch weg.

Sie warteten – Hooper schöpfte, Quint stand vorgeneigt auf dem Balken, Brody lauerte neben einer der Ruten.

»Scheiße«, sagte Quint. »Ich schätze, ich habe keine andere Wahl.« Er legte die Harpune hin und sprang vom Balken. Er klappte den Deckel der Mülltonne neben Brody auf, und Brody sah die leblosen Augen des in dem Salzwasser schwimmenden kleinen Tümmlers.

»Nun, mein Kleiner«, sagte Quint, »jetzt ist es soweit.« Aus dem Proviantkasten nahm er ein Stück Hundekette und hakte ein Ende davon in die unter dem Kiefer des Tümmlers herausragende Öffnung ein. An das andere Ende der Kette band er einen zentimeterdicken Strick. Er wickelte mehrere Meter des Taus ab, schnitt es durch und befestigte es an der Klampe des Steuerbord-Schandeckels.

»Haben Sie nicht gesagt, der Hai könne eine Klampe herausziehen?« fragte Brody.

»Es könnte ihm gelingen«, erwiderte Quint. »Aber ich wette, ich kann vorher ein Eisen in ihm landen und das Tau durchtrennen, ehe er es straff genug zieht, um die Klampe herauszureißen.« Quint ergriff die Hundekette und hob den Tümmler aus der Mülltonne. Er trug ihn zum Steuerbord-Schandeckel hinüber und legte ihn da ab. Er kletterte aufs Heck und zog den Tümmler hinter sich her. Er zog das Messer aus der Scheide in seinem Gürtel. Mit der Linken hielt er den Tümmler vor sich. Dann machte er mit der Rechten eine Reihe zarter Schnitte in den Bauch des Tümmlers. Eine stinkende, dunkle Flüssigkeit quoll aus dem Tier und tropfte aufs Wasser. Quint warf den Tümmler ins Wasser, spulte zwei Meter Tau ab, legte das Tau dann unter seinen Fuß auf den Balken und trat fest darauf. Der Tümmler schwamm genau unter der Wasseroberfläche, kaum zwei Meter vom Boot entfernt.

»Das ist ziemlich nahe«, meinte Brody.

»Muß es sein«, sagte Quint. »Ich kann ihn nicht treffen, wenn er zehn Meter weit weg ist.«

»Warum stehen Sie auf dem Tau?«

»Um den kleinen Burschen da zu halten, wo er ist. Ich möchte ihn nicht zu nahe ans Boot klampen. Wenn er ihn annähme und keinen Spielraum hätte, könnte er hin und her dreschen und uns in Stücke hauen.« Quint wog die Harpune in seiner Hand und blickte auf die Flosse des Hais.

Der Fisch kam näher, immer noch hin und her kreuzend, aber jedesmal den Raum zwischen sich und dem Boot leicht verkürzend. Dann stoppte er, sieben oder acht Meter entfernt, und schien eine Sekunde lang bewegungslos im Wasser zu liegen, direkt auf das Boot zielend. Der Schwanz sank unter die Oberfläche, die Flosse glitt zurück und verschwand, und der Riesenkopf hob sich, das Maul zu einem trägen, finsteren Grinsen geöffnet, die Augen schwarz und abgründig.

Brody starrte in stummem Entsetzen hin, fühlte, daß es so sein mußte, wenn man auf den Teufel hinunterstarrte.

»He, Fisch!« rief Quint. Er stand auf dem Heck, die Beine gespreizt, die Hand um den Harpunenschaft auf seiner Schulter geklammert. »Komm und sieh, was wir für dich haben!«

Noch einen Augenblick verhielt der Fisch beobachtend im

Wasser. Dann glitt der Kopf geräuschlos zurück und verschwand.

»Wohin schwimmt er?« fragte Brody.

»Er wird jetzt kommen«, sagte Quint. »Komm, Fisch«, schnurrte er. »Komm, Fisch, komm zu deinem Abendbrot.« Er deutete mit der Harpune auf den treibenden Tümmler.

Plötzlich legte das Boot sich heftig zur Seite. Quints Beine glitten unter ihm weg, und er fiel mit dem Rücken auf den Balken. Der Harpunenpfeil trennte sich vom Schaft und fiel klappernd aufs Deck. Brody taumelte zur Seite, packte die Rückenlehne des Stuhles und wirbelte herum, als der Stuhl sich drehte. Hooper fiel rückwärts und landete krachend an der Backbordwand.

Das mit dem Tümmler verbundene Tau spannte sich und zitterte. Der Knoten an der Klampe zog sich so fest zusammen, daß das Tau flach wurde und dessen Fasern rissen. Das Holz unter der Klampe begann zu krachen. Dann schnappte das Tau zurück, wurde schlaff und ringelte sich im Wasser neben dem Boot.

»Hol mich der Henker!« sagte Quint.

»Es war, als hätte er gewußt, was Sie vorhatten«, sagte Brody, »als hätte er gewußt, daß man ihm eine Falle gestellt hatte.«

»Gottverdammt noch mal! Das hab' ich noch bei keinem Fisch erlebt.«

»Er wußte, wenn er Sie zu Boden wirft, kann er an den Tümmler heran.«

»Ach was, er zielte bloß auf den Tümmler und verfehlte ihn.«

Hooper sagte: »Von der anderen Seite des Bootes aus?«

»Nun, es macht keinen Unterschied«, sagte Quint. »Ganz gleich, was er tat, es hat funktioniert.«

»Wie ist er wohl vom Haken losgekommen?« fragte Brody. »Er hat die Klampe nicht herausgerissen.«

Quint ging nach Steuerbord hinüber und holte das Tau ein. »Entweder biß er die Kette glatt durch oder . . . aha! Das hab' ich mir gedacht.« Er beugte sich über Bord und packte die Kette. Er zog sie an Bord. Sie war intakt, die Klammer war noch an der Öffnung des Hakens befestigt. Aber der Haken selbst war unbrauchbar. Der Stahlschaft war nicht mehr gekrümmt. Er war nahezu gerade, von zwei kleinen Beulen gezeichnet, wo er einmal zu einer Krümmung geschweißt worden war.

»Jesus Christus!« sagte Brody. »Das hat er mit dem Maul gemacht?«

»Hat ihn ganz sauber geradegebogen«, sagte Quint. »Wahrscheinlich hat ihn das nicht mehr als eine Sekunde gekostet.«

Brody war ganz benommen. Seine Fingerspitzen prickelten. Er setzte sich in den Stuhl und holte mehrere Male tief Atem, versuchte, die Furcht, die in ihm aufstieg, zu ersticken.

»Wo ist er Ihrer Meinung nach hin?« fragte Hooper, der am Heck stand und ins Wasser blickte.

»Er ist irgendwo in der Nähe«, sagte Quint. »Ich nehme an, er kommt wieder. Dieser Tümmler war nur eine Vorspeise für ihn. Er wird nach mehr Futter suchen.« Er hob die Harpune auf, wickelte das Tau wieder auf und legte beides auf den Balken. »Wir müssen eben warten. Und weiter Köder ausgießen. Ich werde noch 'n paar künstliche Köder fertigmachen und über Bord hängen.«

Brody sah zu, wie Quint Schnur um jeden künstlichen Köder wickelte, ihn an Klampen, Haltern und fast allem, worum er einen Knoten schlingen konnte, befestigte und über Bord warf. Nachdem ein Dutzend künstliche Köder an verschiedenen Punkten und in verschiedenen Tiefen um das Boot herum angebracht worden waren, stieg Quint auf die Brücke und setzte sich.

In der Hoffnung, auf Widerspruch zu stoßen, sagte Brody: »Das scheint wirklich ein Gerissener zu sein.«

»Gerissen oder nicht, ich weiß es nicht«, sagte Quint. »Aber er verhält sich, wie ich es noch nie bei einem Fisch erlebt habe.« Er machte eine Pause und sagte dann – gleichermaßen zu sich selbst wie zu Brody: »Aber diesen Schweinehund krieg ich. Das ist sicher.«

»Wieso können Sie sicher sein?«

»Ich weiß es eben, das ist alles. Jetzt lassen Sie mich in Ruhe.«

Es war ein Befehl, keine Bitte, und obgleich Brody reden wollte – über irgend etwas, sogar über den Fisch, solange es nur seine Gedanken von dem Bild des im Wasser unter ihm lauernden Biestes ablenken konnte –, sagte er nichts mehr. Er sah auf seine Uhr: 11.05.

Sie warteten, waren jeden Augenblick darauf gefaßt, die Flosse hinter dem Heck auftauchen und das Wasser durchschneiden zu sehen. Hooper schöpfte Köder ins Wasser, was bei jedem Aufklatschen in Brodys Ohren wie Durchfall klang.

Um elf Uhr dreißig wurde Brody von einem scharfen, widerhallenden Knall aufgeschreckt. Quint sprang die Leiter hinunter, über Deck und auf den Balken. Er hob die Harpune und hielt sie über der Schulter, prüfte scharf das Wasser ums Heck herum.

»Was, zum Teufel, war das?« fragte Brody.

»Er ist wieder da.«

»Woher wissen Sie das? Was war das für ein Geräusch?«

»Schnur riß. Er nahm einen der künstlichen Köder.«

»Weshalb sollte sie reißen? Weshalb sollte er sie nicht direkt durchgebissen haben?«

»Wahrscheinlich hat er gar nicht ganz durchgebissen. Er saugte den Köder ein, und die Schnur spannte sich hinter seinen Zähnen, als er das Maul schloß. Ich stell' mir vor, daß er es so machte –«, Quint warf den Kopf zur Seite, »– und die Leine riß.«

»Wieso konnten wir es schnappen hören, wenn sie unter Wasser schnappte?«

»Sie schnappte nicht unter Wasser, zum Donnerwetter! Sie schnappte gleich da.« Quint zeigte auf ein paar Zoll schlaffe, von einer Klampe mittschiffs herunterhängende Leine.

»Ach so«, sagte Brody. Als er sich das Überbleibsel anschaute, sah er, wie noch ein Stück Leine – einen halben Meter weiter oben am Schandeckel – schlaff wurde. »Da ist wieder eine«, sagte er. Er stand auf, ging zur Bordwand und zog die Leine ein. »Er muß direkt unter uns sein.«

Quint fragte: »Hat jemand Lust zu schwimmen?«

»Hieven wir den Käfig über Bord«, sagte Hooper.

»Sie scherzen wohl?« fragte Brody.

»Nein. Das könnte ihn hervorlocken.«

»Mit Ihnen drin?«

»Zunächst nicht. Mal sehen, wie er sich verhält. Was meinen Sie, Quint?«

»Können wir machen«, erwiderte Quint. »Kann nichts schaden, ihn zu Wasser zu lassen, und Sie haben ja dafür bezahlt.« Er legte die Harpune ab und ging mit Hooper zum Käfig.

Sie kippten den Käfig auf die Seite, und Hooper öffnete die obere Luke und kroch durch. Er nahm Sauerstoffflasche, Regulator, Gesichtsmaske und Taucheranzug heraus und legte alles auf Deck. Sie stellten den Käfig wieder aufrecht und schoben ihn übers Deck nach Steuerbord. »Haben Sie zwei Leinen?« fragte Hooper. »Ich möchte ihn am Boot festmachen.« Quint ging hinunter und kam mit zwei Seilrollen wieder. Sie banden sie an je eine Klampe achtern und mittschiffs und befestigten dann die Enden an den Querstangen des Käfigs oben. »Okay«, sagte Hooper. »Schieben wir ihn über Bord.« Sie hoben den Käfig, kippten ihn und stießen ihn über Bord. Er sank, bis die Seile ihn ein paar Fuß unter der Wasseroberfläche aufhielten. Dort blieb er, hob und senkte sich langsam in der Dünung. Die drei Männer standen an der Reling und blickten ins Wasser.

»Weshalb, glauben Sie, wird ihn dies herauflocken?« fragte Brody.

»Ich sagte nicht ›herauf‹«, antwortete Hooper. »Ich sagte ›hervor‹. Ich glaube, er wird hervorkommen und ihn sich anschauen, um zu entscheiden, ob er ihn fressen will.«

»Das wird uns gar nichts nützen«, sagte Quint. »Ich kann ihn nicht harpunieren, wenn er vier Meter unter Wasser ist.«

»Wenn er mal hervorkommt«, meinte Hooper, »wird er vielleicht auch hochkommen. Uns bleibt nichts anderes übrig.«

Aber der Fisch kam nicht. Der Käfig lag ruhig, unbelästigt im Wasser.

»Da geht wieder ein künstlicher Köder zum Teufel«, sagte Quint, nach vorn deutend. »Er ist natürlich da.« Er beugte sich über Bord und rief: »Gottverdammt noch mal, Fisch! Komm raus, daß ich dich aufs Korn nehmen kann.«

Nach fünfzehn Minuten sagte Hooper: »Na schön«, und ging nach unten. Etwas später kam er mit einer Filmkamera in einer wasserdichten Hülle und, wie es Brody schien, einer Art Spazierstock mit einem Riemen am einen Ende wieder.

»Was haben Sie vor?« fragte Brody.

»Ich gehe hinunter. Vielleicht wird ihn das hervorlocken.«

»Sie haben Ihren gottverdammten Verstand verloren. Was werden Sie tun, wenn er wirklich kommt?«

»Zuerst werde ich einige Aufnahmen von ihm machen. Dann werde ich versuchen, ihn zu töten.«

»Darf ich fragen, womit?«

»Mit dem da.« Hooper hielt den Stock hoch.

»Fabelhaft«, sagte Quint mit höhnischem Kichern. »Wenn das nicht funktioniert, können Sie ihn immer noch totkitzeln.«

»Was ist denn das?« fragte Brody.

»Einige Leute nennen es einen Knallstock, andere Kraftspritze. Im Grunde ist es ein Unterwassergewehr.« Er zog an beiden Enden des Stocks und hatte zwei Stücke in den Händen. »Da hinein«, sagte er, auf eine Kammer an der Stelle, wo der Stock auseinandergegangen war, zeigend, »steckt man eine 12kalibrige

Schrotflintenpatrone.« Er zog eine Schrotflintenpatrone aus der Tasche, steckte sie in die Kammer und schob dann die beiden Enden des Stockes wieder zusammen. »Wenn man dicht genug an den Fisch herangekommen ist, stößt man nach ihm, und die Patrone entlädt sich. Wenn man ihn richtig trifft – ins Hirn, das ist die einzig sichere Stelle –, tötet man ihn.«

»Selbst einen so großen Fisch?«

»Ich glaube, ja. Wenn ich ihn richtig treffe.«

»Und wenn nicht? Angenommen, Sie verfehlen ihn nur um ein Haar?«

»Das fürchte ich eben.«

»Würde ich auch«, sagte Quint. »Ich würde mich nicht gern von einem fünftausendpfündigen beschissenen Dinosaurier fressen lassen.«

»Das macht mir keine Sorge«, sagte Hooper. »Was mich beschäftigt, ist, daß ich ihn vielleicht verjagen würde, wenn ich ihn verfehle. Er würde wahrscheinlich tauchen, und wir würden nie erfahren, ob er verendete oder nicht.«

»Bis er jemand anderen fräße«, sagte Brody.

»Richtig.«

»Sie sind vollkommen verrückt«, sagte Quint.

»Wirklich, Quint? Sie haben nicht viel Erfolg bei diesem Fisch. Wir könnten den ganzen Monat hier draußen bleiben und ihn Ihre Köder unter uns wegfressen lassen.«

»Er wird raufkommen«, sagte Quint. »Denken Sie an meine Worte.«

»Sie werden an Altersschwäche gestorben sein, ehe er raufkommt. Ich glaube, dieser Fisch bringt Sie alle durcheinander. Er hält sich nicht an die Spielregeln.«

Quint sah Hooper an und sagte gelassen: »Wollen Sie mir Vorschriften machen, Junge?«

»Nein. Aber ich sage Ihnen, dieser Fisch ist mehr, als Sie meistern können.«

»Wirklich, Junge? Glauben Sie, Sie können es besser als Quint?«

»Nennen Sie's so, wenn Sie wollen. Ich glaube, ich kann den Fisch töten.«

»Also gut. Sie sollen Ihre Chance haben.«

Brody sagte: »Kommen Sie. Wir können ihn nicht in das Ding da hineinlassen.«

»Worüber regen *Sie* sich eigentlich auf?« fragte Quint. »Nach dem, was ich mit angesehen hab', könnte der ruhig hinuntergehen und von Ihnen aus nie mehr raufkommen. Schließlich würde ihn das hindern –«

»Halten Sie's Maul!« Brodys Gefühle waren zwiespältig. Einem Teil seines Wesens war es gleichgültig, ob Hooper lebte oder starb – konnte sich sogar an der Aussicht auf Hoopers Tod weiden. Aber diese Art Rache war wertlos – und möglicherweise unverdient. Konnte er wirklich den Tod eines Mannes wünschen? Nein. Noch nicht.

»Los«, sagte Quint zu Hooper. »Steigen Sie in das Ding.«

»Sofort.« Hooper zog Hemd, Segeltuchschuhe und Hose aus und streifte den wasserdichten Anzug über seine Beine hoch. »Wenn ich drin bin«, sagte er, die Arme in die Gummiärmel der Jacke zwängend, »stellen Sie sich hin und passen auf. Vielleicht können Sie das Gewehr benutzen, wenn er dicht genug an die Oberfläche kommt.« Er sah Quint an. »Sie können sich mit der Harpune bereithalten . . . Wenn Sie wollen.«

»Ich weiß, was ich zu tun habe«, sagte Quint. »Kümmern Sie sich um Ihre Angelegenheiten.«

Als er angezogen war, setzte Hooper den Regulator auf die Stutzen des Sauerstofftanks, zog die Flügelmutter fest an und öffnete das Luftventil. Er atmete zweimal ein, um sicherzugehen, daß der Tank Luft abgab. »Helfen Sie mir bitte, das hier anzulegen«, sagte er zu Brody.

Brody hob den Tank und hielt ihn, während Hooper die Arme durch die Riemen schob und einen dritten Riemen um die Taille befestigte. Er setzte die Gesichtsmaske auf. »Ich hatte Gewichte mitbringen sollen«, sagte Hooper.

Quint sagte: »Sie hätten Verstand mitbringen sollen.«

Hooper steckte das rechte Handgelenk durch den Riemen am Ende des Knallstocks, hob die Kamera mit der Rechten auf und sagte: »Okay.« Er ging zur Bordwand. »Würden Sie jeder ein Tau packen und ziehen, damit der Käfig hochkommt? Dann werde ich die Luke öffnen und von oben hineinkriechen, und Sie können die Seile loslassen. Er wird an den Seilen hängen. Ich werde die Schwimmtanks nicht benutzen, es sei denn, eines der Seile reißt.«

»Oder wird durchgebissen«, sagte Quint.

Hooper sah Quint lächelnd an: »Danke für Ihre Besorgnis.«

Quint und Brody zogen an den Tauen, und der Käfig hob sich im Wasser. Als die Luke an die Oberfläche kam, sagte Hooper: »Okay, genau da.« Er spuckte in die Gesichtsmaske, verrieb den Speichel auf dem Glas und stülpte die Maske übers Gesicht. Er langte nach dem Regulatorschlauch, steckte das Mundstück hinter die Zähne und nahm einen Atemzug. Dann beugte er sich über Bord, entriegelte den Deckel der Luke und klappte ihn zurück. Schon wollte er ein Knie auf den Schandeckel setzen, hielt aber inne. Er nahm das Mundstück heraus und sagte: »Ich vergaß etwas.« Seine Nase war von der Maske umschlossen, so daß seine Stimme belegt und nasal klang. Er ging übers Deck und hob seine Hose auf, durchwühlte die Taschen, bis er fand, was er suchte. Er öffnete den Reißverschluß seiner Taucheranzugjacke.

»Was ist das?« fragte Brody.

Hooper hielt einen in Silber gefaßten Haizahn empor. Er glich genau jenem, den er Ellen geschenkt hatte. Er ließ ihn in seinen Taucheranzug fallen und zog den Reißverschluß der Jacke wieder hoch. »Man kann nicht vorsichtig genug sein«, meinte er lächelnd. Er ging wieder übers Deck, steckte das Mundstück in den Mund und kniete auf dem Schandeckel. Er holte zum letzten Mal Atem und verschwand durch die offene Luke über Bord. Brody sah ihm nach und fragte sich, ob er wirklich die Wahrheit über Hooper und Ellen wissen wollte.

Hooper bremste ab, ehe er auf den Boden des Käfigs schlug. Er rollte sich herum und stand. Er langte nach dem Deckel der Luke und zog ihn zu. Dann sah er zu Brody hinauf, legte Daumen und Zeigefinger seiner linken Hand in dem Okay-Zeichen aneinander und duckte sich.

»Ich glaube, wir können loslassen«, sagte Brody. Sie gaben die Taue frei und ließen den Käfig hinab, bis die Luke etwas über einen Meter unter der Oberfläche war.

»Holen Sie das Gewehr«, sagte Quint. »Es ist im Ständer unten. Geladen.« Er kletterte auf den Balken und hob die Harpune an seine Schulter.

Brody ging hinunter, fand das Gewehr und eilte an Deck zurück. Er öffnete den Verschluß und schob noch eine Patrone in die Kammer. »Wieviel Luft hat er?« fragte er.

»Ich weiß es nicht«, sagte Quint. »Wieviel er auch hat, ich bezweifle, daß er's erlebt, sie einzuatmen.«

»Vielleicht haben Sie recht. Aber Sie sagten selbst, man weiß nie, was diese Fische tun werden.«

»Ja, aber das hier ist anders. Als ob man die Hand ins Feuer steckte und hoffte, nicht versengt zu werden. Ein vernünftiger Mann *tut* das nicht.«

Unten wartete Hooper, bis der sprudelnde Schaum seines Abstiegs sich aufgelöst hatte. In seiner Maske war Wasser, er legte also den Kopf zurück, preßte oben gegen die Stirnplatte und blies durch die Nase, bis die Maske klar war. Er fühlte sich ruhig und heiter. Es war das durchdringende Gefühl von Freiheit und Entspannung, das er immer hatte, wenn er tauchte. Er war allein in der mit tanzenden Sonnenlichtstrahlen gesprenkelten, blauen Stille. Die einzigen Geräusche waren jene, die er durch seinen Atem selber erzeugte – ein tiefes, hohles Geräusch beim Einatmen, ein leises, dröhnendes Rauschen beim Ausatmen. Er hielt den Atem an, und die Stille war vollkommen. Ohne Gewicht hatte er zuviel Auftrieb und mußte sich an die Stäbe klammern, damit seine Sauerstoffflasche nicht klirrend an die Oberluke stieß. Er drehte sich herum und sah zu dem Bootsrumpf hoch, einem grauen, leicht hüpfenden Körper über ihm. Zuerst ärgerte ihn der Käfig. Er sperrte ihn ein, beschränkte ihn, hinderte ihn daran, den Reiz der Unterwasserbewegung zu genießen. Dann aber vergegenwärtigte er sich, warum er da war, und war dankbar.

Er blickte sich nach dem Fisch um. Er wußte, daß er nicht unter dem Boot sein konnte, wie Quint geglaubt hatte. Er konnte nicht irgendwo »verhalten«, konnte nicht ruhen oder stillbleiben. Er mußte sich bewegen, um zu überleben.

Trotz des hellen Sonnenlichtes war die Sichtweite in dem trüben Wasser schlecht – nicht mehr als fünfzehn Meter. Hooper drehte sich langsam herum, versuchte, den Rand des Dunkels zu durchdringen und die geringste Farbe oder Bewegung zu erhaschen. Er blickte unter das Boot, wo das Wasser sich von Blau über Grau bis zu Schwarz wandelte. Nichts. Er sah auf seine Uhr, berechnete, daß er, wenn er mit seiner Atmung haushielt, mindestens noch eine halbe Stunde unten bleiben konnte.

Von der Strömung getragen, schlüpfte einer der kleinen weißen, schnurumwickelten künstlichen Köder zwischen den Stäben des Käfigs durch und trieb Hooper ins Gesicht. Er stieß ihn aus dem Käfig hinaus.

Er warf einen Blick nach unten, wollte schon wieder wegsehen, ließ die Augen aber schnell wieder hinunterschweifen. Aus dem dunkelnden Blau hob sich ihm – langsam, geschmeidig – der Hai entgegen. Er kam ohne die geringste Anstrengung herauf, ein Todesengel, der zu einem verabredeten Stelldichein gleitet.

Hooper starrte gebannt, zur Flucht getrieben, aber unfähig, sich zu bewegen. Als der Fisch näher kam, staunte er über seine Farben: Das stumpfe Braungrau, wie es an der Oberfläche zu sehen gewesen war, war verschwunden. Der obere Teil des riesigen Leibes war von einem rauhen Eisengrau, das ins Bläuliche schimmerte, wo es von Sonnenstrahlen getroffen wurde. Unterhalb der Seitenlinie war alles sahnig, geisterhaft weiß.

Hooper wollte seine Kamera heben, aber der Arm gehorchte ihm nicht. In einer Minute, sagte er sich, in einer Minute.

Der Fisch kam dichter heran, still wie ein Schatten, und Hooper trat zurück. Der Kopf war nur etwa einen halben Meter vom Käfig entfernt, als der Fisch drehte und vor Hoopers Augen vorüberglitt – lässig, als wollte er seine Masse und Kraft stolz zur Schau stellen. Die Nase kam zuerst vorüber, dann der Kiefer, locker und lächelnd, mit Reihen über Reihen gezackter Dreiecke bewaffnet. Und dann das schwarze, unergründliche Auge, anscheinend auf ihn geheftet. Die Kiemen kräuselten sich – blutlose Wunden in der stählernen Haut.

Zaghaft steckte Hooper eine Hand durch die Stäbe und berührte die Flanke. Sie fühlte sich kalt und hart an, nicht klebrig, sondern glatt. Er ließ seine Fingerspitzen das Fleisch liebkosen – an den Brustflossen entlang, der Beckenflosse, den dicken, festen Geschlechtsklammern –, bis sie schließlich (der Fisch schien kein Ende zu haben) von dem peitschenden Schwanz weggeschlagen wurden.

Der Fisch bewegte sich weiter vom Käfig fort. Hooper vernahm undeutliche Knallgeräusche und sah drei senkrechte Spiralen böser Blasen schnell von der Oberfläche herunterkommen, sich dann verlangsamen und weit oberhalb des Fisches stoppen. Kugeln. Noch nicht, sagte er sich. Noch einmal soll er vorbeikommen, damit ich Aufnahmen machen kann. Der Fisch machte kehrt, ging in Schräglage, die gummiartigen Brustflossen änderten den Neigungswinkel.

»Was, zum Teufel, macht er da unten?« fragte Brody. »Warum hat er ihn nicht mit dem Knallstock gestoßen?«

Quint antwortete nicht. Er stand auf dem Heck, Harpune in

der Faust, angestrengt ins Wasser blickend. »Komm rauf, Fisch«, sagte er. »Komm zu Quint.«

»Sehen Sie ihn?« fragte Brody. »Was macht er?«

»Nichts. Noch nichts, bis jetzt.«

Der Fisch war bis zur Grenze von Hoopers Gesichtsfeld geschwommen – ein geisterhafter, silbergrauer Fleck, der einen kleinen Kreis beschrieb. Hooper hob die Kamera und drückte auf den Auslöser. Er wußte, daß der Film wertlos war, wenn der Fisch nicht noch einmal herankam, aber er wollte das Biest erwischen, wenn es aus der Dunkelheit auftauchte.

Durch den Sucher sah er, wie der Fisch auf ihn zukam. Er bewegte sich schnell, der Schwanz schlug kräftig aus, das Maul öffnete und schloß sich, wie nach Luft schnappend. Hooper hob die rechte Hand, um die Einstellung zu ändern. Vergiß nicht, sie wieder zu ändern, sagte er sich, wenn er abdreht.

Aber der Fisch drehte nicht ab. Ein Zittern ging durch seinen ganzen Leib, als er sich dem Käfig näherte. Er stieß mit dem Kopf gegen den Käfig, die Nase rammte zwischen zwei Stäbe und spreizte sie auseinander. Die Nase stieß Hooper in die Brust und warf ihn zurück. Die Kamera flog ihm aus den Händen, und das Mundstück wurde ihm aus dem Mund gerissen. Der Fisch drehte sich auf die Seite, und der ausschlagende Schwanz trieb den großen Leib weiter in den Käfig. Hooper tastete nach seinem Mundstück, konnte es aber nicht finden. Seine Brust zog sich zusammen und schmerzte vor Luftnot.

»Er greift an!« schrie Brody. Er packte eines der Haltetaue und zog daran, verzweifelt versuchend, den Käfig zu heben.

»Hol deine verdammte Seele der Teufel!« rief Quint.

»Werfen Sie! Werfen Sie!«

»Ich kann nicht werfen! Ich muß ihn an die Oberfläche kriegen! Komm rauf, du Teufel! Du gottverdammtes Schwein!«

Der Fisch glitt rücklings aus dem Käfig und wandte sich scharf nach rechts, in einem engen Kreis. Hooper langte hinter seinen Kopf, fand den Regulatorschlauch, folgte ihm mit der Hand, bis er das Mundstück erwischte. Er steckte es in den Mund, vergaß aber, zuerst auszuatmen, sondern schnappte nach Luft. Er bekam Wasser und würgte und schluckte, bis das Mundstück schließlich frei war und er tief und schmerzend Atem holte. Und da sah er die breite Lücke in den Stäben, sah den Riesenkopf wieder durchstoßen. Er hob die Hände über den Kopf, tastete nach der

Ausstiegsluke.

Der Fisch rammte durch den Zwischenraum der Stäbe, zwängte sie mit jedem Schlag seines Schwanzes noch weiter auseinander. Hooper, an die Rückwand des Käfigs gepreßt, sah das Maul nach ihm greifen, sich dehnen. Er erinnerte sich an den Knallstock und versuchte, den rechten Arm zu senken und den Stock zu packen. Der Fisch stieß wieder vor, und Hooper sah mit dem Entsetzen des Todgeweihten, daß das Maul ihn erreichen würde.

Die Kiefer schlossen sich um seinen Rumpf. Hooper spürte einen furchtbaren Druck, als ob seine Gedärme zusammengepreßt würden. Er stieß die Faust in das schwarze Auge. Der Fisch biß zu, und das letzte, was Hooper sah, ehe er starb, war das durch eine Wolke seines eigenen Blutes ihn anstarrende Auge.

»Er hat ihn!« rief Brody. »Tun Sie etwas!«

»Der Mann ist tot«, sagte Quint.

»Woher wissen Sie das? Vielleicht können wir ihn noch retten.«

»Er ist tot.«

Hooper im Maul, glitt der Fisch rückwärts aus dem Käfig. Er sank einen Meter, kaute, schluckte die Eingeweide, die in seinen Schlund gedrückt wurden. Dann zitterte er, stieß sich mit dem Schwanz vorwärts und trieb sich und seine Beute nach oben.

»Er kommt herauf!« sagte Brody.

»Packen Sie das Gewehr!« Quint hob die Hand zum Wurf.

Der Fisch kam fünf Meter vom Boot entfernt an die Oberfläche, in einem Schauer von Schaum und Gischt heraufstoßend. Hoopers Körper ragte an beiden Seiten des Mauls heraus; Kopf und Arme hingen schlaff an einer Seite herunter, Knie, Waden und Füße an der anderen.

In den wenigen Sekunden, die der Fisch über Wasser war, glaubte Brody, Hoopers glasige offene Augen durch seine Gesichtsmaske starren zu sehen. Wie aus Verachtung und im Triumph verhielt der Fisch einen Augenblick in der Schwebe, todbringende Rache herausfordernd.

Brody hob das Gewehr, und gleichzeitig warf Quint die Harpune. Das Ziel war riesig, ein ganzes Feld von weißem Bauch, und die Entfernung war für einen erfolgreichen Wurf nicht zu groß. Doch als Quint warf, glitt der Fisch ins Wasser zurück, und das Eisen ging hoch darüber hinweg.

Noch einen Augenblick war der Kopf des Fisches mit Hooper im Maul außerhalb des Wassers.

»Schießen Sie!« brüllte Quint. »Um Himmels willen, schießen Sie!«

Brody schoß, ohne zu zielen. Die ersten beiden Schüsse schlugen vor dem Fisch ins Wasser. Der dritte traf Hooper zu Brodys Entsetzen in den Hals.

»Los, geben Sie mir das gottverdammte Ding!« sagte Quint, das Gewehr von Brody an sich reißend. Mit einer einzigen schnellen Bewegung hob er es an die Schulter und drückte zweimal ab. Doch der Fisch hatte, mit einem letzten leeren Blick, schon begonnen, in die Tiefe zu gleiten. Die Kugeln klatschten harmlos an der Stelle in den Strudel, wo der Kopf gewesen war.

Der Fisch schien nie dagewesen zu sein. Kein Geräusch, außer dem Flüstern der Brise. Von oben gesehen, schien der Käfig unbeschädigt. Das Wasser blieb ruhig. Der einzige Unterschied war, daß Hooper nicht mehr da war.

»Was tun wir jetzt?« fragte Brody. »Was, in Gottes Namen, können wir jetzt tun? Es bleibt nichts mehr übrig. Wir können genausogut zurückfahren.«

»Wir fahren zurück«, sagte Quint. »Zunächst.«

»Zunächst? Was meinen Sie damit? Wir können doch nichts tun. Der Fisch ist für uns zuviel. Er ist nicht wirklich, nicht natürlich.«

»Geben Sie sich geschlagen, Mann?«

»Ich bin geschlagen. Wir können nur noch warten, bis Gott oder die Natur, oder was immer uns dies antut, zu dem Schluß kommt, daß wir genug hatten. Es ist der Macht des Menschen entzogen.«

»Meiner nicht«, sagte Quint. »Ich werde dieses Biest töten.«

»Ich bin nicht sicher, ob ich nach allem, was heute geschehen ist, noch mehr Geld auftreiben kann.«

»Behalten Sie Ihr Geld. Dies ist keine Geldfrage mehr.«

»Wie meinen Sie das?« Brody sah Quint an, der im Heck stand und auf die Stelle blickte, wo der Kopf des Fisches gewesen war, als erwartete er, daß er jeden Augenblick wieder auftauchte, die zerfetzte Leiche im Maul. Er suchte das Meer ab, sehnte sich nach einer nochmaligen Konfrontation.

Quint sagte zu Brody: »Ich werde diesen Fisch töten. Kommen

Sie mit, wenn Sie wollen. Bleiben Sie zu Hause, wenn Sie wollen. Aber ich werde diesen Fisch töten.«

Als Quint redete, blickte Brody ihm in die Augen. Sie schienen so dunkel und unergründlich wie das Auge des Fisches. »Ich werde mitkommen«, sagte Brody. »Ich schätze, ich habe keine andere Wahl.«

»Nein«, sagte Quint. »Wir haben keine andere Wahl.« Er zog sein Messer aus der Scheide und reichte es Brody. »Da, kappen Sie den Käfig, und dann verschwinden wir hier.«

Als das Boot am Steg festgemacht war, ging Brody zu seinem Wagen. Am Ende des Docks war eine Telefonzelle, und er blieb daneben stehen, von seinem früheren Entschluß getrieben, Daisy Wicker anzurufen. Aber er unterdrückte den Impuls und ging zu seinem Wagen weiter. Was hat es für einen Sinn? dachte er. Wenn etwas war, ist es jetzt vorbei.

Trotzdem fragte Brody sich auf der Fahrt nach Amity, wie Ellens Reaktion gewesen sein mochte, als die Küstenwache sie angerufen und ihr Hoopers Tod mitgeteilt hatte. Quint war mit der Küstenwache in Funkverbindung getreten, ehe sie zurückfuhren, und Brody hatte den Offizier vom Dienst gebeten, Ellen anzurufen und ihr zu sagen, daß es zumindest ihm gutgehe.

Bis Brody zu Hause ankam, hatte Ellen schon lange mit dem Weinen aufgehört. Sie hatte mechanisch geweint, zornig, sich nicht so sehr um Hooper grämend, als in Hoffnungslosigkeit und Bitterkeit über einen weiteren Tod. Sie war über den Zerfall Larry Vaughans trauriger gewesen als jetzt, denn Vaughan war ein teurer und naher Freund gewesen. Hooper war nur im oberflächlichsten Sinn des Wortes ein »Geliebter« gewesen. Sie hatte ihn nicht *geliebt*. Sie hatte ihn benutzt, und obgleich sie für das, was er ihr gegeben hatte, dankbar war, fühlte sie sich ihm in keiner Weise verpflichtet. Es tat ihr natürlich leid, daß er tot war; es hätte ihr ebenso leid getan zu erfahren, daß sein Bruder David gestorben war. In ihren Gedanken waren jetzt beide Überbleibsel ihrer fernen Vergangenheit.

Sie hörte Brodys Wagen in die Auffahrt einbiegen und öffnete die Hintertür. Mein Gott, sieht er niedergeschlagen aus, dachte sie, als sie ihn aufs Haus zukommen sah. Seine Augen waren gerötet und eingesunken, und er schien leicht gebückt zu gehen. Sie küßte ihn an der Tür und sagte: »Du siehst aus, als ob du einen

Drink gebrauchen konntest.«

»Das könnte ich.« Er ging ins Wohnzimmer und warf sich in einen Sessel.

»Was möchtest du haben?«

»Irgendwas. Hauptsache, es ist stark.«

Sie ging in die Küche, füllte ein Glas zu gleichen Teilen mit Wodka und Orangensaft und brachte es ihm. Sie setzte sich auf die Armlehne seines Sessels und strich ihm über den Kopf. Sie lächelte und sagte: »Da ist deine kahle Stelle. Ich habe deine kahle Stelle schon so lange nicht mehr berührt, daß ich sie ganz vergessen hatte.«

»Mich wundert, daß überhaupt noch Haar übrig ist. Jesus, ich werde nie so alt werden, wie ich mich heute fühle.«

»Kann ich mir denken. Nun, jetzt ist es vorbei.«

»Ich wünschte, es wäre vorbei«, sagte Brody. »Ich wünschte wirklich, es wäre vorbei.«

»Was meinst du damit? Es ist doch vorbei, oder nicht? Du kannst nichts mehr tun.«

»Wir fahren morgen hinaus. Um sechs.«

»Das kann nicht dein Ernst sein.«

»Doch.«

»Weshalb?« Ellen war niedergeschmettert. »Was könnt ihr denn tun?«

»Den Fisch fangen. Und ihn töten.«

»Glaubst du das?«

»Ich bin nicht sicher. Aber Quint glaubt es. Und wie er daran glaubt!«

»Dann laß ihn doch allein fahren. Soll er sich umbringen lassen.«

»Kann ich nicht.«

»Warum nicht?«

»Es ist meine Pflicht.«

»Es ist *nicht* deine Pflicht!« Sie war wütend und bekam Angst, Tränen traten ihr in die Augen.

Brody überlegte einen Augenblick und sagte: »Nein, du hast recht.«

»*Warum* also?«

»Ich glaube, ich kann es dir nicht sagen. Ich weiß es nicht.«

»Willst du etwas beweisen?«

»Vielleicht. Ich weiß es nicht. Dieses Gefühl hatte ich noch nie. Nachdem Hooper starb, war ich bereit, aufzugeben.«

»Und warum hast du dich anders besonnen?«

»Es ist Quint, schätze ich.«

»Du meinst, du läßt dir von ihm Vorschriften machen?«

»Nein, nein. Er hat mir keine Vorschriften gemacht. Es ist nur ein Gefühl. Ich kann es nicht erklären. Aber Aufgeben ist keine Lösung. Es bringt nichts zu Ende.«

»Warum ist ein Ende so wichtig?«

»Aus verschiedenen Gründen. Quint meint, wenn er den Fisch nicht tötet, ist alles, woran er glaubt, falsch.«

»Und du?«

Brody lächelte gequält. »Ich bin wohl bloß ein verrückter Polyp.«

»Mach mit mir keine Witze!« rief Ellen, und mehr Tränen traten ihr in die Augen. »Was ist mit mir und den Kindern? Willst du getötet werden?«

»Nein, mein Gott, nein. Bloß ...«

»Du glaubst, es sei alles dein Fehler. Du glaubst, du seist verantwortlich.«

»Wofür verantwortlich?«

»Für diesen kleinen Jungen und den alten Mann. Du glaubst, wenn der Hai getötet wird, sei alles wieder in schönster Ordnung. Du willst Rache.«

Brody seufzte. »Vielleicht. Ich weiß es nicht. Ich glaube, der einzige Weg, diese Stadt wieder zum Leben zu erwecken, ist, daß wir dieses Biest töten.«

»Und du bist bereit, bei dem Versuch umzukommen –«

»Sei nicht albern! Ich bin nicht bereit umzukommen. Ich bin noch nicht mal bereit – wenn du dieses Wort gebrauchen willst –, in diesem gottverdammten Boot hinauszufahren. Glaubst du vielleicht, mir gefällt es da draußen? Jede Minute, die ich draußen bin, habe ich eine solche Angst, daß ich mich übergeben möchte.«

»Warum *fährst* du dann?« Sie flehte ihn an, bettelte. »Kannst du immer nur an dich denken?«

Brody war über den Vorwurf der Selbstsucht schockiert. Es war ihm nie in den Sinn gekommen, er sei egoistisch, weil er einem persönlichen Bedürfnis nach Sühne nachgab. »Ich liebe dich«, sagte er. »Das weißt du ... ganz gleich, was war.«

»Klar liebst du mich«, sagte sie bitter. »Klar.«

Sie aßen schweigend ihr Abendbrot. Als sie fertig waren, räumte Ellen das Geschirr ab, wusch es und lief hinauf. Brody ging im Wohnzimmer herum und schaltete die Lichter aus. Als er gerade nach dem Schalter langte, um das Licht in der Diele auszuknipsen, hörte er, wie an die Haustür geklopft wurde. Er öffnete und sah Meadows.

»Hallo, Harry«, sagte er. »Kommen Sie herein.«

»Nein«, sagte Meadows. »Es ist zu spät. Ich wollte Ihnen nur das hier vorbeibringen.« Er reichte Brody einen Umschlag.

»Was ist es?«

»Öffnen Sie's, und sehen Sie selbst. Ich spreche morgen mit Ihnen darüber.« Meadows drehte sich um und ging zu seinem Wagen zurück, den er mit laufendem Motor und eingeschalteten Scheinwerfern geparkt hatte.

Brody schloß die Tür und öffnete den Umschlag. Er enthielt einen Abzug der Leitartikelseite des morgigen *Leader*. Die ersten beiden Leitartikel waren rot umrandet. Brody las:

EINE SCHMERZLICHE MITTEILUNG . . .

In den letzten drei Wochen hat Amity eine furchtbare Tragödie nach der anderen erlebt. Seine Bürger und Freunde sind von einer grausamen Bedrohung heimgesucht worden, die niemand abwenden, niemand erklären kann.

Gestern fiel wieder ein Menschenleben dem Großen Weißen zum Opfer. Matt Hooper, der junge Ozeanograph aus Woods Hole, ist bei dem Versuch, das Tier allein zu töten, umgekommen.

Man mag über Mr. Hoopers wagemutigen Versuch geteilter Meinung sein. Aber nenne man ihn tapfer oder tollkühn, einen Disput über den Beweggrund seines verhängnisvollen Einsatzes kann es nicht geben. Er versuchte, Amity zu helfen; er gab seine Zeit und sein Geld hin in dem Bemühen, dieser verzweifelnden Gemeinde den Frieden wiederzubringen.

Er war ein Freund, und er gab sein Leben hin, auf daß wir, seine Freunde, leben könnten.

. . . UND EINE DANKSAGUNG

Seit der mörderische Hai nach Amity kam, hat ein Mann jede wache Minute seiner Zeit damit verbracht, seine Mitbürger zu schützen. Dieser Mann ist Polizei-Chef Martin Brody.

Nach dem ersten Angriff wollte Chef Brody die Öffentlichkeit von der Gefahr verständigen und die Strände sperren. Aber ein Chor weniger vorsichtiger Stimmen, einschließlich der des Herausgebers dieser Zeitung, sagte ihm, er habe unrecht. Spielen Sie das Risiko herunter, sagten wir, und es wird verschwinden. Wir hatten unrecht.

Einige Leute in Amity zogen nur zögernd die Lehre aus den Vorkommnissen. Als nach wiederholten Angriffen Chef Brody darauf bestand, die Strände gesperrt zu halten, wurde er geschmäht und bedroht. Einige seiner lautstärksten Kritiker waren Männer, deren Beweggrund nicht der Gemeinsinn, sondern persönliche Habgier war. Chef Brody beharrte auf seinem Standpunkt, und wieder einmal erwies er sich als richtig.

Jetzt setzt Chef Brody sein Leben in derselben Unternehmung aufs Spiel, bei der Matt Hooper umkam. Wir alle müssen für seine gesunde Rückkehr beten . . . und müssen ihm für seine außerordentliche Seelenstärke und Rechtschaffenheit danken.

Brody sagte laut: »Danke *Ihnen*, Harry.«

Gegen Mitternacht setzte starker Wind von Nordost ein. Er pfiff durch die Fliegengitterfenster und brachte bald peitschenden Regen, der auf den Schlafzimmerboden sprühte. Brody stieg aus dem Bett und schloß das Fenster. Er versuchte, wieder einzuschlafen, aber seine Gedanken gönnten ihm keine Ruhe. Er stand auf, zog seinen Bademantel an, ging ins Wohnzimmer hinunter und schaltete den Fernseher ein. Er probierte verschiedene Kanäle, bis er einen Film fand. Dann setzte er sich in einen Sessel und fiel prompt in unruhigen Schlaf.

Um fünf erwachte er durch das Geräusch des Fernseh-Testbildes. Er schaltete den Apparat aus und horchte auf den Wind. Er war schwächer geworden und schien aus einer anderen Richtung zu kommen, brachte aber immer noch Regen mit. Er überlegte, ob er Quint anrufen sollte, dachte dann aber: Nein, hat keinen Zweck. Wir werden fahren, selbst wenn sich das zu einem Sturm auswachsen sollte. Er ging hinauf und zog sich leise an. Ehe er das Schlafzimmer verließ, warf er einen Blick auf Ellen, deren schlafendes Gesicht einen finsteren Ausdruck hatte. »Ich liebe dich wirklich, weißt du«, flüsterte er und küßte sie auf die Stirn. Er ging auf die Treppe zu, drehte dann aber um und schaute in die Schlafzimmer der Jungen hinein. Sie schliefen tief.

14

Als er am Kai ankam, wartete Quint schon auf ihn – eine große, gelassene Gestalt, deren gelbes Ölzeug unter dem dunklen Himmel leuchtete. Er schliff einen Harpunenpfeil an einem Wetzstein.

»Beinahe hätte ich Sie angerufen«, sagte Brody, während er seine Regenhaut überzog. »Was bedeutet dieses Wetter?«

»Nichts«, sagte Quint. »Wird sich nach einer Weile legen. Und wenn nicht, spielt's auch keine Rolle. Er wird da sein.«

Brody blickte zu den vom Wind getriebenen Wolken empor. »Ziemlich düster.«

»Paßt«, sagte Quint und sprang an Bord des Bootes.

»Sind es nur wir beide?«

»Nur wir. Erwarten Sie noch jemanden?«

»Nein. Aber ich dachte, Sie hätten gern ein Paar Extra-Hände.«

»Sie kennen diesen Fisch so gut wie niemand außer mir. Jetzt machen noch mehr Hände keinen Unterschied. Außerdem geht es niemanden sonst etwas an.«

Brody trat vom Steg auf den Spiegel und wollte gerade an Deck hinunterspringen, als er in einer Ecke ein geteertes Segeltuch bemerkte, das etwas bedeckte. »Was ist das?« fragte er hindeutend.

»'n Schaf.« Quint drehte den Zündschlüssel. Der Motor spuckte einmal, lief an und begann, gleichmäßig zu tuckern.

»Wozu?« Brody trat aufs Deck hinunter. »Wollen Sie's ihm opfern?«

Quint lachte kurz und grimmig auf. »Könnte schon sein«, sagte er. »Nein, es ist ein Köder. Gebe ihm ein kleines Frühstück, bevor wir ihn erledigen. Machen Sie meine Heckleine los.« Er ging nach vorn und warf Bug- und Sprungleinen ab.

Als Brody nach der Heckleine griff, hörte er einen Automotor. Scheinwerfer huschten über die Straße, und Reifen quietschten, als der Wagen am Ende des Kais hielt. Ein Mann sprang heraus und rannte auf die *Orca* zu. Es war Bill Whitman.

»Beinahe hätte ich Sie verfehlt«, sagte er keuchend.

»Was wollen Sie?« fragte Brody.

»Ich möchte mit. Oder genauer, ich habe Anweisung, mitzufahren.«

»Kommt nicht in Frage«, sagte Quint. »Ich weiß nicht, wer Sie sind, aber hier fährt keiner mit. Brody, werfen Sie die Heckleine ab.«

»Warum nicht?« fragte Whitman. »Ich werde Ihnen nicht im Weg sein. Vielleicht kann ich sogar helfen. Hören Sie zu, Mann, das sind Nachrichten. Wenn Sie diesen Fisch fangen, möchte ich dabeisein.«

»Gehen Sie zum Teufel«, sagte Quint.

»Ich werde ein Boot chartern und Ihnen folgen.«

Quint lachte. »Nichts wie los. Sehen Sie zu, ob Sie jemanden finden, der dumm genug ist, Sie hinauszufahren. Und dann versuchen Sie, uns zu finden. Der Ozean ist groß. Werfen Sie die Leine, Brody!«

Brody warf die Heckleine auf den Steg. Quint stieß den Gashebel vor, und das Boot glitt aus dem Anlegeplatz hinaus. Brody blickte zurück und sah Whitman über den Kai zu seinem Wagen gehen.

Das Wasser auf der Höhe von Montauk war rauh, denn der Wind – jetzt aus Südost – stand gegen die Strömung. Das Boot kämpfte sich durch die Wellen, stampfte und warf einen Schleier von Schaum und Gischt auf. Das tote Schaf im Heck hüpfte auf und ab.

Als sie das offene Meer erreichten, Kurs Süd-Süd-West, wurde ihre Bewegung schwächer. Der Regen hatte nachgelassen und war nur noch ein Nieseln, und jeden Augenblick stürzten weniger Wellenkämme herab.

Sie hatten die Landzunge erst seit fünfzehn Minuten umrundet, als Quint den Gashebel zurückzog und den Motor langsamer laufen ließ. Brody blickte zur Küste hinüber. In der zunehmenden Helligkeit konnte er den Wasserturm klar ausmachen – ein schwarzer, aus dem grauen Landstreifen sich erhebender Punkt. Das Signalfeuer des Leuchtturms brannte noch. »Wir sind nicht so weit draußen wie sonst«, sagte er.

»Nein.«

Wir können nicht mehr als zwei Meilen von der Küste entfernt sein.«

»Ungefähr.«

»Warum stoppen Sie dann?«

»Hab' so ein Gefühl.« Quint deutete nach links auf ein Lichterbündel die Küste weiter hinunter. »Das ist Amity.«

»Und?«

»Ich glaube nicht, daß er heute so weit draußen sein wird. Ich glaube, er wird sich irgendwo zwischen hier und Amity herumtreiben.

»Warum?«

»Wie gesagt, nur so 'n Gefühl. Es gibt nicht immer ein Warum für diese Dinge.«

»Zwei Tage hintereinander fanden wir ihn weiter draußen.«

»Oder er fand uns.«

»Ich versteh's nicht, Quint. Für einen Mann, der behauptet, es gäbe so etwas wie einen gerissenen Fisch nicht, machen Sie aus dem da ein Genie.«

»So weit würde ich nicht gehen.«

Brody geriet über Quints verschlagenen, rätselhaften Ton in Zorn. »Was für ein Spiel treiben Sie?«

»Kein Spiel. Wenn ich mich irre, irre ich mich eben.«

»Und wir versuchen's morgen woanders.« Brody hoffte halb, daß Quint sich irrte, daß es einen Tag Aufschub gab.

»Oder heute, später. Aber ich glaube nicht, daß wir so lange warten müssen.« Quint stellte den Motor ab, ging zum Heck und hob einen Eimer voll Köder auf den Heckspiegel. Er deckte das Schaf auf, band ein Seil um dessen Hals und legte es aufs Schandeck. Er schlitzte den Bauch auf und warf das Tier über Bord, ließ es sieben Meter vom Boot wegtreiben, bis er das Seil an einer Klampe achtern festmachte. Dann ging er nach vorn, band zwei Fässer los und trug diese, ihre Taurollen und Harpunenpfeile zum Heck zurück. Er stellte die Fässer auf jede Seite des Balkens, jedes neben sein Tau, und steckte einen Pfeil auf den Wurfschaft. »Okay«, sagte er. »Nun wollen wir sehen, wie lang's dauert.«

Der Himmel hatte sich jetzt zum vollen, grauen Tageslicht aufgehellt, und die Lichter an der Küste gingen aus.

Der Gestank des Zeugs, das Brody über Bord goß, drehte ihm den Magen um, und er wünschte, er hätte, ehe er von zu Hause wegging, etwas gegessen – irgend etwas.

Quint saß auf der Brücke und beobachtete das Auf und Ab des Meeres.

Brodys Gesäß schmerzte schon von dem harten Balken, und sein Arm wurde müde vom ewigen Eintauchen und Ausschütten der Kelle. Er stand also auf, reckte sich und probierte, über das

Heck blickend, eine neue Schöpfbewegung mit der Kelle aus.

Plötzlich sah er den gräßlichen Kopf des Fisches – keine eineinhalb Meter entfernt, so nahe, daß er hinüberlangen und ihn mit der Kelle hätte berühren können –, schwarze Augen starrten ihn an. »O Gott!« sagte Brody, sich in seinem Schreck fragend, wie lange der Fisch schon dagewesen war, ehe er aufgestanden war und sich umgedreht hatte. »Da ist er!«

Quint war sofort die Leiter herunter und am Heck. Als er auf den Spiegel sprang, glitt der Kopf des Fisches ins Wasser zurück und krachte eine Sekunde später gegen die Bordwand. Die Kinnladen schlossen sich um das Holz, und der Kopf schüttelte heftig hin und her. Brody packte eine Klampe und hielt sich daran fest, während er unverwandt auf die Augen starrte. Jedesmal, wenn der Fisch den Kopf bewegte, zitterte und rüttelte das Boot. Quint glitt aus und fiel auf die Knie. Der Fisch ließ los und sank unter die Oberfläche, und das Boot lag wieder ruhig da.

»Er hat uns erwartet!« rief Brody.

»Ich weiß«, sagte Quint.

»Wie hat er –«

»Spielt keine Rolle«, sagte Quint. »Wir haben ihn jetzt.«

»*Wir* haben *ihn*? Haben Sie gesehen, was er mit dem Boot machte?«

»Ganz schön durcheinandergerüttelt, was?«

Das Tau mit dem Schaf spannte sich, zitterte einen Augenblick und wurde wieder schlaff.

Quint stand auf und nahm die Harpune. »Er hat das Schaf genommen. Gleich kommt er zurück.«

»Wie kommt es, daß er das Schaf nicht zuerst nahm?«

»Der hat kein Benehmen«, sagte Quint kichernd. »Komm her, du Dreckskerl! Komm und hol dir, was dir gebührt.«

Brody bemerkte eine fiebrige Erregung in Quints Gesicht – eine Leidenschaft, die seine dunklen Augen aufhellte, eine Gespanntheit, die seine Lippen in einem schiefen Lächeln von den Zähnen zurückzog, eine Erwartung, die bis in die Sehnen seines Halses drang und seine Knöchel weiß hervortreten ließ.

Das Boot bebte wieder, und es gab einen dumpfen, hohlen Schlag.

»Was tut er?« fragte Brody.

Quint beugte sich über Bord und rief: »Komm da raus, du Scheißkerl! Wo bleibt dein Mut? Du wirst mich nicht versenken, ehe ich dich erwische!«

»Wie meinen Sie das, versenken?« fragte Brody. »Was macht er denn?«

»Er versucht, ein Loch in den Boden des verfluchten Bootes zu beißen, das macht er! Gucken Sie in die Bilge. Komm raus, du gottverlassener Hundesohn!« Quint hob seine Harpune hoch.

Brody kniete nieder und öffnete den Lukendeckel über dem Motorraum. Er blickte in das dunkle, schmierige Loch. In der Bilge war Wasser, aber da war immer Wasser, und er sah kein neues Loch, durch das Wasser hätte eindringen können. »Scheint mir in Ordnung zu sein«, sagte er. »Gott sei Dank.«

Die Rückenflosse und der Schwanz kamen zehn Meter rechts vom Heck an die Oberfläche und bewegten sich wieder auf das Boot zu. »Da kommst du«, sagte Quint gurrend. »Da kommst du.« Er stand breitbeinig da, die Linke an der Hüfte, die Rechte himmelwärts gestreckt, die Harpune umschließend. Als der Fisch noch etwa einen Meter vom Boot entfernt war und direkt darauf zuschwamm, warf Quint sein Eisen.

Die Harpune traf den Fisch vor der Rückenflosse. Und dann stieß der Fisch gegen das Boot, schlug das Heck zur Seite und ließ Quint zurücktaumeln. Sein Kopf streifte die Fußstütze des Drehstuhls, und etwas Blut lief ihm den Nacken hinunter. Er sprang auf die Füße und rief: »Ich habe dich! Ich habe dich, du elende Sau!«

Das mit dem Eisen verbundene Tau schlängelte sich über Bord, während der Fisch tauchte, und als es zu Ende abgelaufen war, schoß das Faß vom Balken, fiel ins Wasser und verschwand.

»Er hat es mit nach unten genommen!« sagte Brody.

»Nicht lange«, sagte Quint. »Er wird zurückkommen, und wir schmeißen noch eine in ihn und noch eine und noch eine, bis er aufgibt. Und dann gehört er uns!« Quint lehnte sich ans Heck und beobachtete das Wasser.

Quints Vertrauen wirkte ansteckend, und Brody war jetzt aufgekratzt, fröhlich, erleichtert. Es war eine Art Freiheit, ein Freisein vom Dunkel des Todes. Er rief: »Große Scheiße!« Dann bemerkte er das an Quints Nacken herunterrinnende Blut und sagte: »Sie bluten am Kopf.«

»Holen Sie noch ein Faß«, sagte Quint. »Bringen Sie es her. Und verwickeln Sie mir nicht die Rolle. Das Tau muß wie geschmiert über Bord laufen.«

Brody rannte nach vorn, band ein Faß los, schob sich das aufgerollte Tau über den Arm und trug alles zu Quint.

»Da kommt er«, sagte Quint, nach links deutend. Das Faß stieg an die Oberfläche und hüpfte im Wasser auf und ab. Quint zog an dem am Schaft befestigten Seil und holte ihn an Bord. Er steckte den neuen Pfeil auf den Schaft und hob die Harpune über den Kopf. »Er kommt hoch!«

Der Fisch brach zwei Meter vom Boot entfernt durchs Wasser. Wie eine abhebende Rakete stiegen Nase, Kiefer und Rückenflosse steil empor. Dann folgten der weiße Bauch, die Beckenflosse und die riesigen, salamidicken Geschlechtsklammern.

»Ich sehe deinen Schwanz, du Hund!« rief Quint und warf ein zweites Eisen, mit Schulter und Rücken den Wurf unterstützend. Das Eisen traf den Fisch in den Bauch, genau, als der große Leib begann, nach vorn zu fallen. Der Bauch klatschte mit donnerndem Dröhnen auf das Wasser und sandte einen dichten Sprühregen über das Boot. »Der ist erledigt!« sagte Quint, als sich das zweite Tau abspulte und über Bord ging.

Das Boot schwankte einmal und wieder, und es war ein schwaches, knirschendes Geräusch zu hören.

»Willst mich angreifen, was?« fragte Quint. »Du nimmst keinen Mann mit, du unverschämter Satan!« Quint lief nach vorn und ließ den Motor an. Er stieß den Hebel vor, und das Boot bewegte sich von den hüpfenden Fässern weg.

»Hat er Schaden angerichtet?« fragte Brody.

»Bißchen. Wir liegen achtern etwas tief. Wahrscheinlich hat er ein Leck gestoßen. Kein Grund zur Sorge. Wir werden das Boot leerpumpen.«

»Das wär's dann«, sagte Brody glücklich.

»Was wär' was?«

»Der Fisch ist so gut wie tot.«

»Noch nicht ganz. Da, schauen Sie.«

Dem Boot folgten im selben Tempo zwei rote Holzfässer. Sie hüpften nicht. Von den Riesenkräften des Fisches gezogen, durchpflügten sie das Wasser, eine Bugwelle vorn aufwerfend und Kielwasser nachziehend.

»Jagt er uns?« fragte Brody.

Quint nickte.

»Wieso? Er kann uns doch nicht mehr für Futter halten.«

»Nein. Er will einen Kampf daraus machen.«

Zum ersten Mal sah Brody ein beunruhigtes Stirnrunzeln bei Quint. Es war nicht Angst, keine echte Bestürzung, sondern eher ein Ausdruck unbehaglicher Betroffenheit – als ob bei einem Spiel die Regeln ohne vorherige Ankündigung geändert oder die Einsätze erhöht worden wären. Als er den Wandel in Quints Stimmung bemerkte, fürchtete Brody sich.

»Haben Sie schon je einen Fisch gehabt, der sich so verhielt?« fragte er.

»Nein, so nicht. Manchmal haben sie mein Boot angegriffen, wie gesagt. Aber meistens, wenn sie mal ein Eisen im Leib haben, hören sie auf, einen zu bekämpfen, und kämpfen gegen das in ihnen steckende Ding.«

Brody blickte achteraus. Das Boot fuhr mit mittelmäßiger Geschwindigkeit hierhin und dorthin, je nachdem, wie Quint ziellos das Ruder drehte. Und immer hielten die Fässer Schritt mit ihnen.

»Zum Teufel«, sagte Quint. »Wenn er Kampf haben will, soll er ihn kriegen.« Er zog den Hebel auf Leerlauf zurück, sprang von der Brücke und auf den Heckspiegel. Dort griff er nach der Harpune. Sein Gesicht hatte wieder einen erregten Ausdruck angenommen. »Okay, Scheißefresser!« rief er. »Komm her und hol ihn dir!«

Die Fässer kamen unentwegt heran, durchpflügten das Wasser – dreißig Meter entfernt, dann fünfundzwanzig, dann zwanzig. Brody sah die flache graue Masse an der Steuerbordseite des Bootes, zwei Meter unter der Oberfläche, vorbeigleiten. »Da ist er!« rief er. »Steuert nach vorn.«

»Scheiße!« sagte Quint, seine Fehleinschätzung der Taulängen verfluchend. Er zog den Harpunenpfeil vom Schaft, kappte die Leine, die den Schaft an eine Klampe band, sprang vom Balken und rannte nach vorn. Am Bug beugte er sich hinunter und band die Leine an eine vordere Klampe, machte ein Faß los und steckte seinen Pfeil auf den Schaft. Er stand, die Harpune erhoben, im Bug.

Der Fisch war bereits außer Reichweite. Der Schwanz durchbrach sechs bis sieben Meter vor dem Boot die Meeresoberfläche. Beide Fässer plumpsten fast gleichzeitig an Deck. Sie sprangen einmal auf, rollten, jedes auf einer Seite, vom Heck und glitten über die Bordwand hinunter.

Dreißig Meter vor dem Boot kehrte der Fisch um. Der Kopf hob sich aus dem Wasser und sank dann wieder zurück. Der wie ein Segel stehende Schwanz schlug hin und her. »Da kommt er!« sagte Quint.

Brody raste die Leiter zur Brücke hinauf. Als er oben ankam, sah er, wie Quint den rechten Arm zurücknahm und sich auf die Zehenspitzen stellte.

Der Fisch stieß mit einem Geräusch wie eine dumpfe Explosion direkt gegen den Bug. Quint warf sein Eisen und traf den Fisch oben im Kopf, über dem rechten Auge; die Harpune hielt fest. Das Tau rollte langsam über Bord, als der Fisch abdrehte.

»Tadellos!« sagte Quint. »Diesmal hab' ich ihn im Kopf erwischt.«

Jetzt waren drei Fässer im Wasser; sie schlitterten über die Oberfläche. Dann verschwanden sie.

»Gottverdammt!« sagte Quint. »Das ist kein normaler Fisch, der mit drei Eisen im Leib und drei Fässern, die ihn oben halten, auch noch tauchen kann.«

Das Boot bebte, schien sich zu heben und fiel dann zurück. Die Fässer kamen hoch, zwei auf der einen Seite des Bootes, eines auf der anderen. Dann tauchten sie wieder unter. Ein paar Sekunden später erschienen sie zwanzig Meter vom Boot entfernt.

»Gehen Sie unter Deck«, sagte Quint, als er eine neue Harpune fertigmachte. »Schauen Sie, ob das Schwein unter Deck Schaden angerichtet hat.«

Brody schwang sich in die Kajüte hinunter. Sie war trocken. Er zog den abgetretenen Teppich zurück, sah eine Luke und öffnete sie. Ein ganzer Wasserschwall strömte achtern in die Bilge. Wir sinken, sagte er sich, und Erinnerungen an seine kindlichen Alpträume kamen ihm plötzlich wieder in den Sinn. Er ging nach oben und sagte zu Quint: »Es sieht nicht gut aus. Unter dem Kajütboden ist eine Menge Wasser.«

»Will mal selbst nachsehen. Da.« Quint reichte Brody die Harpune. »Wenn er zurückkommt, während ich unten bin, bohren Sie das in ihn.« Er stieg nach unten.

Brody stand im Bug, hielt die Harpune und blickte auf die treibenden Fässer. Sie lagen praktisch still im Wasser, dann und wann ruckend, wenn der Fisch sich unten bewegte. Wie stirbst du? sagte Brody stumm zu dem Fisch. Er hörte einen elektrischen Motor anlaufen.

»Kein Beinbruch«, sagte Quint, nach vorn kommend. Er nahm Brody die Harpune ab. »Er hat uns ganz schön zusammengepufft, aber die Pumpen sollten es schaffen. Wir werden ihn einschleppen können.«

Brody trocknete seine Handflächen am Hosenboden ab. »Wollen Sie ihn wirklich einschleppen?«

»Jawohl. Wenn er verendet.«

»Und wann wird das sein?«

»Wenn er soweit ist.«

»Und bis dahin?«

»Warten wir.«

Brody sah auf die Uhr. Es war acht Uhr dreißig.

Sie warteten drei Stunden lang, fuhren den Fässern nach, die sich immer langsamer ziellos über die Wasserfläche bewegten. Zuerst verschwanden sie alle zehn oder fünfzehn Minuten und kamen dann ein paar Dutzend Meter weiter wieder an die Oberfläche. Dann tauchten sie seltener unter, bis sie gegen elf Uhr fast eine Stunde lang oben geblieben waren. Bis elf Uhr dreißig schwammen die Fässer im Wasser.

Es hatte aufgehört zu regnen, der Wind war abgeflaut und hatte einer gemütlichen Brise Platz gemacht. Der Himmel war eine zusammenhängende graue Fläche.

»Was meinen Sie?« fragte Brody. »Ist er tot?«

»Bezweifle ich. Aber vielleicht ist er so nahe daran, daß wir ein Tau um seinen Schwanz werfen und ihn schleppen können, bis er ersäuft.«

Quint nahm eine Rolle Tau von einem der Fässer im Bug. Er band ein Ende an eine Achter-Klampe. Aus dem anderen Ende machte er eine Schlinge.

Eine Winde im Bug besaß eine elektrische Kurbel. Quint schaltete sie an, um sich zu überzeugen, daß sie funktionierte, dann schaltete er wieder aus. Er ließ den Motor an und fuhr das Boot auf die Fässer zu, langsam, vorsichtig, bereit abzudrehen, wenn der Fisch angreifen sollte. Aber die Fässer lagen still.

Quint drosselte den Motor, als er längsseits der Fässer kam. Er langte mit einem Fischhaken über Bord, schnappte ein Tau und hievte ein Faß an Bord. Er versuchte, das Tau vom Faß zu lösen, aber der Knoten war durchnäßt und hart. Deshalb zog er sein Messer aus der Scheide und schnitt das Tau durch. Er stieß das Messer ins Schandeck, machte beide Hände frei, um mit der Linken das Tau zu halten und mit der Rechten das Faß an Deck zu schieben.

Er kletterte aufs Schandeck, ließ das Tau durch eine Rolle an der Spitze des Spills und dann die Stange bis zur Winde hinunterlaufen. Er drehte die Winde ein paarmal und schaltete dann den Starter an. Sobald das Lose im Tau aufgefangen war, krängte das Boot scharf nach steuerbord, von dem Gewicht des Fisches hinuntergezogen.

»Wird diese Winde mit ihm fertig?« fragte Brody.

»Scheint so. Sie würde ihn nie aus dem Wasser hieven, aber ich wette, sie wird ihn zu uns heraufbringen.« Die Winde drehte sich langsam, summend, alle drei bis vier Sekunden eine volle Umdrehung machend. Das Tau zitterte unter der Spannung, spritzte Wassertropfen auf Quints Hemd.

Plötzlich kam das Tau zu schnell hoch. Es verwickelte sich in der Winde, wurde ein Knäuel. Das Boot schnellte hoch.

»Tau gerissen?« fragte Brody.

»Scheiße, nein!« sagte Quint, und jetzt sah Brody Angst in seinem Gesicht. »Der Hundesohn kommt herauf!« Er sprang ans Schaltpult und warf den Motor in den Vorwärtsgang. Aber es war zu spät.

Der Fisch tauchte mit einem lauten, sausenden Geräusch direkt neben dem Boot aus dem Wasser auf. Er hob sich senkrecht empor, und voll Entsetzen zog Brody den Atem beim Anblick des Riesenleibes ein. Er türmte sich über ihnen auf und nahm ihnen das Licht. Die Brustflossen schwebten steif und gerade wie Flügel, und als der Fisch vornüber fiel, schienen sie nach Brody zu greifen.

Der Fisch landete mit schmetterndem Krachen auf dem Heck und drückte das Boot unter die Wellen. Wasser strömte über den Spiegel herein. In wenigen Sekunden standen Quint und Brody bis zu den Hüften im Wasser.

Der Fisch lag da, mit der Kinnlade keinen Meter von Brodys Brust entfernt. Der Leib zuckte, und in dem schwarzen, baseballgroßen Auge glaubte Brody sein eigenes Bild gespiegelt zu sehen.

»Gott verdamme deine schwarze Seele!« schrie Quint. »Du hast mein Boot versenkt!« Ein Faß trieb ins Cockpit, das Tau ringelte sich wie ein Haufen Würmer. Quint packte den Harpunenpfeil und trieb ihn mit eigener Hand in den weichen weißen Bauch des Fisches. Blut strömte aus der Wunde und übergoß

Quints Hände.

Das Boot sank. Das Heck lag schon völlig unter Wasser, und der Bug hob sich. Der Fisch rollte vom Heck und glitt unter die Wellen. Das Tau, das an den Pfeil gebunden war, den Quint in den Fisch gestoßen hatte, folgte.

Plötzlich glitt Quint aus und fiel rücklings ins Wasser. »Messer!« schrie er, das linke Bein hebend, und Brody sah das Tau, um Quints Fuß gewickelt.

Brody blickte zum Steuerbord-Schandeck hinüber. Das Messer steckte im Holz. Er sprang danach, riß es heraus, kehrte wieder um und kämpfte sich durch das steigende Wasser. Er konnte sich nicht schnell genug bewegen. In hilflosem Entsetzen sah er, wie Quint, die griffbereite Hand ausgestreckt, mit weit aufgerissenen, bettelnden Augen langsam ins dunkle Wasser hinuntergezogen wurde.

Einen Augenblick herrschte Stille, nur das saugende Geräusch des allmählich sinkenden Bootes war zu hören. Das Wasser reichte Brody jetzt bis zu den Schultern, und er klammerte sich verzweifelt an die Winde. Ein Sitzkissen tauchte plötzlich neben ihm auf, und Brody packte es. (»Die würden Sie prima über Wasser halten«, hatte, wie Brody sich erinnerte, Hendricks gesagt, »wenn Sie ein achtjähriger Junge wären.«)

Brody sah Schwanz und Rückenflosse des Hais zwanzig Meter entfernt durchs Wasser brechen. Der Schwanz schlug einmal nach links, einmal nach rechts aus, und die Rückenflosse kam näher. »Hau ab, verdammt noch mal!« brüllte Brody.

Der Fisch kam näher, bewegte sich kaum, näherte sich aber immer noch. Fässer und Taugewirr schleppten hinterher.

Die Ankerwinde ging unter, und Brody ließ sie los. Er versuchte, zum Bug des Bootes, das jetzt fast vertikal stand, zu schwimmen. Doch ehe er ihn erreichen konnte, hob sich der Bug noch höher, um dann schnell und geräuschlos unter die Oberfläche zu gleiten.

Brody umklammerte das Kissen und stellte fest, daß er, wenn er es mit ausgestreckten Armen vor sich hielt und kräftig mit den Beinen schlug, sich ohne große Anstrengung über Wasser halten konnte.

Der Fisch kam näher. Er war nur noch einen guten Meter entfernt, und Brody konnte die kegelförmige Nase sehen. Er schrie, schrie seine Hoffnungslosigkeit hinaus und schloß die Augen, wartete auf einen Todeskampf, den er sich nicht vorstellen konnte.

Nichts geschah. Er schlug die Augen auf. Der Fisch berührte ihn beinahe, war nur einen halben Meter von ihm entfernt, aber er verharrte. Und dann begann der stahlgraue Leib unter Brodys lauernden Augen in das Dunkel zurückzusinken. Er schien zu schwinden, ein in die Düsternis tauchendes Gespenst.

Brody steckte das Gesicht ins Wasser und öffnete die Augen. Durch das trübe, beißende Salzwasser sah er den Fisch in einer langsamen, graziösen Spirale sinken, den Körper Quints hinter sich herziehend. Quints Arme waren seitlich ausgestreckt, der Kopf war zurückgeworfen, der Mund in stummem Protest geöffnet.

Der Fisch schwand außer Sicht. Doch durch die auf und ab hüpfenden Fässer vor dem weiteren Sinken gehindert, verhielt er jenseits der Lichtgrenze, und Quints Körper hing irgendwo schwebend, ein im Zwielicht langsam sich drehender Schatten.

Brody sah zu, bis seine Lungen vor Luftmangel schmerzten. Da hob er den Kopf, wischte sich die Augen klar und erblickte in der Ferne den schwarzen Punkt des Wasserturms. Mit kräftigen Stößen begann er, der Küste zuzuschwimmen.

Arthur Hailey

Letzte Diagnose
Ullstein Buch 2784

Hotel
Ullstein Buch 2481

Airport
Ullstein Buch 3125

Auf höchster Ebene
Ullstein Buch 3208

Räder
Ullstein Buch 3272

ein Ullstein Buch

»Dieser Bestsellerautor kennt den direkten Weg zum Publikum: Spannung.«
Münchner Merkur

»Rasch fortschreitende Handlung, Spannung, ein genau kalkuliertes ›plot‹, eine Reihe der verschiedenartigsten Charaktere, die einander ergänzen und kontrastieren – all das findet man in Haileys gelungenen Romanen.«
Neue Zürcher Zeitung